GAOZHIGAOZHUANANQUANJISHUGUANLIZHUANYEGUIHUAJIAOCAI

高职高专安全技术管理专业规划教材

# 安全心理学

人力资源和社会保障部教材办公室　组织编写

主　编　尹贻勤
副主编　李建堂　裴保河

中国劳动社会保障出版社

**图书在版编目(CIP)数据**

安全心理学/尹贻勤主编. —北京：中国劳动社会保障出版社，2015
高职高专安全技术管理专业规划教材
ISBN 978-7-5167-2152-0

Ⅰ.①安…　Ⅱ.①尹…　Ⅲ.①安全心理学-高等职业教育-教材　Ⅳ.①X911

中国版本图书馆 CIP 数据核字(2015)第 236910 号

**中国劳动社会保障出版社出版发行**
(北京市惠新东街 1 号　邮政编码:100029)
*
北京市白帆印务有限公司印刷装订　新华书店经销
787 毫米×1092 毫米　16 开本　13.75 印张　260 千字
2016 年 1 月第 1 版　2021 年 11 月第 6 次印刷
**定价: 29.00 元**

读者服务部电话:(010)64929211/84209101/64921644
营销中心电话:(010)64962347
出版社网址: http://www.class.com.cn

# “高职高专安全技术管理专业规划教材”

## 编委会

# 内容简介

本书为国家级高等职业教育规划教材，是“高职高专安全技术管理专业规划教材”之一，属于专业核心课程，由国家人力资源和社会保障部教材办公室组织，根据高等职业学校安全技术管理专业教学标准编写。教材附有教学用电子课件（PPT）供免费下载，下载网址为中国人力资源和社会保障出版集团网站 http://www.class.com.cn。

本书紧密结合生产实践现场和安全生产管理实际，对安全心理学进行了全面系统的阐述。全书主要内容包括：安全心理学的基本概念、研究对象和方法；基础心理学与安全生产；影响劳动者作业可靠性的因素；不安全行为的心理原因（包括心理结构和过程）分析；安全心理选拔与教育管理；职工安全心理健康管理；事故心理原因调查的内容与方法及事故案例心理原因综合分析；事故救援中的心理干预等内容。教材内容注重专业能力培养，加强了实训和实际操作内容，适用于高职高专安全技术管理专业以及相关专业课程教学使用，也可作为安全技术与管理人员自学、培训的参考书。

本书由中国煤炭工业环保安全培训中心（兖矿集团安全培训中心）教师和其他相关单位专家编写，具体分工为：第一章、第三章、第四章、第七章由尹贻勤编写，第二章由尹贻勤、刘锋、王园园编写，第五章由尹贻勤、管延明编写，第六章由尹贻勤、山东省千佛山医院尹聪编写，第八章由尹贻勤、山东煤矿安全监察局救援指挥中心李建堂编写。全书由尹贻勤统稿和定稿。

# 前　言

安全生产事关人民群众生命财产安全，事关改革发展稳定大局，事关党和政府形象和声誉。党中央、国务院高度重视安全生产，确立了安全发展理念和“安全第一，预防为主，综合治理”的方针，采取一系列重大举措加强安全生产工作。近年来，随着我国经济建设的快速发展，社会和企业对安全生产应用型人才的需求量日益增多，这给高职高专安全技术管理专业建设带来了新的机遇和挑战。中国劳动社会保障出版社具有安全生产图书出版的传统优势，先后出版发行了高校安全工程专业研究生教材、全国高校安全工程专业本科规划教材和中等职业教育相关教材等。为了发挥专业教材出版优势，更有力地推动安全技术管理专业职业教育的发展和人才的培养，加强教材建设这一专业建设的重要基础工作，人力资源和社会保障部教材办公室组织全国高职高专相关院校的知名教师，系统地编写了“高职高专安全技术管理专业规划教材”，并由中国劳动社会保障出版社出版发行。

本套教材分为专业核心课程和专业方向核心课程两大类，其中，专业核心课程教材包括《安全生产法律法规》《安全管理》《安全心理学》《安全人机工程》《安全系统工程》《职业健康技术与管理》《安全评价实务》《事故预防与分析》《事故应急救援》《电气安全技术》《防火防爆技术》《安全监测与监控技术》《锅炉压力容器安全技术》《机械与起重设备安全技术》《安全管理文书写作》，专业方向核心课程包括消防、矿山、建设、石油化工、交通运输、工贸等行业领域安全技术管理教材。

本套规划教材的编写注重满足高职高专安全技术管理专业教学课程体系的新发展和教学现状，力求创新，在吸收已有教材成果的基础上，将本学科的最新理论、技术和规范纳入教学内容，并与国家最新的相关政策法规、技术标准保持一致。为满足培养应用型人才的需求目标，整套教材加强了职业教育特色，避免纯理论阐述，强调以实际技能和职业需求带动教学任务，每种教材的技能实训内容丰富，提倡工学结合，增加了可操作性和工作实践性，为学生今后的职业生涯打下了坚实的基础。

本套教材附有教学用电子课件（PPT）供免费下载，可登录中国人力资源和社会保障出版集团网站 http://www.class.com.cn 下载。

在本套教材开发过程中，全国近 20 所高等院校、科研院所的近百名专家和教师积极参与了编写和审定工作，在此向他们表示衷心感谢！同时，由于时间和其他因素制约，教材中难免有不足之处，期望专业领域专家和广大师生提出宝贵意见。

**高职高专安全技术管理专业规划教材编委会**

2015 年 7 月

# 目录

## 第一章　绪论



## 第二章　基础心理学与安全生产



## 第三章　影响劳动者作业可靠性的因素

## 第四章　不安全行为心理分析及干预



## 第五章　安全心理选拔与教育管理

## 第六章　安全心理健康管理



## 第七章　事故心理因素调查与综合分析



## 第八章　事故救援中的心理干预

# 第一章
## 绪论

**本章学习目标**

1. 了解安全心理学的产生与发展过程。
2. 掌握安全心理学的基本概念，以及人的心理因素在事故发生中的影响作用。
3. 掌握生产作业中人的作业可靠性的概念及其干扰因素。
4. 熟悉事故综合原因论及因素的分析。
5. 熟悉安全心理学的任务和研究方法。

## 第一节　安全心理学的产生及发展

### 一、工业事故的起源及现状

人类生产活动中的安全问题是伴随着人类的诞生而产生的。在远古时代，人们的劳动活动主要是渔猎和植物果实的采集，安全问题主要是猛兽的侵袭和其他自然界的危险因素（如有毒的动植物、溺水、跌落等）。到了青铜器时代，特别是后来的铁器时代（我国在公元前五世纪东周），人们面临的劳动安全问题大大增加，在采矿、运输、冶炼和制造器物等生产活动中，会发生许多事故，甚至是很严重的事故，但由于基本是手工劳动，或以畜力、水力作为动力，没有大功率动力设备和人为高能量的存在，由人造系统导致的劳动安全问题尚未构成严重危害。

然而，18 世纪 60 年代开始的第一次工业革命，使人类的生产活动由手工劳动过渡到以机器为主，现代意义上的工业事故由此产生。特别是 19 世纪中叶以蒸汽机广泛应用为标志的第二次产业革命，使大规模和机械化生产成为可能，同时事故也开始大量发生并愈演愈烈，锅炉爆炸、机械伤害、中毒等事故大量出现，其致死、致伤、致病、致残的事故与手工业时期相比大大增加。

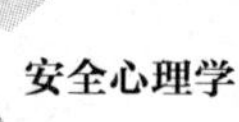



第三次产业革命始于19世纪末，以电力、内燃机等动力的广泛应用和大规模的化学工业的兴起为标志。这一时期，劳动者经常面对大型、高速运转的机器，或者是高空作业，或者是地下生产，或者是置身于具有高压、有毒、放射、有害气体等危险源的生产现场，再加上电能的广泛应用，这些都大大增加了导致人身创伤的可能性。人造系统中的伤亡率大大超过古人面对的自然系统所造成的伤亡率，人们为自己制造了强力杀手。

进入20世纪，随着现代工业突飞猛进的发展及各种新的工业产品和科技应用于生产和生活，一些新的事故类型大量产生，人类面临的生产、生活和生存各领域的安全问题均随之增加，各种事故已至少夺去了数千万人的生命，并造成更多的人残废和患上疾病。据国际劳工组织（ILO）统计，1970年全世界工业事故和职业病所造成的伤害，导致10多万人死亡，150多万人永久残废。而1997年全世界发生工业事故1.6亿起，死亡22万人。2001年4月27日，国际劳工组织宣布：全球每年有130多万名工人，即每天有3 300名工人死于意外事故或与此相关的疾病，其中亚洲国家工伤死亡率最高。国际劳工组织批评了雇主和政府忽视工人安全问题的现象。国际劳工组织2015年发布的最新数据显示，全球每年因工作相关事故死亡的人数有230万，受伤人数高达3.13亿，相当于每天有86万名劳动者在工作中受伤。在事故现象出现以来至今的几百年间，其造成的生命和财产损失不可计数，对人类的生存和发展构成了严重威胁。

直到目前，包括我国在内的许多国家，工业事故不但是制约生产发展的重要因素，而且也早已成为一个严重的社会问题。特别是一起重特大事故的发生，往往给生产系统造成全面的破坏，而由事故造成的人员伤亡以及与此相关的恶劣影响则往往更为严重和深远。可以说，工业事故问题如此愈演愈烈，已成为人类社会发展与进步的严重障碍，到了必须立即行动起来，深入研究和严加治理的时候了。

## 二、事故中人的因素的认识过程

事故问题的严重性，迫使人们对事故发生的规律和预防途径进行不断深入的研究，以保证人们生产和生活的安全。随着社会生产和科学技术的发展，人们对事故问题的认识也经历了一个发展过程。最初，由于事故的难以预测性，人们把事故看作偶然事件，把它归于命运和天灾。而且在很长一段时期内，这种认识一直居于优势地位。后来人们的认识有了深化，认为技术缺陷是事故发生的重要原因。这一认识的转变，开始于英国产业革命期间。随着蒸汽锅炉和机器的增多，锅炉爆炸和机器事故也在增多。于是，人们开始采取许多技术措施，例如改善机器的设计，加设防护设施等。然而，技术的进步并没有阻止事故的发生和人员伤亡规模的扩大，20世纪初，科学家开始从人的因素研究事故发生的原因，特别是第二次世界大战之后，大规模的调查越来越多，逐渐认识到在事故发生的原因中，人的不安全行为才是事故发生的主要原因。比如据美国20世纪50年代统计，在75 000件伤亡事故中，天灾仅占2%，即98%的事故在人的能力范围内是可以预防的。在可防止的全部事故中，从人的方面分析，由于人的不安全行为造成的事故占88%，与不安全行为无关的只占12%。从物的方面分析，与机械不安全状态和物质危害（大致雷同于本书下文所讲的“致创因素”）有关的事故占78%。日本1969年制造业歇工8天以上的事故中，因人的不安全行为产生的占96%，与机械物质不安全状态有关的占91%。日本1977年对制造业歇工4天以上的104 638件事故的统计表明，从人的方面分析，属于不安全行为造成的为98 910件，占94.5%，与人的不安全行为无关的只占9.5%。从物的不安全状态分析，与物的不安全状态有关的事故为87 317件，占83.5%，不属于不安全状态的占16.5%。我国的调查统计结果同样表明，人因事故在各行业事故中都占主要比例（见表1—1）。于是，从人因角度研究和预防事故成为一项迫切和重要的任务。

表1—1　　我国各行业人因事故比例表

| 行业名称 | 人因事故的比例 |
|---|---|
| 道路交通 | 57%（完全由人为引起） |
| | 90%（包含人的因素） |
| 航空 | 70%～80% |
| 核电 | 60%以上 |
| 石油化工 | 60%以上 |
| 矿山 | 85% |

## 三、安全心理学的产生及其发展

既然人的不安全行为在事故发生中的主要地位得到广泛确认，那么，人的不安全行为又是怎么产生的呢？这里存在一个简单的道理，即心理决定行为。也就是说，人的不安全行为的背后必定有不安全的心理因素存在，在某种程度上说人的不安全心理正是最根本的安全隐患所在。所以，研究事故背后人的心理因素的规律势在必行。随着关于事故发生中人的因素的认识的深化，产生了许多新的学科，例如工业心理学、人体工程学、人类工效学、职业心理学和职业卫生学等立足于人本身的因素的一些学科。其中事故与人的心理因素的许多课题在各种名义下得到了研究，但并没有形成一个专门的学科。

20世纪80年代中期，苏联心理学家叶谢耶夫发出倡议：“为进一步减少生产创伤，就一定要研究在众多不幸事件中占有相当比重的生产创伤的心理原因，这就需要把劳动安全心理学作为一个科学分支来进行研究。”此后，包括我国心理学者在内的许多国家的学者开始将事故发生背后的心理问题作为一个学科，即安全心理学来研究。

新中国诞生之后，我国劳动保护等学科逐渐发展起来，与安全生产有关的心理学问题也得到心理学者的研究与关注。20 世纪 80 年代劳动保护学科发展为安全科学，1992 年颁布的国家标准《学科分类与代码》中，“安全科学技术”被列为一级学科，并将安全心理学同安全系统工程、安全经济学、安全法学、安全工程、职业卫生工程、安全管理工程等定为其分支学科。2011 年设“安全科学与工程”为一级学科，安全心理学同样列为分支学科之一。

在这一发展过程中，安全心理学作为心理学的一个非常重要的研究和应用领域，由于其在预防事故方面的重大价值，日益受到国家有关部门和很多企业的重视，并得到了越来越广泛的应用。在国内，中国煤炭工业环保安全培训中心（亦即兖矿集团安全培训中心）在 20 世纪 80 年代就在安全培训中开设了煤矿安全心理学课程，并编写了专门的安全心理学教材，其后编写了数部适合不同层次和工种使用的相应教材。2000 年该培训中心又建成了安全心理学实验室，为我国安全心理学的学科建设和发展做了一些基础性的工作。近十几年来，在高等教育领域，全国开设安全工程专业的高校越来越多，至今已有一百余所，其中安全心理学已成为一门常规课程。同时，国家安全生产监督管理行政部门领导提出要认真研究安全心理学的要求，并将安全心理知识列为一些行业安全培训与考核的规定内容。与此同时，安全心理学在企业中也日益得到广泛应用，为减少事故发生和提高安全管理水平发挥了重要作用。

可以说，安全心理学已得到人们的普遍重视，其有着广泛的发展和应用前景，必将在指导人们的安全生产实践活动、保护职工安全与健康、推动社会和谐发展方面做出重要贡献。

## 四、安全心理学的基本概念与学科定位

安全心理学是以防止劳动活动中的人身伤害、预防生产安全事故为目的，研究人的心理活动规律的一门科学。这里所说的“人身伤害”，包括生命和健康两个方面的伤害，健康又包括身体和精神两个方面。广义上来讲，安全心理学的研究对象应包括人在生产、生活和生存各领域意外事故发生的心理因素及其预防策略。

安全心理学早期亦称劳动安全心理学或工业安全心理学。在学科体系上，它既是安全科学的一个分支学科，又是心理科学应用类学科的一个分支。

在心理学的体系中，可分为基础学科和应用学科两大类。基础类学科，如普通心理学、实验心理学、心理统计学、心理测量学、生理心理学、发展心理学、人格心理学、社会心理学等。应用类学科，如教育心理学、劳动心理学、职业心理学、工业心理学、工程心理学、管理心理学、心理咨询与心理治疗、医学心理学、交通心理学、消费心理学等。安全心理学属于应用类心理学科。

从学科关系来看，在以上这些基础类和应用类的学科中，普通心理学、实验心理学、生理心理学、心理测量学、心理统计学、医学心理学、工程心理学、劳动心理学、管理心理学、职业心理学等与安全心理学的研究关系比较密切。

# 第二节　事故预防的起源及事故致因理论

## 一、概述

长期以来，人们把伤亡事故当成一个偶然的意外事件，这一认识的心理根源一是宿命论，所谓命中注定、命该如此、难逃一劫等，要保平安必须祈求上苍保佑；二是晦气论，虽然不信神鬼也不信命，但信运气，所谓“隔着墙扔砖头，砸着谁，谁晦气”，概率哪怕只有万分之一，谁碰上谁倒霉；三是大意论，发生事故总是自责或被责“疏忽大意”“不小心”。同一种事故一再发生在同一环境的不同人身上，悲剧对于个人来说也许是偶然的，但是对于群体则是必然的，人们由于认识上的误区，没有深入研究事故发生的内在规律，特别是对人的心理和行为因素及其与环境的相互作用等与事故发生的关系问题没有足够的认识，导致很多人为因素的隐患并没有被消除，防范措施得不到落实，事故当然会发生。

资本主义初期，劳动条件极端恶劣，生产中人身安全毫无保障。由于工人的奋力斗争和大生产的实际需要，迫使西方各国先后颁布劳动安全方面的法律和改善劳动条件的有关规定。例如，美国马萨诸塞州于 1867 年通过工厂检查员的法律；法国北部联邦于 1869 年制定了工作灾害防治法案。1871 年德国建立了研究噪声与振动、防火防爆、职业危害防护的科研机构。到 20 世纪初，英、美、法、荷等西方资本主义国家普遍建立了安全技术研究机构。

20 世纪 60 年代，特别是 70 年代以来，科学技术飞速发展，随着生产的高度机械化、电气化和自动化，尤其是高技术、新技术应用中潜在的危险常常突然引发事故，例如核电站的泄漏、航天器的爆炸等，使人类生命和财产遭到巨大损失，此时安全系统工程学应时诞生。与此同时，预防灾害事故也从被动、孤立、就事论事的低层次预防，逐步发展到系统的综合的较高层次的事故预防阶段，并同时开展了大规模理论研究，最终促使了安全科学的问世。由于安全科学不但包括科学理论，还包括技术方法，所以也常称为安全科学技术。由于安全科学综合预防技术的应用，在安全生产先进国

家，工业事故与事故死亡率已大幅度降低。

## 二、有关事故致因的两个基本因素

1．生产作业中人的可靠性及其干扰因素

人的行为的可靠性是一个非常复杂的问题。一个活生生的人本身就是一个随时随地都在变化着的巨系统。这样一个巨系统被大量的、多维的自身变量制约着，同时又受到系统中机器与环境方面的无数变量的牵涉和影响，在生产劳动的过程中，每个作业者作为一个处在复杂社会关系中的人，都会受到来自自然、社会、企业、家庭以及具体的工作环境和劳动群体等外界环境中许多复杂多变的不利因素及个人生理、心理特点中异常因素的作用和影响，使人的生理、心理状态发生不利变化，导致作业可靠性降低，以至出现人为失误或差错，从而导致事故的发生。

作业可靠性是指作业者在规定的条件下和规定时间内能成功完成规定任务的能力。在研究人的作业可靠性时，常采用概率的方法和因果的方法进行定量和定性研究。如果用人的失误率来定量分析即可用下式表示：

$$R=1-F$$

式中　$R$——人的作业可靠度；

　　$F$——人的失误率。

因此，人的作业可靠度可以定义为：作业者在规定的条件下和规定时间内能成功完成规定任务的概率。人的作业可靠度可作为可靠性的量化指标。

在人机系统中，人相对于机器来说，虽然具有创造思维和灵活的对意外情况的应变能力等机器所无法比拟的优点，但同时又有明显的缺点，即容易受各种内外部干扰因素的影响而表现出作业可靠性的波动。人不像机器那样能够严格按照设计的性能和预定的程序进行作业（当然机器也存在可靠性问题，也会出现故障，但这在很多情况下又与人的因素有关，例如设计不周，质量较低，使用不当和缺乏维护等）。然而，这并不是说人不可能达到较高的作业可靠性，而是说由于容易受各种内部和外部许多因素的干扰，使人的心理和行为失去稳定性，从而表现为作业可靠性降低。

常见的内部干扰因素和外部干扰因素见表1—2。

表1—2　　影响作业可靠性的内部干扰因素和外部干扰因素

| | |
|---|---|
| 内部干扰因素 | （1）动态的不良的生理、心理状态，例如心理压力、疲劳、情绪波动（如愤怒、恐惧、惊慌、时间紧迫感等）、注意分散或不注意、睡眠不足或大脑觉醒水平低、生理节律低谷期<br>（2）素质性个性心理因素（如能力、气质、性格等）中的一些与职业不适应的因素或不良因素<br>（3）遗传生理、心理缺陷或患有身体和精神疾病等<br>（4）安全知识、技能训练水平和工作经验方面的欠缺<br>（5）安全意识差、职业道德和价值观上的缺陷等 |

续表

| | |
|---|---|
| 外部干扰因素 | （1）不良的社会环境，例如管理行为恶劣或不当、社会不良的价值观、安全文化上的缺陷，安全管理松弛及法律与制度方面的缺陷等<br>（2）不良的自然环境，例如噪声、振动、高温或低温、高湿、照明不足、粉尘或烟雾、有害有毒气体、生产空间狭窄或布置不合理<br>（3）操作系统、信号装置、仪表等的设计存在安全人机工程学上的不合理因素<br>（4）工作岗位、工种或场地的变动<br>（5）过高的工作负荷，例如作业强度过高，劳动时间过长，作业姿势的限定等<br>（6）个人生活中的变动因素，例如亲友亡故，家庭纠纷或变故<br>（7）药物、毒物（包括酒精）等作用于人体而造成的影响<br>（8）文化教育、安全教育培训不足 |

2. 生产现场中的致创因素

致创即导致创伤，包括导致伤亡和疾病。我们把有可能导致创伤的各种因素均称为致创因素。可以把致创因素看作创伤事故的各种致因的总称，它主要包括两个方面的因素，即人的心理和行为因素及物的因素。物的致创因素也就是我们这里要说的生产现场中的致创因素，有时人们也称为危险源。

工业生产总是在一定的空间（即生产空间或生产现场）中进行的。这些空间如掘进工程的各种巷道、工作面、工厂的车间、厂房及其他与生产流程有关的场地。在一般情况下，生产空间常常布置有很多机器、各种管线和运输设备，还常放有生产使用的原材料及产品等，在包括人力在内的各种形式的动力源的作用下，便构成不断运行的生产系统。在工业的生产系统中，往往存在着很多致创因素。

我们根据致创因素性质的不同将其分为如下四种：

（1）可能导致伤害的能量。例如，有冒落危险的顶棚或巷道顶板或侧壁，透水、明火，电缆漏电或裸露的带电体，与人员无隔离的运动中车辆及其装载物、暴露的设备运转部件，放炮崩出物等。

（2）可能直接导致身体创伤的物体或场所。例如，不稳固（易倾倒、掉落、弹出等）的支架、工具、设备、设备部件、材料，地面不平、积水或湿滑，有坠落危险的工作地点、乘坐物或蹬踏物，工作场所尖锐锋利的突出物等。

（3）生产和建设中有危害的环境因素和物质。例如，危险的大气环境（如矿井瓦斯、煤尘、岩尘、金属粉尘与其他有机无机粉尘，烟雾、一氧化碳、硫化氢等有毒有害气体及缺氧）、噪声、振动、照明与通风（新鲜空气供应）不良，空间狭窄、杂乱，放射性、电磁性、腐蚀性、生物性危害及其他有毒有害物质等。

（4）易导致心理性伤害的因素。例如，心理压力过大或过度应激，精神刺激性环境或事件，心理、生理异常状态下作业等。

以上各种致创性因素在不同的生产部门和不同的职业工种中，存在的数量和强度

是不同的。有的只存在极少的几种，有的则可能有很多种。

应当指出的是，有许多致创因素与人的作业可靠性降低是互为因果的。一方面，人的失误或不安全行为是产生致创因素的重要原因。比如，为了图方便而拆除安全装置或设施，或将设备、物料及产品安装或放置于不适当的位置；为了求速度或追求一时的经济利益而降低工程和生产用材料的质量等。反过来讲，有些致创因素也直接导致人的作业可靠性降低，或者说导致人的失误，引发不安全行为。例如恶劣的生产环境，像高噪声、高温或过冷、刺激性气体等，会使人的生理和心理机能紊乱，情绪失常，产生急于摆脱困境的动机而引起各种无意性失误的增加和有意性不安全行为的发生。

## 三、早期的事故致因理论

随着人们对事故原因认识的深化，特别是广大安全科学的研究工作者的长期努力，人们对事故的发生规律已有十分深入的认识，这就产生了事故致因理论。

所谓事故致因理论，是指探索事故发生及预防规律，阐明事故发生机理，防止事故发生的理论。事故致因理论主要以人身事故为对象，用来阐明事故的成因、始末过程和事故后果，以便对事故现象的发生、发展进行明确的分析。事故致因理论的出现，已有 80 多年历史，从最早的单因素理论已发展到多因素的现代系统理论。

格林伍德（1919 年）和纽伯尔德（1926 年）都曾认为事故在人群中并非随机地分布，某些人比其他人更易发生事故，因此，就用某种方法将有事故倾向的工人与其他人区别开来。这种理论的缺点是过分夸大了人的性格特点在事故中的作用，忽视了其他众多因素的作用，把一个复杂的问题简单化了。在此后的几十年中，该理论因受到广泛的批评而被排挤出主流致因理论之外。1971 年，邵合赛克尔主张将事故倾向素质论仅供工种考选的参考。

1936 年，海因里希提出了应用多米诺骨牌原理研究人身受到伤害的五个顺序过程，即伤亡事故顺序五因素：遗传及社会环境→人的过失或缺点→不安全行为或不安全状态→事故→伤害。1953 年，巴尔将上述骨牌原理发展为事件链理论，认为事故的前级诸致因因素是一系列事件的链锁，一环生一环，一环套一环。链的末端是事件后果——事故和损失。

在 1961 年由心理学家吉布森（J. J. Gibson）提出的，并在 1966 年由哈登（William Haddon）完善的能量转移论，指出人体受到伤害是能量转移超过机体组织的耐受阈导致的结果。

1969 年，J. 瑟利提出了 S—O—R 人因素模型。该模型包括两组问题（危险构成和显现危险），每组又分别包括三类心理—生理成分即对事件的感知、刺激（S）；对事件的理解、响应和认识（O）；生理行为、响应（H）或举动（R）。这是系统理论的人为因素致因模型。

1972年，威格勒沃茨提出了以人失误为主因的事故模型（人因事故模型），主要以人的行为失误构成伤害为基础，指出人如“错误地或不适当地响应刺激”就会发生失误，从而可能导致发生事故。1974年，劳汶斯根据上述理论发展了能适用于自然条件复杂的、连续作业情况下的“矿山以人失误为主因的事故模型”。

1975年，约翰逊从管理角度出发提出了管理失误和危险树（MORT），把事故致因重点放在管理缺陷上，指出造成伤亡事故的本质原因是管理失误。该理论是事故致因理论的重要进步，在事故预防工作中得到了广泛应用。

在历经半个多世纪的探索之后，近二十多年来，许多学者较一致地认为，事故是一系列人因系统所致人与物两大因素相互作用的结果。而其直接原因是人的不安全行为（或失误）和物的不安全状态（或故障）两大因素在同一时空上的交叉或结合。即人与物两系列运动轨迹的交叉点就是发生事故的“时空”，笔者也曾提出伤亡事故是人的失误与生产现场的致创因素在时空上相遇的结果，并论述了生产现场致创因素（即可能导致创伤的因素）的类型和导致人失误的内外部干扰因素及其控制措施（1991）。

系统论述人与物不安全因素时空交叉导致事故的代表性理论是“轨迹交叉论”。这种理论认为，在生产过程中，人的不安全行为和机械或物质的不安全状态两系列轨迹相交的时间与空间（时空），就是发生伤亡事故的“时空”，即人的不安全行为和物的不安全状态出现于同一时间、同一空间，则将在此时间、此空间发生事故。如果排除了机械设备或危险物质的隐患，消除了人为过失，则两个连锁系列运动轨迹不能相交，事故就不会发生。中断人的连锁系列，则要加强教育和技术培训，进行科学的安全管理，从生理、心理和操作上控制不安全行为的产生。中断物的连锁系列，就是要推行“失误—防护”系统，即在机械设备上安装安全防护设施，提高本质安全性，即使人操作失误，装置本身的安全防护系统会自动动作，从而可避免伤亡事故发生。

近年来，在轨迹交叉论基础上提出的“事故综合原因论”受到了突出的重视，也是当今世界上最为流行的理论。美国、日本和我国都主张按这种模式分析事故。下面我们将结合我国安全生产的现实情况进行详细论述。

## 四、事故综合原因论及其分析

1. 事故综合原因论概述

事故综合原因论简称综合论。它是综合论述事故致因的现代理论。综合论认为，事故的发生绝不是偶然的，而是有其深刻原因的，是多种因素综合造成的，乃是社会因素（基本原因）、管理因素（间接原因）和生产中的危险因素（即直接原因，包括人的不安全行为和物的不安全状态）被偶然事件触发所造成的结果。

该理论的主要意义在于对人、物二因的产生根源做了进一步深入研究，找出了其导致事故发生的基本原因和由此产生的作为引起事故直接原因的间接原因，形成一个从基本原因到事故直接触发因素的因果连锁体系。

按照这个理论，事故的直接原因是指不安全状态（条件）和不安全行为（动作）。这些物质的、环境的以及人的原因构成了生产中的危险因素（或称为事故隐患）。所谓间接原因，是指管理缺陷、管理因素和管理责任。造成间接原因的因素称为基本原因，包括经济、文化、学校教育、民族习惯、社会历史、法律等。所谓偶然事件触发，系指由于起因物和肇事人的作用，造成一定类型的事故和伤害的过程。事故的发生过程是：由“社会因素”产生“管理因素”进一步产生“生产中的危险因素”，通过偶然事件触发而发生伤亡和损失。

调查事故的过程则与此相反，即通过事故现象，查询事故经过，进而依次了解其直接原因、间接原因和基础原因。

2. 伤亡事故综合致因分析

下面结合我国生产安全事故的发生特点，给出伤亡事故的综合致因模型（见图1—1），并就各因素做展开论述。

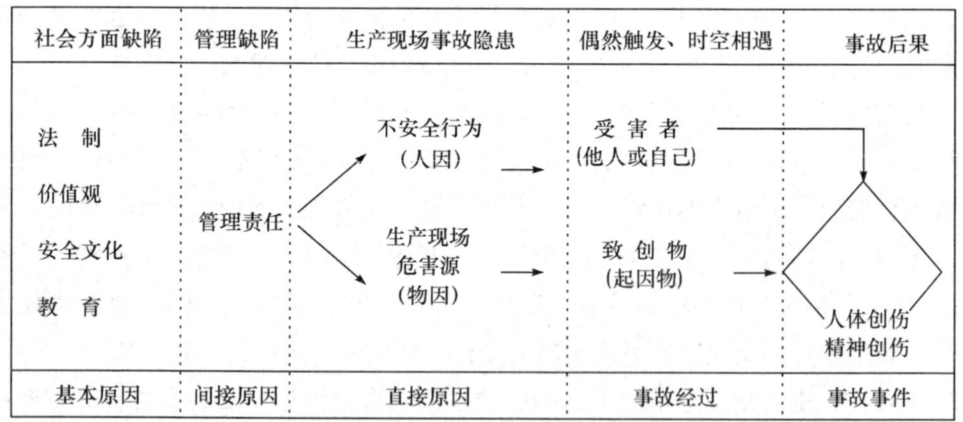


图1—1 伤亡事故综合原因论模型

（1）事故的基本原因（社会方面缺陷）

事故的基本原因又称事故的主要原因，是造成事故的根本因素，也是造成间接原因的因素。我国以往对事故致因的调查往往仅局限于事故的直接原因和间接原因，且在制订事故的防范措施时也只注意到直接原因和间接原因的辨认和纠正。对为何会因管理因素（间接原因）而引发事故，却没有深究。

实际上，间接原因和直接原因的形成有其更为内在的因素，即事故基本原因的存在。很显然，企业是社会的一部分，一个国家、一个地区的社会、经济、文化、法制、教育及科技发展等存在的问题，对企业内部伤害事故的发生和预防存在因果关系。因此，只有在对事故的基本原因做出正确的辨认和纠正后，才可能在大范围内（如一个地区、整个国家等）使安全状况得到全面、切实、最终的改善。这里主要从法制、价值观、安全文化、教育等几个方面分析：

1）法制。法制对人的不规范行为承担着主要的控制作用，法制包括法律的制定、执行和遵守。对导致生产安全事故的行为是否有完善有力的法律规范，对违反安全法规的人是否能全面、及时、有效地查处，直接影响着生产经营单位的管理行为。如果法律规范的惩戒力度不到位，执法不严、违法不究，那么对只追求利润不顾安全的企业主的心理和行为就难以有威慑力和约束力。

2）价值观。法制再严厉也有违法者，价值观对人的影响有时会超过法制的力量，在以物为本、金钱至上的价值观指导下，人的行为选择就不一定因法律的威严而转移，也难以让经营者在事故危险面前却步。不法厂主、矿主的“要钱不要人命”，从理性上分析，这虽是一种在人性上本末倒置的心理和行为，但它确实是一种在当今社会一部分人中存在的一些不良价值观下的必然反应。

价值观问题在我国目前事故致因的社会因素中占有十分重要的地位。价值观是人的行为背后各种心理动机中何者成为优势动机并最终驱动人的行为的决定因素。在有多种价值可以选择的情况下，人们把生命和健康安全放在什么地位，取决于社会主流价值观。经济发展的目的是什么，是“以人为本”还是“以物为本”，这是最集中的体现。在以物为本的价值观影响下产生的“事故难免论”“经济发展代价论”等影响尤为恶劣。有些例子很能说明问题，比如，有的中国企业到国外买设备，专门提出可否不买配套的安全防护系统，对此外国人感到很惊讶也很不理解。再比如，国内前些年发生的特大瓦斯爆炸事故，其发生事故的矿井并非没有瓦斯监测系统，但往往只是摆设，瓦斯探头失效而不更换（比如2005年年初孙家湾矿难就是如此），甚至为了防止其报警影响生产而人为将其拆除，这就是以物为本的价值观所致。

3）安全文化。安全文化的概念产生于20世纪80年代。随着社会实践和生产实践的发展，人们发现尽管有了科学技术手段和管理手段，但对于搞好安全生产来说，还是不够的。人们已经观察到，科技手段也许永远达不到生产的本质安全化，即使再加上严格的管理规章制度亦难以达到理想的安全目标。比如，在一些设计十分可靠、先进的高技术（如核电站和航空航天）领域，其事故的发生原因仍是简单的人为原因引起，即常常是忽视安全规章制度的结果。这是因为，在安全管理上，时时、事事、处处监督企业每一位职工遵章守纪是一件困难的事情，甚至是不可能的事，这就必然带来安全上的漏洞。安全文化的概念应运而生，其正是为了弥补科学技术和安全管理手段的不足。目前关于安全文化并没有公认一致的定义，英国健康安全委员会核设施安全咨询委员会认为："一个单位的安全文化是个人和集体的价值观、态度、能力和行为方式的综合产物，它决定于健康安全管理上的承诺、工作作风和精通程度。"一般认为，安全文化是对人的生命和健康所持态度和行为取向的一种社会氛围，也可以说是一种对于安全已社会化了的心理和行为方式。

安全文化对人的心理和行为产生着一种虽无形但却很重要的影响。安全文化存在于人的各种社会活动之中，存在于正式演说和日常话语之中。"大家都这么说""大家都这么办""大家都这么想"，对相当多的人具有盲从力、驱使力。文化的力量十分强大，在很多情况下甚至超过法律的力量，人们为迎合文化风俗的要求，甚至宁可忍受身心的痛苦而在所不惜。

坚持"以人为本"，突出生命价值是安全文化的核心，即努力营造"关注安全，关爱生命"的舆论氛围和社会风尚，提高人们对安全健康的珍惜和重视程度，并使其行为符合安全健康的要求。在当前，要大力清除社会上存在的见利忘义和损人利己文化，提倡义先利后、善待生命的健康文化，使以牺牲工人生命健康为代价捞钱的伤天害理者成为口诛笔伐的对象。

4）教育培训因素。整个国民教育和职业培训水平对安全生产影响很大。在我国，从业人员中普遍存在着职业教育程度较低的问题，在企业管理者中，也广泛存在着人文素质低的问题。而在安全教育与培训方面更存在严重不足的问题。在一些非法企业中，甚至根本就没有任何安全培训。

（2）事故的间接原因（管理缺陷）

事故的间接原因即导致生产现场人与物安全隐患产生的深层次原因，包括：

1）对物管理的缺陷。例如：技术、设计、结构上有缺陷，作业现场、作业环境的危险危害因素治理和安排设置不合理等缺陷，防护用品缺少或有缺陷等。

2）对人管理的缺陷。例如：收入分配制度、教育、培训、指示、对作业任务和作业人员的选拔任用等方面的缺陷或不当。

3）对作业程序、工艺过程、操作规程和方法等方面的管理问题。

4）安全监察、检查和事故防范措施等方面的问题。

（3）事故的直接原因（生产现场人与物安全隐患）

导致事故发生的直接原因主要表现为以下两个方面：

1）不安全行为。包括冒险行为、意外差错。对于不安全行为及其起因，将在本书第四章详述。

2）生产作业中的危害源及致创因素，即导致身心创伤的起因因素（致创因素）。指生产过程中存在的可能发生意外释放的能量或危险物质、有害环境因素和易导致心理性伤害的因素。

（4）事故致因过程和结果

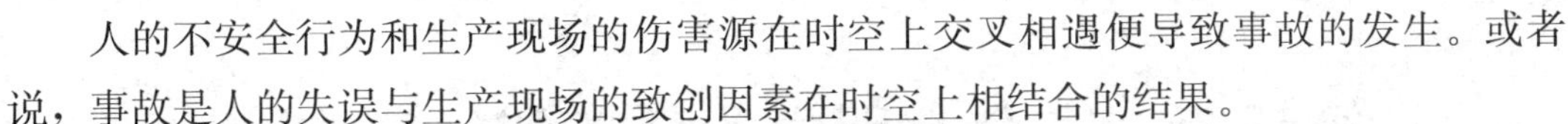

人的不安全行为和生产现场的伤害源在时空上交叉相遇便导致事故的发生。或者说，事故是人的失误与生产现场的致创因素在时空上相结合的结果。

显而易见，生产现场中的危害源及致创因素是事故发生的一个重要原因。如果不存在致创因素，事故就不会发生。但是，致创因素是相对于人的活动而言的，如果人不可能接触到它，也就不成其为致创因素。也就是说，各种致创因素在不与人体接触时，不会构成危险或造成事故。为此，人们在机器或工程设计阶段就考虑增设了各种防护装置或用具，使人接触不到致创源，或当人发生失误时，也能避免构成危险或人体危害。

3. 人的心理因素是事故致因的主导因素

根据事故综合原因论，导致事故直接原因中的间接原因即管理缺陷、管理因素和管理责任应都是人因。但该理论并没有给出直接原因中人的不安全行为是什么因素造成的。

生产活动的主体是人，人的行为由心理所支配。如果要仔细分析事故的致因，一定要分析造成事故的不安全的管理行为和作业行为背后的心理因素是什么，这些心理因素又是如何产生的。如果对这些问题不加深究，就不利于吸取事故教训，更难以促进安全管理以减少事故发生。

应当承认，安全的工作条件，包括性能完善的生产设备、防护装置，先进的操作系统和安全良好的工作环境，是防止事故发生的最重要的因素。但是，要建立很安全的工作条件，一方面，需要耗费大量的资金和时间成本，在资本唯利是图的情况下难以根本保证。另一方面，建立安全的工作条件有待于人们对特定的生产过程以及人与环境、人与机器的相互作用的特点和规律的认识，并有赖于整个科学技术的不断发展，才能逐步设计并制造出具有完善的安全防护性能的生产设备。这些都必须经过一个较长的过程，不可能很快实现。况且，新技术开发有时也会出现未曾预料的各种大大小小的灾害危险。

因此，人们应该选择这样的解决途径，即在不断创造安全的工作条件的同时，要从决策者、管理者和操作者的心理和行为因素方面采取措施，发挥人的主导性作用，以尽量减少事故的发生。而安全心理学正是从人的心理规律方面研究安全问题，因此，它能在这方面发挥重要作用。

# 第三节　安全心理学的任务和研究方法

## 一、安全心理学的任务

安全心理学的基本任务是研究人的心理因素在安全生产中的作用，为预防工伤事故、保护职工的安全和健康做出贡献。安全心理学通过研究在生产劳动过程中，哪些因素会对劳动者的心理和行为产生不利的影响，这些不利影响怎样造成人的失误和导致不安全行为的发生，从而为防止人的失误和不安全行为的发生提供方法和依据。

研究怎样提高劳动者的安全心理素质，增强他们防止个人失误、预防灾害及保持身心健康的能力，是安全心理学的又一重要任务。因此，需要探讨怎样的安全教育最有效，怎样的组织环境、劳动环境或操作系统等有利于人的心理机能的稳定、不易导致人的失误，并最终提出一套行之有效的在安全心理学理论指导下的安全管理办法。

## 二、安全心理学的主要内容

安全心理学的主要内容和本书的基本内容包括以下几个方面：

1. 安全心理学的研究对象、任务、方法，事故致因理论及事故致因中人的心理因素的产生原因、表现形式及作用机制等基本理论基础。

2. 生产作业活动中人的心理活动的特点及作业环境对作业者的心理和生理的影响。

3. 人的一般心理现象与作业安全相互作用的规律。

4. 影响劳动者作业可靠性的心理和生理因素。人的认知、情感、能力、性格、生理心理状态（包括疲劳因素、生理节律等）等个体因素和群体因素以及工作环境条件等物理因素与作业可靠性的关系。

5. 生产作业过程中人的不安全行为的起因、心理结构与机制或人为差错的类型和心理原因分析，包括事故心理因素的调查与案例心理原因的综合分析。

6. 防止事故的心理学对策，包括职工安全心理素质的选拔与人机匹配、安全心理训练和安全心理素质的培养、教育等。

7. 如何针对企业安全生产实践进行日常安全心理管理以预防事故的发生，包括如何提高安全管理者的自身心理素质和安全管理水平、如何提高职工安全生产积极性和自觉性，以及如何针对不同个性特征职工进行安全心理管理等。

8. 事故对人的心理伤害及其心理和行为干预，防止事故创伤延续和再次发生。

## 三、安全心理学的研究方法

安全心理学的研究方法同其他一切科学的研究方法一样，主要是观察与实验。观察是了解已有的情况，进行分析，找出规律；实验是控制和改变条件，促使一定的现象产生，进行分析研究。

1. 观察法

观察有观察记录法和一般调查。观察法是指在日常生活条件下，直接观察他人的行为，并通过这种外在行为去推测其心理状态的研究方法。在实际情境中，按照被观察者所处情境的不同，可分为自然观察和控制观察两种不同的方法。自然观察是在完全自然的条件下所进行的观察，在这种条件下，正常的操作和其他活动并未受到干扰，被观察者不知道自己被观察。这种方法所得材料比较真实，符合实际，例如在操作者不受影响的情况下观察操作者的操作过程以及他的个人特点等。控制观察是在限定的条件下所进行的观察。被观察者可能不了解，也可能了解自己处于被观察的地位。例如，为了了解某种操作情境对操作者工作行为的影响，可以让其处在某种特殊情境之中进行劳动，以观察他的心理和行为的变化。按照观察者和被观察者之间的关系，还可以把观察方法分为参与观察和非参与观察两种。观察者直接参与被观察者的活动，并在共同活动中进行观察的方法称为参与观察。例如，研究者在熟悉安全生产一般知识的情况下与工人一同参加生产劳动或做些协助性的工作，以观察和记录井下特殊条件对作业者生理和心理的影响，人为失误（包括发生的一些“虚惊”性的侥幸事故）产生的原因和过程等。非参与观察就是观察者不参与被观察者的活动，纯粹以旁观者身份进行观察。

如果我们对研究的对象不能直接观察，就可以用一般调查方法搜集资料，进行间接观察。例如，在研究工伤事故时，一般难以直接观察事故发生的情况，这时可以调查过去发生过的事故。如分析过去的记录和统计材料、事故报告，访问有关工人、技术人员和管理人员，了解当时设备情况、操作规程、工作制度等，或调查事故受伤人员及事故当时在场者，了解当事者班前、近期内个人处境、所发生的生活事件以及事故发生前工作现场的具体情境、当事者的心理状态，或用心理测验法，了解当事者的能力、气质和性格类型等。有条件的可利用现代劳动监护仪、自动录像等，以备追踪观察。

2. 心理测验法

心理测验法，指采用标准化的心理测验量表，对被试的个性心理特征进行测量的研究方法，例如智力测验、能力倾向测验、人格测验、感知—运动协调能力测验等。它是安全心理学研究中常用的方法，一般通过用问卷的方式进行测验。对不同岗位特

别是一些特种作业工种，通过心理测验测定其符合岗位工种要求的心理素质来进行人员选拔，以保证安全作业。

心理测验既可采用已经成熟的测验量表，也可自行设计具有专门用途的测验问卷。心理测验法是比较复杂的研究方法，设计测验量表时，应特别注意信度和效度这两个因素。信度即可信度，就是多次测量同一内容，所得的结论要前后一致。如果多次测量的结果相差较远，则表示该测验不可靠或不稳定，亦即信度较低。信度低的测验无法达到心理测量的目的。效度就是测验本身的有效性，即研究人员真正测到了他要测量的内容。进行测验时要由受过专门训练的人员主持测验，遵照专门的测验说明和程序进行。

上述这些心理研究方法可以单独使用，也可以结合起来使用，以便更准确地反映人在安全生产实践中的心理活动及其规律。

3. 实验法

实验法是实验者有目的地严格控制或创设一定的条件来引起某种心理现象，以进行研究的方法。实验法一般有两种形式，即现场实验和实验室实验。

现场实验是指在实际劳动场所进行的实验。这种实验一般都注意把情境条件的适当控制与实际生产活动的正常进行有机结合起来。因此，它是将观察法的自然性与实验室实验法的主动性结合在一起的一种研究方法。但由于现实工作场所的具体条件是非常复杂的，有很多可能发生影响作用的因素无法控制，所以需要做好完善的研究设计或有计划地进行长期观察，才能获得成功。

实验室实验一般在设备完善的心理实验室进行。它借助于现代化设施，可在出现刺激和记录被试的反应等方面达到非常精确的程度。例如，研究噪声条件下对人的生理、心理的影响，研究疲劳对人的生理心理机能的影响，都可在实验室研究中获得精确的资料。

随着现代数学、生物学、医学、物理学及工程技术，特别是神经科学以及电子计算机技术等现代科学技术的发展，使心理学的实验方法更加丰富和完善，实验装置和测量仪器日益精密，实验研究工作在客观性和准确性等方面都得到了很大的提高。目前心理实验的方法和技术，广泛应用于生理学、神经学、生物化学、药理学、遗传学、物理学等其他一些学科领域。现在能用于安全心理学的测量和实验仪器已有很多，例如反应时测试仪、疲劳测试仪、注意力集中能力测试仪、注意稳定性测试仪、动作稳定性测试仪等。

4. 事故统计和案例分析法

事故统计和案例心理分析法是安全心理学非常重要的研究方法。

通过事故统计可获得事故发生原因的很多规律性的资料，比如可以发现事故与人的能力、个性特征、经验、性别、年龄等个体特征的关系，事故发生的时间性规律等。

案例分析法必须在事故调查的基础上进行。事故心理原因调查重点则在于弄清事故起因中人的心理和行为因素、发生人为失误或差错的过程、肇事者及受害者事故发生前的生理心理状态及其前驱因素。根据调查所获取的资料和心理学原理，分析出导致事故发生的人的主要心理和行为因素，以及这些因素的主要原因，资料较全者可分析肇事者的行为决策过程及冒险行为或意外差错的内在心理结构。经认真分析后得出结论，指出事故教训，总结经验以及管理缺陷等。

事故统计和案例分析法对丰富和完善安全心理学理论与预防事故具有重要意义。

## 复习思考题

1. 试述安全心理学的基本概念与学科定位。

2. 导致作业可靠性降低的内外部干扰因素有哪些?

3. 试从法制、价值观、安全文化和教育等几个方面对事故发生的基本原因进行分析。

4. 试论人的心理因素在事故发生原因中的地位。

5. 安全心理学的主要研究内容有哪些?

6. 安全心理学的主要研究方法有哪些?

# 第二章
## 基础心理学与安全生产

**本章学习目标**

1. 掌握人的心理现象的本质与心理学的一般概念。

2. 熟悉人的神经系统的结构与机能特征，掌握人的信息加工、反应时间、条件反射和行为强化概念及其与安全生产的重要关系。

3. 掌握感觉和知觉、记忆和思维、情绪和意志、注意和个性心理特征等人的一般心理现象的特征、规律及其与安全生产的关系。

4. 能对事故与人的一般心理现象的关系有比较深入的认识。

5. 通过理论学习和实训，掌握人的信息—行为反应特征。

## 第一节　心理及心理学概述

### 一、人的心理及心理学

心理学是研究心理现象及其规律的科学。心理现象又称心理活动，简称心理，包括感觉、知觉、记忆、想象、注意、思维、情绪和情感、需要和动机以及能力、气质和性格等。心理现象是心理活动的表现形式，可分为心理过程、心理状态和心理特征三类。心理过程是心理现象的动态表现形式，包括知、情、意三个方面，具体指人的感觉、知觉、记忆、思维、想象、言语等认知活动以及情绪活动和意志活动。心理状态指在一段时间里相对稳定的心理活动。例如认知过程中的聚精会神状态和注意涣散状态，情绪过程中的心境状态和激情状态，意志过程中的信心状态和犹豫状态等。心理特征指心理活动进行时经常表现出的稳定特点。例如，有的人观察敏锐、精确，有的人观察粗枝大叶；有的人思维灵活，有的人思考问题深入；有的人情绪稳定、内向，有的人情绪易波动、外向；有的人办事果断，有的人优柔寡断，等等。这些差异体现个体在能力、气质和性格上的不同。在人的心理生活中，心理过程、心理状态和心理特征三者联系紧密。

除了以上所说的感觉、知觉、记忆、想象、注意、思维、情绪和情感、需要和动机以及能力、气质和性格等心理现象外，生理心理、社会或群体心理等也是基础心理学研究的主要内容，所有这些包括了人的心理的基本方面，是心理学研究的最基本的、最一般的心理现象。

人的行为也是心理学的研究对象。行为是有机体的反应系统，它由一系列反应动作和活动构成。行为不同于心理，但又和心理有着密切的联系。行为总是在一定的刺激下产生的，而且引起行为的刺激需通过心理的中介而起作用。不理解人的内部心理过程，就难以理解外部行为；心理支配行为，又通过行为表现出来。心理学研究常常通过外部行为推测内部心理过程。

心理学作为一门科学，在理论和实践上都具有重要意义。心理学科学正确地解释心理现象，对于人们破除迷信，形成科学的世界观和人生观具有重要的意义。而通过科学地认识心理现象，使我们在实践中可以引导人的心理健康发展，并且可以运用心理的规律去预测和控制心理现象，指导不同领域的实践。

在社会发展和人类需求的强力推动下，心理科学在近半个多世纪以来发展很快，当代心理学已成为一个庞大的学科体系，拥有上百个分支学科。现在心理学的理论和技术已深入应用到人类活动的各个领域，为人们的工作、生活、安全和健康服务。

在心理学的体系中，可分为基础学科和应用学科两大类。其中与安全心理学的研究关系比较密切的有普通心理学、实验心理学、生理心理学、心理测量学、心理统计学、医学心理学、工程心理学、劳动心理学、管理心理学、职业心理学等，安全心理学属于心理学体系中的应用学科。

## 二、心理的来源和实质

1. 脑与心理

在古代很长的一段时间内，人们以为心理活动的器官是心脏。因为人平时在不同的精神状态（如平静、生气和害怕）时会感到心脏的活动有变化。后来人们才观察到，在睡眠、酒醉或精神失常时，心脏功能并没有什么异常变化，而精神状态却发生了相当大的变化。但若发生了脑部损伤，心理活动则受到了很大损害，例如有的病人会失去言语、记忆，或虽耳目完好，却看不到东西，听不见声音等。这样，人们就逐渐认识到，脑或者说神经系统是心理活动的器官，没有人脑就没有人的心理。

2. 心理是客观现实的反映

心理现象就其产生的方式来说，是客观事物作用于感官而引起脑的反射活动。脑

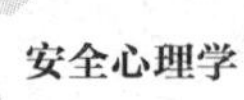



是心理的器官，没有脑也就没有心理；但是有了脑，如果没有客观事物的刺激作用，也就没有心理现象产生。各种客观事物以各种不同形式作用于我们的各种感官，引起神经系统的活动，从而产生感觉、知觉、记忆、思维、情绪、意志等心理活动。人的大脑好像是个“加工厂”，客观现实好像是原材料，如果没有原材料，“加工厂”也就无法生产出任何产品。可以说人的一切心理现象都是对客观现实的反映，客观现实是人的心理源泉和内容。

人脑对客观现实的反映即人的心理，按其形式来说是主观的，而按其内容来说则是客观的。说其形式是主观的，是因为头脑中对客观现实的映象与客观实物已有不同，它属于表象、观念的东西；再者，对客观现实的反映总是由一定的个人或主体进行的，总是受着个人积累的经验和个性心理特征的制约。说其内容是客观的，是因为它反映的都是外界事物和现象，是由外部事物决定的；另一方面，还因为它实际上是一种神经过程，是通过人的外部各种行为表现出来的。因此，可以说心理是主观和客观的统一。

人对客观现实的反映不是消极的、被动的反映，并不是像镜子反映物像一样。人对客观现实的反映是在活动过程中发生的，是一种积极的、能动的反映过程。每个人的个性心理特征、知识经验，都会对反映过程发生深刻的影响。因此，同一事物对于不同的人（或同一个人在不同时期）的反映是不尽相同的。例如，看同样一部电影，青年人和老年人的感受可能不一样，由于他们的知识经验不同，对电影的评价也会不同，情感的表现也不一样。

人的实践活动是心理产生和发展的基础。心理是脑的功能，而客观现实则是心理的源泉和内容。没有人的大脑也就没有心理现象的产生，没有客观现实也就没有心理内容。但是，如果有了正常的大脑，没有实践活动，客观现实也无法变成心理的源泉和内容。人类的实践活动，其中最重要的是生产活动。在生产活动中，人们要与自然发生关系，要认识自然，改造自然；同时，为了进行共同的生产活动，人与人之间也发生了交往和联系，形成一定的社会关系。人的心理、意识就是在一定的社会关系中形成与发展的。人的社会生活条件不同，社会关系不同，心理活动的内容、倾向、水平也就有所不同。例如，不同职业的人，他们的感觉、记忆、思维的能力和类型就明显不同。音乐家经常接触音乐，他们对乐音的辨别能力就要比一般人高；画家要善于记忆各种景色和人物，塑造各种形象，形象思维比较发达；数学家善于记忆数学公式，经常思考如何概括数量关系，因此抽象思维比较发达。

# 第二节　人的神经系统的机能特征与安全生产

## 一、神经系统的结构和功能

1. 神经元

人的神经系统（见图 2—1）是极为复杂的，它的基本结构和功能单位是神经细胞，又称为神经元。神经元是由细胞体和从细胞体发出的很多短的树枝状突起（树突）以及一很长的突起（轴突）三部分组成的（见图 2—2）。轴突为神经元的输出通道，作用是将细胞体发出的神经冲动传递给另一个或多个神经元或分布在肌肉或腺体的效应器。在神经系统中，轴突是主要的信号传递渠道。神经元具有反应和传导的功能，它通过树突接受外来的刺激信息，经过胞体整合后，再将信息经过轴突传出去。轴突外面的髓鞘也很重要，它起着绝缘的作用，以保证神经兴奋沿一定的方向传导。

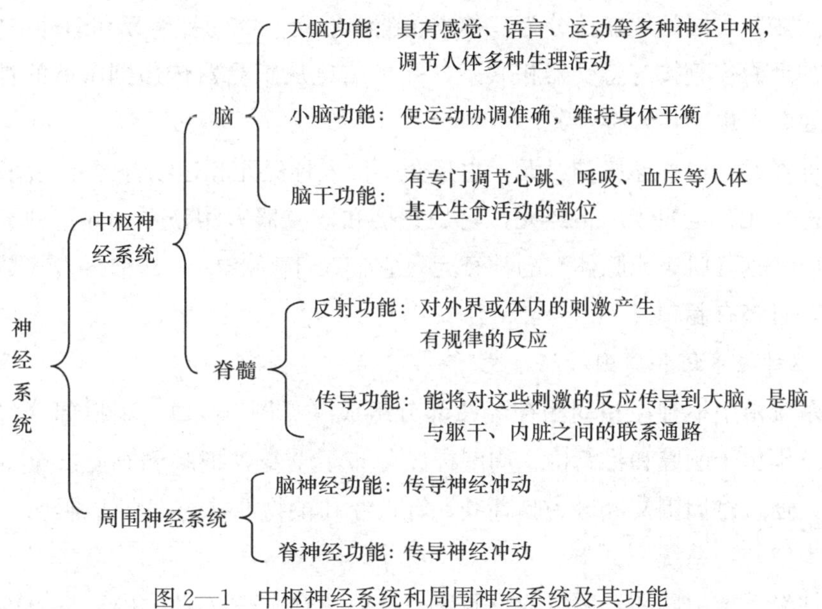


图 2—1　中枢神经系统和周围神经系统及其功能

神经细胞（树突）在受到刺激后，产生一种以生物电活动为基础的兴奋过程，并以不同于普通电流的特殊的神经生物电流的方式进行传导，速度约每秒 120 米。神经冲动由一个神经元向另一个邻近的神经元传递，是以某种特殊的接触形式进行的，通常是一个神经元的轴突与另一个神经元的树突进行接触式传递。在它们接触的部位称为突触。突触是神经元之间或神经元与效应器细胞之间传递信息的结构。它通过电化

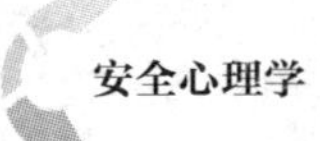


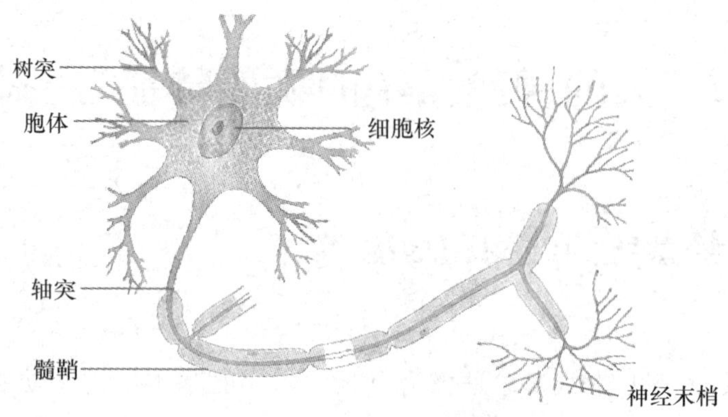


图 2—2　神经元及其结构

学变化的方式完成神经元之间的信息传递。

有人估计，人脑中大约有 100 多亿个神经元。每个神经元都有其特殊功能，不但接受信息而且还能储存信息，并且还能把信息传递到其他神经元或肌肉和腺体等效应器官。

神经元按其不同的功能可分为三种：感觉神经元、中间神经元和运动神经元。

感觉神经元：直接与感受器相联系，并把信息从感受器传递到中枢的神经元，称为感觉神经元，也叫传入神经元。

中间神经元：也称连接神经元，它是介于传入神经元和运动神经元之间的神经元。

运动神经元：也叫传出神经元，它是直接和效应器官相联系，并把神经冲动从中枢传到效应器官（肌肉或腺体）的神经元。它们位于脊髓中，其轴突大多数很长，可达 1 米多，且多有髓鞘。

2. 中枢神经系统和周围神经系统

神经系统由中枢神经和周围神经两部分组成（见图 2—1）。中枢部分包括脑和脊髓，二者分别位于颅腔和椎管内；周围神经分布于全身，把脑和脊髓与全身其他器官联系起来。通常将周围神经分为脑神经、脊神经和植物性神经（自主神经）三部分。

（1）中枢神经系统

中枢神经系统由脑和脊髓组成（见图 2—1）。脊髓位于脊柱内，是由神经组织构成的粗的传导通路。它是脑神经传入与传出的中转站，并有许多先天的无条件反射中枢位于其中，它调节着人体和四肢的肌肉运动以及内脏器官的活动。脑位于脑颅中，由脑干、间脑、小脑及大脑两半球组成（见图 2—3），在枕骨大孔处向下与脊髓相延续，颅骨保护着大脑而不使它受到损伤。在整个神经系统中，脑是最主要的部分，复杂的心理活动都与脑密切相关。

1）脑干。脑干是由脊髓向颅腔内延伸的部分，自下而上依次由延脑、脑桥和中脑

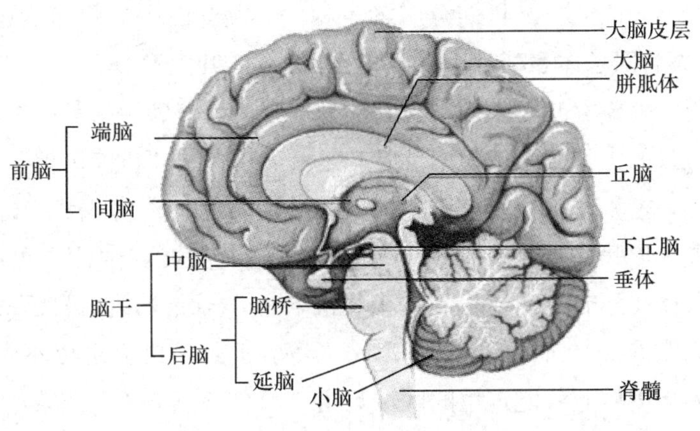


图 2—3 人脑中切面剖面视图

三部分组成。大脑皮层、小脑和脊髓互相间的联系纤维都要通过脑干，它具有许多重要的中枢。延髓是脊髓进入颅腔的扩展部分，是一个狭长的结构。它是几种关键的生理过程的控制中心，其中呼吸和心跳的控制是最重要的。另外，大部分从脊髓上行的神经纤维和由脑下行的神经纤维在这里交叉行进，因此，左边的脑半球与右边身体相联系，而右边脑与身体的左边相联系，形成交叉的功能控制。脑桥则位于小脑腹部，它的作用是把大脑皮层的一些冲动转递给小脑，这就是“桥”的含义。中脑位于脑桥和间脑之间，是脑干的最上部分。它是上行和下行神经纤维的主要通路。其独特的机能是视觉和听觉的皮质下反射中枢（接受眼和耳传来的神经冲动并把它传向有关的运动中枢）。与眼睛有关的各种活动如瞳孔扩张和收缩、眼肌的活动等都受中脑控制。

2）间脑。间脑位于中脑和大脑两半球之间，由丘脑和下丘脑组成，是感觉信息的转换站，来自眼、耳和皮肤的神经纤维将信息送到丘脑，再进一步向上送到大脑皮层。丘脑是皮层下感觉中枢，除嗅觉外，各种感觉传导束都在丘脑内更换神经元，然后才能投射到大脑皮层的一定部位。下丘脑是植物性神经中枢，与内脏活动及机体的多种生理功能和情绪等均有密切关系。

3）小脑。小脑位于脑的后方和延髓的后上方，是一个具有卷曲结构的神经组织。它控制身体平衡和运动协调。

4）大脑。这是脑的最发达的部分。它为两个半球，左右对称，是高级心理过程（思维、记忆以及随意运动等）的控制和调节中心。大脑半球表面有许多皱纹，其凹陷下去的地方叫沟，隆起的地方叫回，大的沟叫裂。人们一般把每个半球均分为四个叶，即额叶、顶叶、枕叶和颞叶。如果将大脑半球切开，可看到其外面覆盖大脑两半球表面的一层为灰色，厚 2～5 毫米，它是神经细胞体集中的地方，通常称为大脑皮层。

大脑两个半球由其底部的一个神经纤维带相连接，此纤维带称作胼胝体，它在综合左右半球的功能方面起着重要的作用。

大脑皮层的不同区域，其机能分工各不相同。额叶的中央前回是运动中枢（投射区），顶叶的中央后回是体表感觉中枢（投射区），枕叶上有视区，颞叶上有听区。近年来的研究表明，大脑额叶与人的动机、计划、行为监督和性格等高级心理机能有关。

研究表明，人的大脑两半球之间也有一定的分工，称“机能定位”。对多数习惯使用右手的人来说，左半球执行着言语和抽象思维的功能，称为优势半球。右半球的功能则与空间位置、形状、音乐及情感等方面的信息有关，在生活中也有其重要意义。左半球损伤的人往往不能讲话或记不住事物的名称，不能表达出自己的所见所闻。右半球损伤的人不能进行方向定位，认不出熟人等。但是，机能定位不应做绝对化的理解，实质上，大脑皮质上机能定位的区域只是小部分（只有不到1/4），大部分是无明显定位的，这些部分称为联合区。

（2）周围神经系统

周围神经系统是将脑、脊髓与身体其他部分联结起来的神经系统，中枢神经通过周围神经与人体其他各个器官、系统发生极其广泛复杂的联系。根据连于中枢的部位不同分为连于脑的脑神经和连于脊髓的脊神经；还可根据分布的对象不同进行分类：分布于骨骼肌并支配其运动的纤维叫作躯体神经系统，而支配平滑肌、心肌运动以及调控腺体分泌的神经纤维叫作内脏运动纤维，由它们所组成的神经叫作植物性神经系统。

1）躯体神经系统。遍布头面、躯体及四肢肌肉和关节内。躯体神经系统接受来自皮肤、肌肉、关节等处的信息（神经冲动），将它们传到中枢神经系统，从而使人们感到痛、压力和温度等的变化；同时也将中枢神经系统的冲动送到身体的肌肉组织，在那里引起运动活动。

2）植物神经系统。即控制腺体、内脏和血管等的神经系统，这种神经的控制不受意识支配，诸如消化、血液循环（心跳）等，即使当一个人睡着了或是处于无意识状态也照样不停地进行活动。植物神经系统又分为两种，即交感和副交感神经系统。人体内多数器官受交感、副交感神经的双重支配，而且两类神经往往在同一器官起拮抗作用，即交感神经使某器官活动减弱时，副交感神经使它加强；反之，交感神经使某器官活动加强时，副交感神经使它减弱。因此，对某一器官来说，它们是相辅相成、协调统一的。

## 二、生产作业中的主要生理心理活动

人在生产劳动中，生理活动和心理活动是相互联系、相互影响的统一体。而生产劳动中的操作行为是一个开放的，即与外界因素相互联系、相互影响的生理心理系统。这里，生理心理系统是指人体自身是由生理系统和心理系统这两个子系统所构成的完整系统。心理系统包括操作者的工作态度、动机水平、情绪状态、感知觉和思维能力、知识水平与经验基础、意志品质、个性特征的类型等一系列心理因素；生理系统包括操作者的年龄、性别、体力条件、神经系统特点、循环系统、呼吸系统及内分泌系统的活动等一系列生理活动的因素。对一个劳动者而言，这两个子系统是相互联系、相互影响的。如果劳动者生理状态不佳，比如生病、过度疲劳、睡眠不足等就会影响其心理状态，例如兴趣降低，意志减退，注意力不易集中等。反之，如果心理状态不佳时，则易造成生理系统的紊乱和失调。因此，生理心理系统的整体状态如何将影响人的操作活动的效率和作业的可靠性。

劳动者在操作活动时，个体内在的心理系统和生理系统是在一定的背景条件下发生相互联系、相互影响的。因此，个体的操作活动过程本身并不是一个内部闭合的系统，而是一个受外部环境的影响并与外部环境发生相互作用的开放式系统。这里的外部环境包括自然物理环境与社会组织环境两大部分，其中，前者是指操作活动中的各种客观条件，例如工作空间的大小、机器设备的布局、机器设计和操作工具的合理性、噪声强度、照明与色彩、有害气体或粉尘、温度和湿度等。社会组织环境是指劳动者在劳动群体中所处的社会地位、上级管理人员的领导作风、管理制度、奖励制度、人际关系等。所有这些外部环境因素都可以影响劳动者的生理心理系统的状态，从而最终对操作行为和作业可靠性产生影响。

## 三、人在作业活动中的信息加工处理过程

在人—机系统的特定操作过程中，人的信息加工模型如图 2—4 所示。该模型中的每个框图代表信息加工的一种机能，简称机能模块，带箭头的线表示信息的流动方向。

信息加工模型是运用信息加工过程解释认知的一种模型。假定人的认知活动（即对信息的加工）是一个由若干连续阶段构成的过程，其中每个阶段是一个对输入信息进行某些特定操作的单元，相当于发生在刺激和反应之间整个事件的一个子过程，反应则是这一系列阶段性操作的产物。用语言、流程图或数学术语来表述信息从一个阶段到另一阶段的加工，借助计算机即可构成人类行为的信息加工模型。

例如，一个在煤矿井下斜巷下车场工作的信号把钩工，发现上面出现了跑车事故，矿车正以飞快的速度奔驰而下，他及时发现了这个危险信息并做出了迅速躲入躲避洞的行动。这个事件的整个过程可以粗略地分成以下几个阶段：①跑车信息记录在信号把钩工的视觉和听觉系统中；②该职工提取和利用存储在记忆中的有关危险信息，识别出这危险信息的性质；③提取存储在记忆中的应对方法，并完成判断，由中枢神经系统发出躲避动作指令；④执行这个行动，使用骨骼肌肉系统完成躲避动作——对外界的反应。

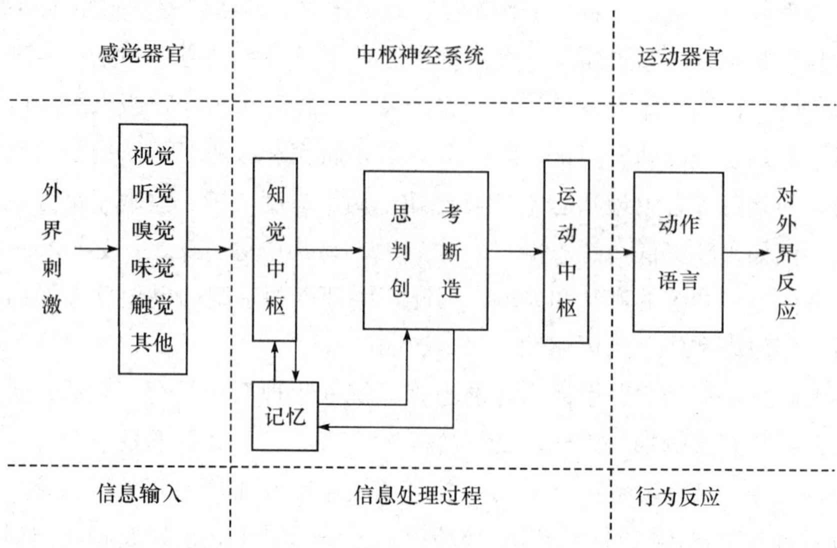


图 2—4　人的信息加工模型

在外界刺激（信息输入）—行为反应进程中，原初信息经历一定的转换，从感觉刺激变成一个被识别的对象，然后经过信息处理过程，最后转化为被执行的动作。这其中的中间环节即信息处理过程对正确反应而不出差错具有核心意义。而其中注意的心理资源对正确反应非常重要。

从感觉储存开始到反应执行的各个阶段的信息加工几乎都离不开注意。如果上述跑车事故未能引起信号把钩工的注意，他就不会做出正确的反应动作。注意的重要功能在于对外界大量信息进行过滤、筛选，即选择并跟踪符合需要的信息，避开和抑制无关的信息，使符合需要的信息在大脑中得到精细的加工。然而，这并不意味着注意总是指向和集中在同一对象上，根据当前活动的不同需要，注意可有意识地从一个对象转移到另一个对象。注意在一定条件下，还可以在同一时间内分配给两种或几种活动，例如汽车司机在开车过程中，既要注意周围的动态，又要注意掌握驾驶机械等。在现代复杂的科学技术和生产活动中，只有具备较高的注意分配能力，才能提高工作效率，防止出现差错和发生事故（关于注意的心理规律与作业安全的详细内容见本章第五节）。

##  四、条件反射和行为的强化与安全生产

1. 反射的基本概念

（1）反射与反射弧

反射是神经系统活动最基本的方式，是有机体借助中枢神经系统对一定的外界刺激做出的规律性应答活动，也是一切心理与行为的生物学基础。其对于保护生命和器

官具有重要意义，例如眨眼反射便是为了保护眼睛。

反射弧是执行反射的全部神经结构，由五个部分组成，即：感受器、传入神经纤维、中枢、传出神经纤维和效应器（见图 2—5）。感受器是直接接受刺激作用的器官。效应器是执行反射动作的器官。

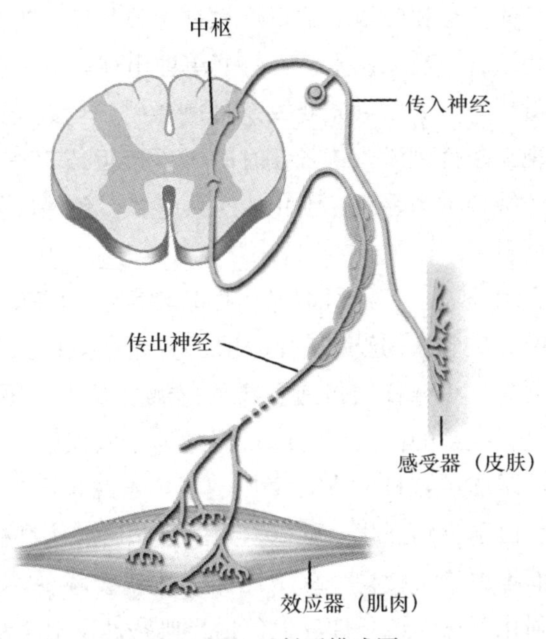


图 2—5　反射弧模式图

（2）反射的分类

反射可分为无条件反射和条件反射，或称简单反射和复杂反射。无条件反射神经信号由感受器发出，经过延髓或脊髓，不经过大脑，直接传递到效应器。大脑皮层以下的神经中枢（如脊髓）即可完成。这是天生的、每个人都会做出相似的反应，如膝跳反射（击打膝盖，小腿会向上）。条件反射又称经典条件反射，需要大脑皮层参与，是要经过学习的。

2. 经典条件反射和操作性条件反射

（1）经典条件反射

19 世纪后半叶，被列宁称为“唯物主义心理学家”的俄国生理学家谢切诺夫在其《大脑反射》一书中指出：“生命的一切意识的和无意识的动作，按其起源来说，都是反射。”这一论断为科学地理解心理现象指明了方向。

俄国伟大的生理学家巴甫洛夫继承了谢切诺夫的“心理是反射”的思想。他认为，反射有两种：无条件反射和条件反射。无条件反射是与生俱来的，不用学就能够做出反射。其特征是：刺激物与反应之间有固定的联系，一定的刺激总是引起某种反应，例如一个初生婴儿，将奶头放在他的嘴里他就吮吸；用强光刺激他的瞳孔，就会引起

他的瞳孔收缩。这些都是无条件反射。无条件反射又叫本能。

对于人类来说，主要的反射形式是条件反射。条件反射是有机体在生活中学会的，只在一定条件下才出现的反射。条件反射是在无条件反射的基础上建立的，是条件刺激与无条件刺激多次结合产生的。例如，狗吃到肉（无条件刺激）就流唾液，这是无条件反射，而狗看到灯光不会流唾液（这里灯光是无关刺激或叫中性刺激）。但是，当灯光出现和狗吃到肉相结合，经多次重复，灯光单独出现就可以引起狗流唾液。这时，狗对灯光的条件反射就建立起来，灯光变成条件刺激物。为建立条件反射，要求先呈现中性刺激，然后呈现无条件刺激，二者在时间上要接近或有一定的重合。无条件刺激物和中性刺激之间的结合称为强化。强化的次数越多，条件反射建立得越巩固。

（2）操作性条件反射

美国心理学家斯金纳发展了一种所谓操作性条件反射的理论。他设计了一种实验装置，人们称之为“斯金纳箱”。这是一种适用于研究白鼠的操作条件作用的斯金纳箱。箱内有小杠杆和食盘，小杠杆与传递食物的机械装置相勾连，杠杆一被压动，就有一颗食物丸滚进食盘。饥饿的白鼠在箱内来回跑动，偶然踩压了杠杆，一粒食物就出现在盘内，再次偶然踩压了杠杆时食物又出现了，再踩再有，多次重复后，操作条件反射就建立了起来。由于食物强化，可以看到白鼠此后踩压杠杆的次数会显著增加。如果白鼠踩压了杠杆而不再给予食物，踩压杠杆次数就会减少，直至不再出现。也就是说，没有（食物）强化，操作性条件反射包括经典条件反射，都会逐渐消退。

3. 条件反射和行为的强化

在讨论经典条件反射时，所说的强化指的是无条件刺激和条件刺激两者成对地呈现。在操作性条件作用中，强化指的是试验对象做出了我们所期望的某种反应以后，就给予食物或水（食物或水又称为强化物）等。这两种强化含义虽有差别，但其结果都是增加了所期望的反应出现的可能性，因此，可以把强化定义为增加一种反应出现的概率的事件。

“奖赏”这个术语有时可看成与“强化”是同义词，它们的效果一般都能增加人们所希望的事件的概率，而“惩罚”正与其相反，它能减少一种反应出现的概率。因此，有时我们称此为“负强化”。我们可以看到，一种行为（反应）的后果通常对该行为（反应）是有影响的。一种行为能带来强化，那么这种行为就能加强；如果带来痛苦和不愉快的刺激，那么这种行为就会减弱。因此，常用惩罚来制止人们所不希望的行为。

但是，虽然惩罚在控制行为方面是有效的，但也有不利因素。惩罚会干扰正确反应的学习，例如，一个小学一年级学生学习阅读，如果每当念错一个词的发音都要受到老师的严厉训斥，这样做的结果，一方面是阻止了小孩对这个词的错误发音，但主要的影响可能是使这个小孩情绪紧张，结果却影响了他对正确发音的学习。避免“惩罚”副作用的方法是奖励正确反应，即加强和巩固正确的行为。

4. 行为的强化与安全生产

奖惩对安全生产有相当大的作用，它能促进劳动者提高安全操作的动机，阻止其违反安全规程的行为。但如上所述，奖励与惩罚相比，奖励的积极性更大。在生产中，要使安全操作行为得到巩固，或使安全规程能够贯彻到每个工人的实际劳动过程之中，就必须要有长期不断的强化过程。强化的手段总的讲是奖励和惩罚，即奖励安全行为，惩罚不安全行为。两者结合，能产生较好的促进安全生产的效果。

在安全生产的具体实践中，还要防止不安全行为的“自然”强化现象。比如，在工业生产中，违章作业有时比遵章作业显得便捷、省力，所以违章作业行为有着一种非外在的自我强化因素（当然有些违章行为是通过降低工程质量标准、节省材料而获得某些经济利益，则属外在的强化因素），这种强化因素往往是很多屡次违章者的主要行为动机。例如，在某煤矿，有个采煤工，第一次违章作业没按规定柱距打柱子，结果少打了柱子，却并未发生冒顶事故，于是他获得了省力、省时的结果。这种结果作为一种强化物使他的这种不安全行为得到了第一次强化。第二次违章作业是打柱不戴柱帽，只背一个木楔，结果又没出什么事，于是违章再次成功，不安全行为得到了第二次强化。他第三次、第四次以至于很多次违章都没出事故。这样，他的不安全行为得到了很多次强化，从而违章作业成为他的习惯性的行为模式，变得很巩固。但是，当他又一次违章作业时，事故出现了。他这次违章作业是在放顶班，打密集柱时规程规定应有戗木，而他不打戗木。他放顶的一段是 20 米，而当他放到 15 米时，老塘来了压力，于是大块岩石垮落，摧倒 10 米密集柱，而他牺牲在被摧倒的密集柱下面。

由上例可以看到，不安全行为的自我强化现象，对安全生产是一个不利因素。这种现象往往是使克服违章行为的工作产生困难的重要原因之一。我们应该运用强化的有关原理，通过加强安全监察工作，采取奖赏安全行为、惩罚不安全行为等办法，从而破坏其强化机制，使违章行为得以消退。

## 五、人的信息输出与反应时间

在人—机系统中，人的信息的输出，通常表现为效应器官（例如手、足）的操作运动。因此，效应器官运动的速度或反应时间及准确度直接关系到人—机系统的可靠性和人的操作安全。

1. 反应时间的概念

反应时间即从机体接受刺激到做出回答反应所需的时间。具体地说，即从感官接受信息到发生反应的各信息加工阶段所耗费的时间的总和。这个时间过程可划分为三个阶段：①刺激使感受器发生兴奋，神经冲动从感受器（通过传入神经）传到大脑皮质所需的时间；②中枢神经系统组织回答反应所需的时间；③中枢神经系统的“指令”

（通过传出神经）传到效应器（动作器官如肌肉和腺体）并发生动作这段时间。比如，我们看到一个灯光信号，而立即去按一个电键，从光线进入眼球到按下电键这一段时间就是反应时间。人们在测量一个人的反应时间的快慢时，也常用这种方式用计时器来测量反应时间。

其中各个阶段所花费的时间一般为：感受器将刺激转化为神经冲动需要 1～38 毫秒，传入神经将冲动传导至大脑等神经中枢需要 2～100 毫秒，神经中枢进行信息加工需要 70～300 毫秒，传出神经将冲动传导至肌肉需要 10～20 毫秒，肌肉潜伏期和激发肌肉收缩需要 30～70 毫秒。上述各段时间的总和 113～528 毫秒即为反应时间。显然，神经中枢的加工过程所耗费的时间为反应时间的主要组成部分。

反应时间分简单反应时间和选择反应时间。简单反应时间是指当单一刺激呈现时，人只需要做出一个特定反应所需的时间。选择反应时间是指当两种或更多种刺激呈现时，不同的刺激要求做出不同的反应所需要的时间。通常选择反应时间要比简单反应时间长 20～200 毫秒。

不同感觉通道反应时间不同；不同的效应器官发动反应的速度不同，因此引起的反应时间也不同，例如手的反应比脚快。刺激强度增大，反应时间会缩短，例如弱光刺激反应时间为 0.205 秒，强光刺激反应时间则为 0.162 秒；刺激的性质不同，反应时间也不同，例如味觉，对咸的刺激反应时间最短，对苦的刺激反应时间最长；刺激出现时间的不确定程度越大，反应时间越长。通过反复练习，可缩短反应时间。另外，反应的复杂程度影响反应时间的长短，简单反应的反应时间较短，而选择反应的反应时间则较长。在选择反应中，反应时间又随信息量的增加而延长。同时，选择反应时间也随选择任务复杂程度的增加而延长。因此，减少选择数目，提高刺激信号的清晰性和可辨性，也是缩短反应时间的一种方法。个体身心状态，如动机、气质、灵活性等也影响人的反应时间。

2. 不同感觉通道的反应时间

反应时间依赖于受刺激的器官，不同感官的反应时间是不同的（见表 2—1）。熟练成人对光刺激的反应时间约为 180 毫秒，对声音刺激和对触觉刺激的反应时间约为 140 毫秒。

**表 2—1　各种感觉通道的反应时间**

| 感觉通道 | 反应时间（毫秒） |
|---|---|
| 触觉 | 117～182 |
| 听觉 | 120～182 |
| 视觉 | 150～225 |
| 冷觉 | 150～230 |

续表

| 感觉通道 | 反应时间（毫秒） |
| --- | --- |
| 温觉 | 180～240 |
| 嗅觉 | 210～390 |
| 痛觉 | 400～1000 |
| 味觉 | 308～l082 |

从表2—1中可以看到，听觉刺激比视觉刺激的反应时间要短，因此，如果选择报警信号的话，要优先选择声音信号。

3. 反应时间的个别差异与事故

反应时间随人的不同而不同，有的人反应快些，有的人则反应慢些，并且同年龄、性别都有关系。在运动员、飞行员等的选拔和训练中，经常用反应时间作为指标。例如，短跑运动员的起跑时间的长短对成绩有很大影响。在对车辆驾驶人员的司机资格和驾驶适宜性测验中，反应时间也是一项重要的指标，许多国家都用测量反应时间的仪器对司机加以能力测定。

对于与安全质量有关的监视和控制人员以及操作人员来说，反应时间快慢也很重要，反应时间快有可能防止事故的发生和少出废品。

国外对驾驶人员的统计表明，反应时间长的人，出事故的可能性也偏高。表2—2是日本对一些驾驶员在9个月中的事故数与反应时间的关系调查情况。

**表2—2　　汽车驾驶员事故数与反应时间的关系**

| 9个月中事故数（件） | 反应时间（秒） |
| --- | --- |
| 0～1 | 平均0.57 |
| 2～3 | 平均0.70 |
| 4～7 | 平均0.72 |
| 8～9 | 平均0.86 |
| 10～12 | 平均0.86 |
| 13～17 | 平均0.89 |

从表2—2中可以看出，9个月中发生事故13～17件的司机反应时间达0.89秒；而发生0～1件事故的司机反应时间，平均为0.57秒，两者相差0.32秒。可不能低估这0.32秒，如果汽车以每小时60千米的车速行驶，在0.32秒内车子将行进5.3米。而在不少情况下，交通事故往往就出在几米的刹车范围内。

# 第三节 感觉和知觉与安全生产

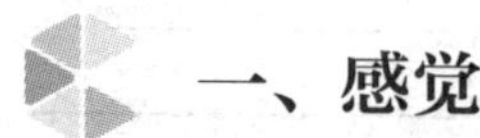

## 一、感觉

1. 感觉的概念

感觉是最初级的心理现象，认识世界首先要从感觉开始。感觉是指客观事物作用于感觉器官，在头脑中对这个事物的个别属性的直接反映。人借助于感觉，感知事物的各种不同属性，例如颜色、气味、形状和温度等。感觉也使人知道自己身体所发生的变化，例如躯体的运动和位置以及内部器官的状态——疼痛、饥饿等。

感觉虽是一种最简单的心理现象，但它在人类的现实生活中起着极其重要的作用，因为只有通过感觉人们才能获得外界的各种信息。一切较高级、较复杂的心理现象例如思维、情绪、意志等，都是在感觉获得材料的基础上产生的。一个人如果丧失了全部感觉器官，就无法接受外界的信息，无法与外界保持联系，不能同周围的人们交往，也就不能工作，更不能避开各种危险，实际上也就无法生存。

2. 感受性与感觉阈限

（1）感受性和感觉阈限的一般概念

感受性是对刺激物的感觉能力，它是以感觉阈限的大小来度量的。人的感觉并非对所有的刺激都能感受到。例如，对光线来说，红外线和紫外线我们是看不到的；对声音来说，16 次/秒振动频率以下的次声波和 20 000 次/秒振动频率以上的超声波，我们的耳朵也听不见。强度太小的声音人耳感觉不到（如远处两人的低声耳语），落在皮肤上的小灰尘人同样也不能觉察。另外，人对于刺激物变化的感觉能力也有一定的局限，一个东西变化太小时我们就不易觉察，如此等等说明人对事物的感受能力是有限的。

感觉阈限是指刚刚能够引起感觉的最小刺激量。感受性的大小与感觉阈限成反比，这个最小刺激量（感觉阈限）越小，说明感受性越高。

感觉阈限有两种，即绝对感觉阈限和差别感觉阈限。前者是指刚刚能引起感觉的最小刺激量，例如刚刚能听到的最小的声音；后者是指刚刚能引起差别感觉的刺激物的最小变化量，例如放在手心中 100 克重物，再加上 3 克就能觉察出手上的重量增加了。

感觉阈限有两种，相应的感受性也就有两种，即绝对感受性和差别感受性。感受性的高低即感觉灵敏度的大小，每个人是不同的，我们平时说某人感觉灵敏，某人感觉迟钝，基本上反映了这个问题。

（2）感受性的变化

人的感受性并不是恒定不变的，有些情况下人的感受性会增高，而另一些情况下便会降低。常见的变化有以下几种：

1）感觉适应。由于刺激物对感受器的持续作用而使感受性发生变化的现象叫感觉适应。例如，矿工从比较明亮的井口，进入数百米深的井下，起初一片黑暗，如果不凭借矿灯的光亮是什么也看不清的。过了一会儿，才逐步看清了井下的巷道和周围的物体。相反，夜班工人下班后，从井下来到地面耀眼的阳光下，最初时刻会感到刺眼、目眩，视觉不清晰，但片刻之后，便会恢复正常。前者叫视觉的暗适应，后者叫视觉的明适应。在这个例子中，入井后发生的变化是感受性的提高，而来到地面时发生的变化则是感受性的降低。这是视觉的情况，听觉、嗅觉、触觉等也都有这种现象。

2）感觉的相互作用。对于一种刺激的感受性，不仅取决于感受这个刺激的感官的机能状态，同时也受其他感觉的影响。例如，强烈的声音刺激会使牙疼得更厉害，一个重的物体如果在轻松的音乐声中去举时，往往会觉得轻些。

3）感受性的发展。感受性代表感觉的能力，不同的人各种感觉能力是不一样的。虽然人出生之后就已有了感觉器官和相应的机能，但感受能力主要还是在后天生活实践中得到发展和成熟了的。比如，由于职业不同而形成的训练差异，有些人在某些感觉的感受性方面明显高于一般人。例如，磨工的视觉异常敏锐，他们能看到 0.000 5 毫米的空隙，而没有经过训练的人只能觉察到 0.1 毫米的空隙。染色专家可以区分 40～60 种黑色，而一般人则很难区分出这么多等级。再如，经验丰富的汽车司机在离一辆正在行驶的汽车几十米的远处，就能听出该汽车哪个部位出了毛病，一般人则无法做到。

4）影响劳动者感受性的几个因素。感受性的变化主要表现在感觉阈限的变化上。感觉阈限的提高，就意味着感受性的降低，反之亦然。一般来说，现代工业希望劳动者具有较低的感觉阈限，即较高的感受性。特别是一些不安全因素较多的生产岗位，较高的感受性有利于察觉一些微弱的信息（尤其是一些危险征兆），以便及时有效地防止事故发生。但是，在生产劳动过程中，有很多因素会影响劳动者的感觉阈限，其中，主要有以下几个因素：

①生理因素。遗传和疾病会改变劳动者感觉器官的正常生理功能，造成劳动者感觉阈限的差异。例如，先天性近视眼患者的视觉感觉阈限就较高；再如，一个劳动者平时嗅觉感觉阈限较低，但由于患感冒便会使嗅觉感觉阈限提高。②情绪因素。例如，由于劳动者个人生活中发生了重大事件，使其过度兴奋或悲伤、忧虑等，都会影响感觉阈限。③工作环境。有些工作是责任重、低负荷的，容易使劳动者的感觉阈限提高，例如长途运输的司机、夜间行车的司机以及仪表变化小的仪表监视工等，由于环境刺

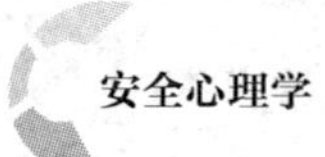


激单调，缺乏变化，这样会使感觉产生适应现象而使感觉阈限提高。④劳动者的特点。由于劳动者责任心、工作态度、兴趣、性格等不同，也会使阈限发生变化。一般来说，劳动者如果责任心较强，对工作的态度认真，对工作感兴趣、注意专注，感觉阈限可以降低。另外，一般来说具有内向、谨慎、细心等性格特征的人，感受性可能相对较高。⑤疲劳。劳动者由于长时间的操作，会引起神经系统、肌肉等生理功能下降而使感觉阈限提高。从事需要较多精细感觉能力的工作者更是如此。

3. 感觉的种类

我们要认识周围世界，同外界保持接触和联系，首先要通过感觉。人们通过各种不同感觉器官来获得包括自身机体状态在内的各种信息。接受机体外部刺激，反映外部属性的感觉有视觉、听觉、嗅觉、味觉和触觉（皮肤觉）；接受机体内部刺激，反映躯体位置和运动平衡及内脏不同状态的感觉有运动感觉（对身体各部分运动和位置的感觉，其感受器在肌肉、肌腱和关节中）、平衡感觉（反映人体在空间的位置，其感受器分布在内耳前庭器官中）、内脏感觉（反映内脏的活动信息，例如饥饿、温、痛觉等）等。这里，主要介绍前一类感觉。

（1）视觉

人的眼睛是视觉的器官。视觉是人的各种感觉中最重要的一种。我们平时从环境中获得的大部分信息，都是通过眼传入大脑中的。据研究，通过眼睛传入大脑的信息占人们所掌握的全部信息的80%以上。良好的视觉对保证正常安全的劳动活动是最重要的一种感觉。准确的操作动作，大多数信息的接受，都须依赖于视觉。

（2）听觉

耳朵是听觉的器官。对人类来说，听觉是仅次于视觉的重要感觉。人耳所能听到的声音振动频率为16～20 000赫兹，低于16赫兹和高于20 000赫兹的声波，人耳是听不到的。灵敏的听觉对安全生产也很重要。比如对各种声音信号（包括联络信号、危险信号等）的辨别，敲帮问顶时辨别手镐敲击顶板或煤帮时的不同声音，以判断其是否有掉落的危险等。

（3）嗅觉和味觉

嗅觉的感受器是嗅细胞，位于鼻道上部黏膜的嗅上皮内。气味主要有6种：花香气、水果气、香料气、焦臭气、树脂气和腐烂气。当几种气味同时作用于嗅觉感受器时，会发生气味的融合、抵消、掩蔽等变化。嗅觉在劳动安全中也有重要作用，例如有些事故发生前会出现一些异常气味，如果矿工的嗅觉不灵，就难以发现这种事故征兆。

味觉的感受器是味蕾，分布于口腔黏膜内，其中主要分布在舌的上面。特别是舌尖和舌的侧部，舌头中央一般不感受味觉刺激。味觉能感受的味道主要有4种：甜、酸、苦、咸，其他味觉都是由这4种味觉融合而产生。

（4）触觉和动觉

触觉是皮肤受到机械作用后产生的一种感觉。触觉的感受器散布于全身体表，它是一种感觉神经元的神经末梢。触觉常和温觉、痛觉混在一起，很难将它们严格区分开。触觉的感受性在全身各部位是不同的，舌尖、唇部和手指等处较高，背部、腿部和手背等处较低。

动觉又叫运动感觉，是指对身体运动和位置状态的一种感觉。人们即使闭上眼睛也知道自己是站着、坐着或躺着，也知道自己的手、头和脚等是否在运动，是什么状态，这就是动觉。动觉往往和其他感觉相联系构成各种复合感觉能力的基础。例如，劳动者的动觉和触觉相联系就能辨别机器、零件和工具等物体的位置、大小、软硬、凹凸等。

## 二、知觉

1. 知觉的概念

前面讲到，感觉是在客观事物的直接作用下，人脑对事物个别属性的反映，而知觉则是在客观事物的直接作用下，人脑对事物整体的反映。

在实际生活中，事物的个别属性并不是单独被反映的，总是作为事物的一个方面和事物的整体一起被反映的。例如我们看到的红色（物体的个别属性）总是某种物体的颜色，如红旗、红花等。

知觉是运用多种感觉器官、综合多种感觉而产生的。例如一个橘子，我们既看到它的橙红的颜色、球状的形体，又闻到它的香味，用手一摸它则有橘子的特有的软硬度，再剥开皮一吃确实是橘子，或者说这才对橘子有了整体的知觉。如果我们单独用视觉只看到和橘子一样的颜色和形状，而不再运用别的感觉去了解它，就有可能造成知觉错误（如我们把橘子模型错当成橘子）。

知觉具有整体性、选择性、理解性和恒常性等基本特征。

2. 时间知觉和空间知觉

（1）时间知觉

时间知觉是人脑对客观现象的延续性和顺序性的反映。时间知觉往往受许多因素的影响，其中，主要有下列因素：

1）人脑的状态。一般认为，人脑处于清醒状态时觉得时间过得较慢，而人脑处于睡眠状态时觉得时间过得较快。

2）活动的内容。如果活动内容丰富有趣时，往往觉得时间过得较快，例如人们在从事自己感兴趣而且内容丰富的工作时，往往觉得光阴似箭，日月如梭；反之则觉得时间很慢，甚至有度日如年之感。

3）情绪状态。当人们的情绪处于积极、兴奋状态时，往往觉得时间过得飞快；而在忧伤、焦虑时则会觉得时间过得很慢。

时间知觉的这种不稳定性有时也会成为一起事故多种致因中的一个因素。例如，某矿一采煤工作面在用放炮处理底煤时，放炮准备工作完毕后，由于爆破母线与雷管的接线头在扯母线时被拉开，放炮员扭动放炮器炮未响。这时，另一名工人说："我去给你接上线，等我走远后，你再放炮。"但是，由于放炮员处于期待状态，又有其他事情要办，造成他感到已过了很长时间的知觉。结果，在去接线的工人刚离开放炮点五六米远时，就放了炮，致使该工人被炸成重伤。

（2）空间知觉

空间知觉是对物体的形状、大小、远近和方位等空间特性的知觉。空间知觉一般是通过多种感觉，如视觉、听觉、触觉、动觉及平衡觉等的分析器共同活动来获得的。

3. 错觉

错觉是指对客观事物不正确的知觉。在我们平常的生活实践中，比较常见的有图形错觉、大小—重量错觉、空间定位错觉、速度错觉和颜色错觉等。其中空间定位错觉、速度错觉和颜色错觉等对安全生产影响较大。例如速度错觉，据研究，车辆驾驶人员常会出现速度错觉，对车辆速度的判断在很大程度上带有主观倾向性，而造成驾驶操作失误。但经过测试表明，不同的人对速度的判断能力存在差别，优秀司机与事故较多的司机相比，事故较多的司机在速度判断能力上一般较差。

在生产劳动中，要尽量消除容易使人产生失误的错觉因素，但也可以利用某些错觉（如颜色错觉）规律来改善劳动者的心理环境，以增进安全生产。

## 第四节　记忆和思维与安全生产

### 一、记忆

1. 记忆的概念

记忆是过去经历过的事物在人脑中的反映。过去生活中感知过、思考过的事物，体验过的情感或从事过的活动，都会在人头脑中留下不同程度的印象，并能在以后的生活实践中被回想起来，或它们重新出现时被再认出，这就是记忆。记忆与感知觉不同，感知觉是对当前直接作用于感官的事物的反映，而记忆是对过去经历过的事物的反映。

记忆贯穿于人的整个心理活动中。从生活意义上讲，记忆可以说是最重要的心理

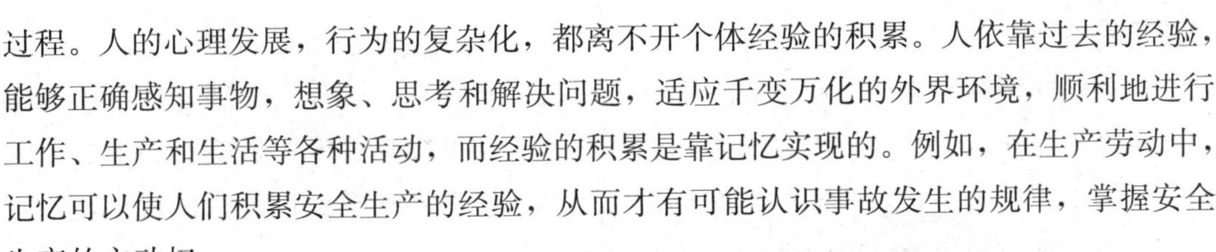

过程。人的心理发展，行为的复杂化，都离不开个体经验的积累。人依靠过去的经验，能够正确感知事物，想象、思考和解决问题，适应千变万化的外界环境，顺利地进行工作、生产和生活等各种活动，而经验的积累是靠记忆实现的。例如，在生产劳动中，记忆可以使人们积累安全生产的经验，从而才有可能认识事故发生的规律，掌握安全生产的主动权。

记忆是一种极其复杂的心理过程，它包括识记、保持、再认或回忆三个基本环节。

2. 保持和遗忘

(1) 保持

人们的经验保持并不是像在工具箱内存放工具那样简单，而是一种对识记事物积极加工，进行系统化、概括化的创造过程。研究表明，人的经验保持在数量上和质量上都在发生变化，如果不复习，原来记住的东西会越来越少。另外，在保持过程中，还会对保持的内容进行一定的修改。

(2) 遗忘

遗忘表现为对识记过的材料不能再认或回忆，或者表现为错误的再认或回忆。遗忘现象大致可分为暂时性和永久性两种。暂时性的遗忘只是说对保持内容一时想不起来，但在适宜的条件下，还能够回忆起来。而永久性遗忘则是对识记过的内容再也想不起来了。

在生产劳动中，对操作规程和安全事项的遗忘是常见的，而由此引发的事故也很多，因此要特别重视遗忘对安全的影响。永久性遗忘通常是由于教育和培训不足造成的，而暂时性遗忘则多由于临时性的干扰因素（如异常的心理状态、注意分散、急躁、意识不清醒等）所引起。在生产过程中，由于操作者遗忘了操作程序中的某个环节而发生事故的情况是不少见的。

## 二、思维

1. 思维的概念

思维是人脑对客观事物间接的概括的反映。思维可揭露事物的本质特征和内部联系，并主要表现在人们解决问题的活动中。思维有两个重要的特征：

(1) 间接性

间接性指通过其他事物作为媒介来认识事物。例如，劳动者在操作时看见红灯亮了，就知道电源已接通。

(2) 概括性

概括性指把同一类事物的共同特征和本质特征抽取出来加以概括。例如，把牛、羊、猫、狗等一类动物概括起来叫家畜；把苹果、香蕉、桃子、梨等一类东西概括起

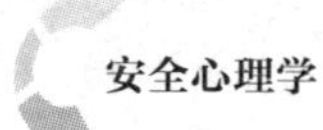


来叫水果等。

思维的间接性与概括性使它与感知觉明显地区别开来。感知觉受到直接性和具体性的限制，只能认识事物的表面现象和外部联系，而思维却可以揭露事物的本质和规律。思维不同于感知觉，但又以感知觉作为基础。没有感知觉提供的原始材料，人们就不能进行任何形式的思维活动。

思维是人们认识事物和解决问题的重要形式和途径，积极的思维活动对保证安全生产有着十分重要的意义。例如，某煤矿一位老区长在采煤工作面看到煤壁“挂汗”，他考虑到工作面离采空区很近，“煤壁挂汗”一定是有水渗漏，是采煤面透水事故的预兆，于是他立即命令撤人。就在 20 多人走到安全地点时，大水冲垮了工作面，从而避免了一起多人伤亡的重大事故。

2. 解决问题的思维过程

人们在各种活动中，经常会遇到各种各样需要解决的问题。虽然问题的内容各异，表现形式、出现的情景也各有不同，但解决问题的过程基本上可以分为以下四个阶段：

（1）提出问题

提出问题是解决问题的起点。提出一个问题比解决问题有时更为重要，因为要提出问题必须首先发现问题，并进而找到问题的关键、要害，还要明确这个问题有什么特点，解决这个问题需要什么条件等。

（2）形成策略

这是指形成解决问题的方案、计划、原则、途径和方法，又叫提出假设阶段，这是解决问题的一个主要阶段。

（3）寻找手段

也就是寻找解决问题的具体方法和相应手段。如果问题较为简单，往往在形成策略的同时就寻找到了手段；如果问题比较复杂，则需要根据解决问题的策略来选择手段。没有正确地选择手段，往往会使正确的策略归于失败。

（4）实际解决

这是解决问题的最后阶段。如果最初提出的问题通过适当的手段最终解决了，这说明策略和手段是正确的；如果没有解决，则说明策略和手段，甚至提出的问题可能有错误，需要进行相应的修正。

## 三、思维定式与安全生产

定式是指在过去经验的影响下，心理处于一种准备状态，从而对于观察问题、解决问题带有一定的倾向性、专注性和趋向性。思维定式则是反映在思维活动上的习惯的趋向性。思维定式有时有助于解决问题，有时则会影响人们思维的变通性，从而妨

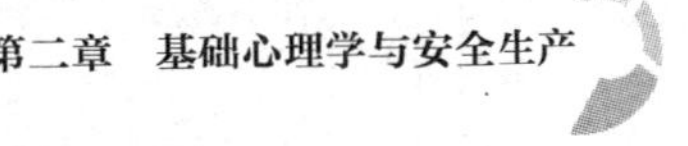


碍问题的解决。我们平时所说的对安全生产不利的经验主义与此有些雷同。

一个人处理一种问题，在运用同一类方法数次成功之后，就形成了比较固定的经验。以后再遇到同类的问题，就能很快运用成功的经验进行解决。但其弊端是：它往往使人一遇到类似问题，就想运用已有的经验方法去解决，从而使人趋向于用比较固定的方式去认识某类问题或做出行为反应。在不变的情境中，定式有助于人们做出反应、解决问题。比如，一个操作工人常用某种方法处理某类机器故障，再遇到机器出现此类故障时，能靠已形成的思维定式迅速地解决问题。但在经常变化或较为复杂的情境中，同类故障看似与以前的故障一样，但实质上已有很大不同，使人很难更快地找到其他办法，从而会延误问题的解决，甚至由于不能及时排除故障而发生事故。所以，当我们遇到看起来与以前碰到的问题相似，但实质上有了新的变化的问题，用老办法不能解决时，就需要打破原来的思维定式，用新的思路考虑问题，不能老抱着“原来就是这么干的”的想法去行动了。

在生产劳动中，思维定式对安全的影响是很常见的。不少生产现场情况复杂，工作艰苦，在长期艰苦的实践中，经过不断总结经验，工人各自掌握一套解决事故、故障的办法，并将其视为珍宝并形成了思维定式。再遇到类似的情况时，就可能不假思索地照搬过去的经验，甚至不深究已经变化的情况，形成墨守成规的解决问题的习惯方式。这种情况甚至阻碍或拒绝新技术、新方法的应用，使安全生产长期维持现状。特别是对一些习惯于违章指挥、违章作业的人来说，他们一旦发现运用某种方法去处理问题较为省时、省劲并可多得经济效益而又多次未出事故时，便形成思维定式，并且很顽固，这种情况则比前者更为有害。

思维定式之所以对安全生产特别有害，是因为安全隐患常常变化多端，既有与往常一样的情况，又有从未碰到过的新问题，有的甚至被假象所覆盖，真伪难辨。

因此，我们应该努力培养思维的灵活性，碰到问题，首先要细心观察，在借鉴以往经验时要注意是否有新的、实质性的变化，然后再下结论。在平常的工作中，还要注意根据实际情况的变化而勇于创新和探索，使安全生产的水平不断提高。

## 第五节　注意的心理规律与安全生产

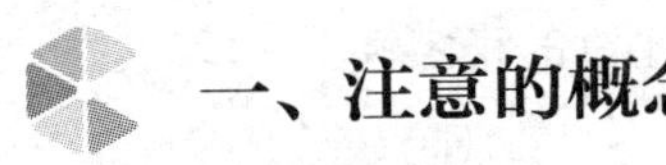

### 一、注意的概念

注意是心理活动对一定对象有选择地集中。因为人在同一时间内不可能感知摆在面前的所有对象，只能感知环境中少数的对象。人要对事物获得一个清晰、深刻和完整的反映，就需要使心理活动有选择地指向有关的对象。就是说，被我们集中注意的东西，只能是有限的一小部分。如果我们在同一时间内什么都注意，就等于什么都不注意。比如在一个大会场里，如果我们同时把进入目光里的每个人都加以注意，就会哪个人的模样也看不清楚。

人的注意的心理机能对保障安全生产极为重要。没有注意，我们的感觉和知觉就会模糊不清，甚至无法对生产环境的信息产生感觉，因此也就不会做出有效的反应，或完成正确的操作。而注意力不集中时人的判断就易于失误，一切行动就失去协调和准确性。

##  二、注意的种类

1. 无意注意

无意注意也叫不随意注意，它是人在没有任何意图和意志努力的情况下产生的注意。比如，一个人在大街上行走，前方树立着一块颜色很鲜艳的广告牌，他便不由自主地去看它的内容，这便是无意注意。

产生无意注意的事物一般是较强烈、新颖和令人感兴趣的。归纳起来有两个方面：第一是刺激物的特点。它首先需要刺激物有较高的强度，或者不断运动和变化。例如，大街上五颜六色的广告和招牌，一闪一灭或不停地转动的霓虹灯，就极易引起注意。再者就是刺激物之间的对比关系，例如绿色背景上的红色、黑暗中的星星之火等。第二是人本身的状态。例如，需要和兴趣、情绪状态、健康状况等都能影响人的无意注意的产生。

2. 有意注意

有意注意又叫随意注意，它是一种自觉的、有预定目的的，并经过意志的努力而产生和保持的注意。例如，青年工人在开始学习机器操作的时候，对于操作过程还没有掌握，操作动作还不熟练，稍不注意就会出现废品或发生事故。因此，他必须经过意志努力集中注意，即进行有意注意。在生产劳动中，主要靠有意注意来保证操作活动的正常进行，只有自觉地集中自己的注意，排除一切内外因素的干扰，才能够专心于工作，及时发现和处理各种异常现象，确保安全生产，保证工作质量。

##  三、注意的特征

注意的特征主要包括注意的广度、注意的分配与转移、注意的稳定性。

1. 注意的广度

注意的广度也叫注意的范围，它是指在同一时间内所能清楚地注意到的对象的数量，例如我们对多大范围的观察对象能一目了然。人的注意范围是有一定限度的，并

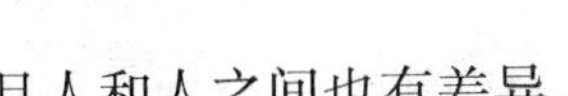

且人和人之间也有差异。

另外，人的注意范围的大小也不是固定不变的，影响注意广度的因素主要有两个方面。第一是知觉对象的特点。一般来说，对于有规律的、集中的、相互之间能联系为整体关系的知觉客体，则注意范围较大；反之范围就会缩小。第二是注意广度的大小也受知觉活动任务的不同和个人的知识经验不同的制约。当知觉任务要求很细致时注意范围就小，反之则大。而人对自己熟悉的事物注意广度要大，反之则小。注意广度在人的生活实践中有很重要的意义。注意范围的扩大，有助于一个人在同样的时间内输入更多的信息，提高工作效率，或及时发现掌握更多的情况。

2. 注意的分配与转移

人们在需要同时进行两种或多种活动的时候，能把注意分配于不同的对象，叫作注意的分配。例如，汽车司机在驾驶时既要注意观察前方的路面、车辆及行人的情况，又要转动方向盘、脚踏油门、踏刹车、踩离合器等。注意的转移则是指把注意从一个对象转移到另一个对象上。例如，驾驶员在行驶过程中，如果突然发现险情，就会把注意力从其他方面移开，立即把注意力集中在处理险情上。

注意的分配与转移特征也叫注意的灵活性，每个人在这方面并不相同。有的人很善于分配自己的注意（所谓眼观六路、耳听八方），注意的转移亦较为迅速，而有的人就相对差一些。但这并非生来所固有的，而与人的工作熟练程度、经验和个性心理特征有关。注意通过有意识的训练，可以改善。

3. 注意的稳定性

注意的稳定性是指注意长时间地保持在感受某种事物或从事某种活动上，即长时间专心致志地做某种工作而不受其他无关事物的影响。注意的稳定性对安全生产有极为重要的意义。脑子好“开小差”的人容易出事故。例如，从事仪表监视的工人，在工作时必须长时间集中注意仪表运转的情况，以保证生产的正常进行并及时发现异常情况。许多生产事故的发生，往往是由于注意力不集中造成的。

注意的稳定性并不是每个人都相同的，它与人的个性及工作责任心有关，还常常跟一个人的主体状态有关。例如，在失眠、疲劳、生病或有别的事情挂念时，注意不易稳定。

## 四、注意的规律在安全生产中的应用

注意这一心理现象在安全生产中有着极为重要的意义。关于注意的规律在安全生产中的应用，这里主要讨论以下几个问题。

1. 无意注意规律的应用

前面内容中讲述的关于产生无意注意的条件的规律，在安全生产中有重要的应用价值。比如，为了易于产生无意注意，煤矿井下各种设备、设施的表面（特别是运动的机械、车辆及设备的突出部分等）应涂成明度较高的浅色调的颜色（如白色、浅黄色、浅红色等），以便与灰黑色调子的四壁背景区别开来。这样作业者在无意中就能注意到它们并易于分辨它们的形状和动态，因此可避免伤害事故。井下的禁止标志、危险或警告标志除应采用国家规定的颜色（红、黄）和图案外，还应根据井下的特殊性增加照明等措施，以利于引起注意。在各种安全宣传栏的设计上，除了用鲜明的颜色外，还可运用多种颜色相间的色块、线条来求变化，以起到引起无意注意的效果。作业者的安全帽、服装等也应采用与生产现场背景较易分辨的颜色，以便于工友间的互相照应，或在救护工作中易于发现人员。此外，各种声光信号均应设计成富有变化的形式，以符合人们引起无意注意的规律。

2. 注意的分配与转移在安全生产中的应用

注意的分配和注意的转移在安全生产中均有十分重要的作用。注意分配能力是安全心理素质的重要指标。一个人注意分配能力的水平，反映于能够同时进行的几种活动的性质复杂的程度和个体熟练程度。通常同时进行的几种活动之间存在着内在联系，处于邻近空间内，复杂程度低，个体熟练程度高时有利于注意分配，否则注意难以分配。

在注意的转移方面，例如在生产劳动中，从手中正干的工作突然转移到另一件工作时，如果不能迅速地将注意集中于新的活动，就很容易出现差错。这里还要提出一个较重要的问题——“慎始善终”的劳动规范。在一个工作班次或完成一项特定任务的时间进程上，有这样一种现象，即工作一开始时，注意不易及时完全地转移到工作状态，而在工作将要结束时，往往又相反地过早转移到下班后的事务上。这两个转移点都容易使人产生“忽略性”失误。这种“人已到而心未至，人未走而心先离”的现象在实践中也确实被证明有它的危害性。例如有的调查表明，在临下班之前和刚接班不久（或一个新的工作面开始生产时）发生的事故所占的比例较大。因此，人们提出在工作中要“慎始善终”。这要求在安全工作中，除了在安全教育中应强调这一点之外，特别是生产的指挥员，要发挥提醒、强调和引导、示范的作用。

3. 培养良好的注意品质

良好的注意品质对安全生产有着极为重要的意义。“注意不能集中于正在从事的工作”是事故发生的一个很重要的直接原因。一位在井下干了30年采煤工作而未出过事故的退休工人，曾告诉人们一个“秘诀”，即“遵章守纪，专心干活”。“专心”两字，显然是指注意的集中或注意的稳定。但是，保持注意的稳定也是有条件的，除了要有强烈的工作责任心外，再就是要保证充足的睡眠和稳定健康的情绪。另外，要注意劳逸结合，适当搞些体育锻炼和娱乐活动，保持身体健康。

此外，在工作过程中还应掌握调节注意紧张度的技巧。注意的紧张度就是注意的

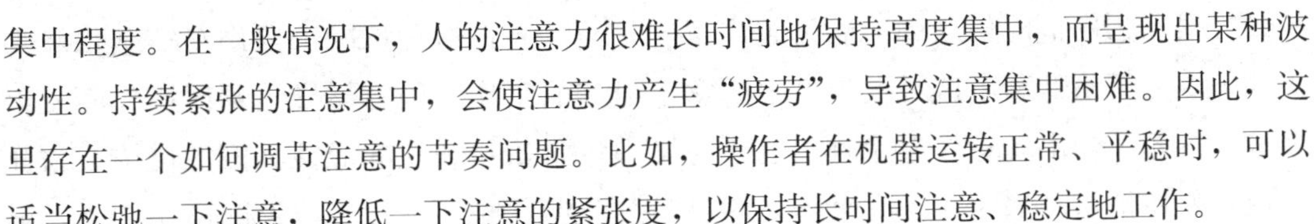

集中程度。在一般情况下，人的注意力很难长时间地保持高度集中，而呈现出某种波动性。持续紧张的注意集中，会使注意力产生“疲劳”，导致注意集中困难。因此，这里存在一个如何调节注意的节奏问题。比如，操作者在机器运转正常、平稳时，可以适当松弛一下注意，降低一下注意的紧张度，以保持长时间注意、稳定地工作。

# 第六节　情绪和意志与安全生产

## 一、情绪的概念

人们在认识世界和改造世界的活动中，不但认识了客观事物而且还表现出不同的好恶态度。对这些态度的体验就是情绪。喜、怒、悲、恐等是一些最基本的情绪。

人对客观事物采取的不同态度，是以某事物是否满足人的需要为转移的。客观事物对人的意义，也往往与它是否满足人的需要有关。凡是能直接或间接满足人的需要或符合人的愿望的事物，就会引起喜爱、快乐的情绪；凡是不能满足人的需要或违背人的意愿的事物，则会引起悲哀、愤怒、憎恨等情绪。至于那些与人的需要毫无关系的事物，一般对它抱着既不厌恶也不喜欢的无所谓态度，它们不能引起人的情绪。

综上所述，情绪是由客观事物是否符合人的需要而产生的，是人对客观事物所持态度的体验，这种体验反映着客观事物与人的需要之间的关系。

## 二、情绪的两极性及其对安全的影响

情绪的两极性首先表现为肯定和否定的对立性质。几乎每一种情绪都是与人们的肯定和否定的内心体验相联系的。例如，满意、喜悦、快乐和喜欢等，都是肯定性质的；反之，不满意、痛苦、忧愁、悲哀和厌恶等都是否定性质的。情绪的两极性除了从性质上分为肯定和否定之外，从情绪所起的作用方面还可以分为积极和消极两种。积极的情绪可以明显地提高人的活动能力，起着“增力”作用。例如，愉快的情绪使人精神焕发、干劲倍增。“人逢喜事精神爽”指的就是这类积极的体验。消极的情绪如悲哀、忧伤会削弱人的活动能力，起着“减力”作用，它使人丧失活动的积极性，工作效率降低并且容易出差错。在生产劳动中，积极、稳定的情绪会使人思维活跃、精力饱满、责任心增强，并且不易疲劳，因此是安全生产的有力保证。

另外，情绪高涨和情绪低落也是情绪两极性的一种表现形式，并且与安全生产有密切关系。人在情绪低落时，主要表现为精神不振、心灰意懒，对周围事物的兴趣明显降低，意志减退，特别是注意范围狭窄，头脑中往往时刻被不愉快的事所缠绕，甚

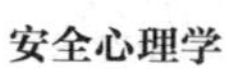


至外界很强烈的危险信息都不能引起注意。显然，人在这种情况下操作对安全将极为不利，因为情绪低落者这时很难集中注意于当前的工作，很容易导致错误操作而发生事故。再者，当出现意外危险时，也不易发现危险信号和想起应该采取的措施。与此相反，人在情绪高涨时，兴高采烈，浑身是劲。但这时人的注意范围同样会缩小，因为人在很兴奋时，大脑皮层的有关部位会产生很强的兴奋区，而这时其他部位则会受到较强的抑制。因此，在这种情况下，对安全操作同样是很有害的。

关于情绪的两极性与安全的关系，在我国谚语中有“乐极生悲”和“祸不单行”的说法。“乐极生悲”蕴含着中国古代哲学的观点，即“物极必反”，它反映了当事物发展到它的顶峰时，便走向它的反面。不过这里它反映了高度兴奋的情绪易使人发生失误，从而会导致事故的规律。这在生活和生产中屡屡得到证实。德国学者赫尔泽根据法国部分企业的调查结果，指出当人们处在特别兴奋状态时与发生职业伤害的可能性有很大关系。由于个人生活中的幸运而使人处于高度兴奋状态时，会使操作者忘乎所以，注意力不集中，忽视作业中的安全要求，就可能发生事故。

与“乐极生悲”相比，“祸不单行”在一般人的头脑中则具有一些迷信色彩，好像有某种看不见的力量使人们一祸必连二祸。其实，这里面毫无迷信之处，它同样反映了情绪与安全的关系。显而易见，人在发生灾祸之后，必然会导致情绪低落，甚至是极度的悲哀和忧伤，在这种情绪状态下，当事者易于发生个人伤害等事故也就在情理之中了。

## 三、情绪状态与安全

1. 心境

心境是一种比较持久但较轻微的，使人们的一切体验和活动都染上情绪色彩的情绪状态。当人们处于某种心境时，往往会以特定的情绪对待周围事物，从而影响人的行为表现。例如，一个人在清晨获悉不幸的消息，他可能整天都感到忧郁悲哀。在他看来，周围的一切事物都惹人烦恼，感到什么都不顺眼，干什么都不顺手；别人看他一眼，也以为人家要找他的岔子。而良好的心境则使人感到“万事称心如意”，遇事易于处理。

心境的引起有很多原因。工作的顺逆成败，群众关系及婚姻家庭关系，个人生活事件和身体状况的好坏（包括患病、失眠和疲劳等）以及自然条件的变化等都可能成为引起心境的原因。在现实生活中，心境的作用是很明显的。心境可能是快乐的，也可能是暴躁的，也可能是和蔼可亲的；可能是兴致勃勃的，也可能是萎靡不振的。积极的、良好的心境可以使人精神振奋、思维敏捷，工作效率提高，从而能完成复杂和困难的任务。消极不良的心境则使人意志减退，反应迟钝，解决问题的能力降低，从而影响工作的表现。因此，我们要做自己心境的主人，不因挫折而垂头丧气，也不因胜利而沾沾自喜、忘乎所以。经常保持舒畅乐观、平静的心境，不仅是工作顺利、身心健康的保证，更是保证劳动安全的一个必要的心理条件。

2. 应激

应激是由出乎意料的紧急情况所引起的十分强烈的情绪状态。当人们遇到突然出现的事件或意外发生的危险时，为了应付这类瞬时变化的紧急情境就得果断地采取决定，迅速做出反应，而应激正是在这种情境中产生的内心体验。例如，司机在快速驾驶过程中，突然发现有人横穿马路，这时，为了应付这一千钧一发的危急情况，必须调动全身的一切潜力迅速地判明情况，果断地做出决定、敏捷地采取行动，从而使情绪处于应激状态。

人体处在应激这种“紧急反应”状态时，会使肌肉紧张度、腺体分泌、血液循环和呼吸系统等发生显著的变化。一般来说，在这种情况下，思维容易出现混乱，分析、判断能力减弱，注意分配和转移比较困难，感知、记忆可能发生错误，这往往使个体行为紊乱，很难实现符合目的的行动。例如，人在紧急寻找一件东西时，到处乱翻一阵，结果很长时间仍找不出来，这是因为他在应激状态下，忘记了本来放置的地方，甚或那件东西虽然出现在他的眼前，他仍视而不见。又如，地震或失火时，有人会紧张地抱起枕头往外跑，而把孩子丢在屋内。

研究表明，人恐惧不安时，在心电图上显示出明显的变化。正常人平时心脏收缩时，波形是正常而有规律的；恐惧时，由于心跳加快，波的间隔变窄；若恐惧进一步加重，则心电图中的 T 波几乎完全消失（反映心室兴奋的恢复过程不正常）；解除恐惧以后，波形又恢复正常。

抢险救灾必须分秒必争，这时人若处于上述惊慌失措状态，往往会贻误时机，不但不能及时采取有效措施抵御灾害，有时还会采取错误行动，扩大灾害。人在紧急危险状态下，常常做出一些莫名其妙的举动，这些举动没有经过深思熟虑，事后他本人也说不出为什么当时要这样做。

## 四、适度的应激状态在劳动安全中的重要性

应激实际上是有机体适应环境的一种必要的反应，它能动员机体的潜能，为重新适应变化了的环境而斗争。例如，在应激状态时由于肾上腺素分泌增加，会使心率和呼吸加快，血压升高，血糖增加，在适度的范围内，这些都有助于人的生理和心理机能处于一种积极状态，而应付环境的威胁。但如果人长时间处在强烈的应激状态下，就会使适应能力耗竭而出现崩溃，这样会丧失继续应付紧张局面的能力，或者会导致疾病。不过，在时时会出现紧急状态的工作场合，太低的应激水平（即较弱的应激状

态）显然是不利于完成工作任务。很多研究证明，适度的（或中等的）应激水平在很多工作中是必需的。特别是在危险因素较多的生产劳动中，中度的应激水平（即“保持一定的紧张度”）是保证安全生产的一个重要方面，因为这时人的“警惕性”较高，表现为注意集中、感觉灵敏、思维迅速，动作反应快等，因此是适应安全生产要求的。人们常说的由于麻痹、疏忽等造成的事故，都是当事者缺乏适度应激水平的结果。

### 五、意志与安全

人们在自己的生活和实践活动中，为了达到某种既定的目的，而采取着各种行为，而人的一切行为活动都是在某种动机的推动下，有意识、有目的、有计划地进行的。人不仅在行动之前能够在头脑中预想到行动所达到的结果，以及完成这个行动的步骤，而且能够不断克服在行动过程中所遇到的困难，坚持下去以便达到既定的目的。这是人所特有的主观能动性的主要方面。所谓意志，就是人在其实践活动中，有意识地提出确定的目的，并为达到目的而自觉地控制与调节自己的行为，不断克服困难，坚持行动的一种心理活动过程。

一般说来，人的意志活动不仅与思维活动密切联系着，同时更和人的感情活动、人格特征以及人的理想、信念密切联系着。人的意志总是体现在人们行为活动中。严格说来，人的一切活动都是意志行动。

## 第七节　个性心理特征与安全生产

将一个人与他人区别开来的那些特征的总称即个性，心理学中的“人格”一词与其常通用。个性心理特征指人的多种心理特点的一种独特的结合，个体经常、稳定地表现出来的心理特点，比较集中地反映了人的心理面貌的独特性、个别性，主要包括能力、气质、性格。其中，能力标志着人在完成某种活动时的潜在可能性上的特征；气质标志着人在进行心理活动时，在强度、速度、稳定性、灵活性等动态性质方面的独特结合的个体差异性；而性格则更是鲜明地显示着人在对现实的态度和与之相适应的行为方式上的个人特征。个性心理特征的差异除了受不同环境的影响外，个体先天素质也起一定的作用。

### 一、能力

1. 能力的一般概念

能力是使人能成功地完成某种活动所需的个性心理特征或人格特质。它不是与生俱来的，而是在人的遗传素质的基础上，在实践活动中逐渐形成和发展起来的。能力的种类多样，根据表现形态不同，可分为认知能力和操作能力两类，前者指人在观察、记忆、理解、概括、分析、判断以及解决智力问题等方面具有的能力；后者指人在器械操纵、工具制作、身体运动等方面具有的能力。

能力根据适用范围不同，可分为一般能力和特殊能力两类。前者指大多数活动都共同需要的能力，包括一般认知能力和基本操作能力两个方面；后者指从事某项专门活动所需的能力，例如数学能力、绘画能力、音乐能力、写作能力、体育能力等。

2. 能力和知识、技能

能力不等于知识和技能，但又与知识和技能有着密切的关系。能力是掌握知识和技能的前提，也表现在掌握知识和技能的过程中，从一个人掌握知识和技能的速度和质量上，可以看出他的能力大小。可以说，能力既是掌握知识和技能的前提，又是掌握知识和技能的结果，它们是相互转化、相互促进的。由于遗传素质、后天环境以及个人努力等方面的不同，人们的能力表现出明显的个体差异。这些差异可通过人从事某种活动的实际成就来考察，也可以用人在各种能力测验中获得的分数来表示。

完成任何一种活动都需要多种能力的结合。例如，编制计算机程序就需要知觉能力、记忆能力、逻辑思维能力和注意分配能力等。一个人不可能样样能力都突出，有的甚至还会有缺陷。但是，只要善于发挥自己的优势，并有意地发展其他能力来弥补不足，同样能顺利地完成任务或表现出才能。

3. 智力和智力测验

智力又称为智慧、智能，是个体顺利从事某种活动所必需的各种认知能力的有机结合，是一种综合的心理能力，是进行学习、处理抽象概念、应对新情境和解决问题以适应新环境的能力。智力是在人的先天素质的基础上通过后天的学习而获得的。

智力测验是测量人的智力水平的一种方法。目前常用韦氏智力量表来测量人的智力。该量表把测量的结果转换成智商（IQ），根据智商的大小就能了解一个人智力的高低。一般中等智商为100左右，70以下属于智力迟钝，130以上属于智力超常或优秀。

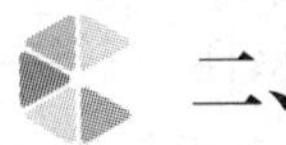

## 二、气质

1. 气质的概念

人们通常所说的气质是指一个人的风格或气度，而心理学中所论气质，其含义却与此不同。一般来说，可以把心理学所指的气质理解为人的脾气、秉性或性情。确切地说，气质是组成个性心理特征的成分之一，它标志着人在进行心理活动时在行为方式上，表现于强度、速度、稳定性和灵活性等动态性质方面的心理特征，如情绪强弱、

意志努力程度等是心理活动的强度特征，知觉的速度、记忆的速度、思维的灵活程度、注意集中时间的长短等是心理活动速度和灵活性方面的特征。

2. 气质的类型及其特征

气质一般分为四种类型，即胆汁质、多血质、黏液质和抑郁质。

（1）胆汁质的特征

心理过程具有迅速而突发的色彩，他们的思维很灵活，但有粗枝大叶、不求甚解的倾向。在情绪方面，无论是高兴或是忧愁都体验得非常强烈，并且很急，如暴风雨式的凶猛，但能很快地平息下来。在行动上总是生气勃勃，工作表现得顽强有力。概括地说，胆汁质气质的人的特点是思维敏捷，但缺乏准确性；热情，但急躁易冲动；刚强，但易粗暴行事。

（2）多血质的特征

思维灵活，反应迅速，但有时对问题的理解和处理失于肤浅。情绪容易表露于外，也容易变化无常。心理状态常常从他们的眼神和面部表情中显露出来。遇到不顺心的事很容易伤心甚至哭泣，但稍加安慰，又可以很快转常，甚至破涕为笑。多血质者还表现为敏捷好动，喜欢参加各种活动，表现得匆匆忙忙，显得毛躁。概括地说，多血质气质的人具有高度的灵活性，有朝气，善于适应变化的环境，情绪体验不深且易波动。

（3）黏液质的特征

思维的灵活性较低，但考虑问题细致，能够沉着而坚定地执行决定，但不容易改变旧习惯而适应新环境。情绪表现不强烈甚至比较微弱，经常心平气和，情绪很少见波动。面部表情微弱，神态举止缓慢而镇定。概括地说，具有黏液质气质的人的特点是注意稳定，但不易转移；稳重踏实但有些死板；忍耐沉着，但有些生气不足。

（4）抑郁质的特征

他们的情感生活比较单调，但他们对生活中遇到的波折容易产生强烈的体验，并经久不息；对事物的反应有较高的敏感性，能够察觉和体验一般人觉察不出来的事件；他们在任何活动中很少表现自己，尽量不做出头露面的工作，但做起工作来却很认真细致，如果没有做好工作，会感到很大的痛苦。另外，抑郁质者不喜欢交际而显得孤僻。概括地说，具有抑郁质气质的人的特点是情绪体验深刻，有高度的敏感性，不易形之于外；行动稳定，踏实持久但显得怯懦迟疑；外表温柔，但倾向于缄默、孤僻等。

上述四种气质类型及其表现特点，在实际生活中，我们会遇到其典型的代表人物，但大多数人都是近似于某种气质类型，或是几种气质类型某些特点的混合。因此，在鉴定气质类型时，不能勉强把某一个人归入四种气质类型中的某一种。

每个人都有一定的气质特征，气质影响着人的实践活动，了解人的气质实质和气质类型，对选拔、培养、任用人才（包括安全管理）都有重要意义。但值得指出的是，

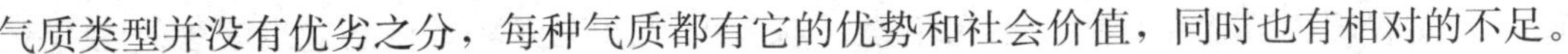

气质类型并没有优劣之分，每种气质都有它的优势和社会价值，同时也有相对的不足。

在各实践领域中，气质虽然不起决定作用，但并不是说毫无意义。气质对工作效率、工作方式都有一定影响，特别是在特殊的实践领域或工作岗位，考虑气质因素更为重要。据研究，胆汁质和多血质类型的人，更适于要求迅速、灵活反应的工作；黏液质和抑郁质的人，更适于要求细致而持久的工作。

3. 气质类型的鉴定

鉴定气质一般可采用观察法和问卷法。观察法是在被了解对象处于正常情况下，观察者有目的、有计划地观察记录他在言辞、表情、行动等方面的表现。经过对所收集的材料的分析整理、综合，最后确定被观察者的气质类型。问卷法是让被鉴定者像答试卷一样回答（填写）一些被标准化了的题目，这些题目反映了各种气质类型者的一些典型的行为模式，对这种题目的不同回答便反映出不同的气质类型。最后统计出各项分数，再根据标准确定其气质类型。

## 三、性格

1. 性格的概念

性格是一个人对现实稳固的态度以及与之相适应的、习惯了的行为方式。它是一个人有别于他人的最重要的、最明显的个性心理特征。性格具有明显的社会性，是人们在长期的社会生活实践过程中逐渐形成的。已形成的性格，通常是比较稳固的，贯穿于并指导着人们的一切行为举止。

人的性格特征是多种多样的，例如诚实、谦虚、善良、勇敢、果断、虚伪、自负、自卑、怯懦、优柔寡断等都属性格特征。每个人都有这样或那样的性格特征。有的是独自具有的，有的是和别人相似或相同的；有的是积极的，有的是消极的。这些特征错综复杂地交织在一个人身上，构成人各种不同的性格。性格并不是个性的全部，它只是个性的一个侧面。但由于性格和人生观、世界观相联系，因此说，它是个性中最具核心意义的部分。性格特征表现在人对现实的态度和行为方式中，也就是说性格是一个人在经常做什么和怎么做之中所表现出来的心理特征。它在不同场合表现出个人特有的风格。例如，一个人总是勤勤恳恳，克服各种困难去完成自己担负的工作，对同伴出色地完成任务表示支持和赞扬，对完不成工作任务的人肯于帮助和批评，对破坏生产的坏人敢于斗争，并多次在紧急关头保护自己的工友等。这种对事、对人、对己的高度道德原则性的态度和行为方式，足以标明这个人的性格。但这里必须强调，并不是任何一种态度或任何一种行为方式都可标明一个人的性格特征。所谓性格特征是指那些一贯的态度和习惯了的行为方式所标明了的特征。如果一个人具有诚实的性格特征，那么他就在待人接物的各种场合都表现出这种特点。他对人民的事业忠心耿耿，对同志诚心诚意，对敌人不屈不挠，对工作严肃认真，对自己老老实实。如果一个人在处世时，只是在某种情境下偶然表现出上述的某些特征，而经常的表现并不这样，那么就不能说他是一个诚实的人。性格有好坏之分，评价性格要从道德观点出发，不同的道德观点对同一性格的评价也不一样。例如，从社会主义道德观来看，“自私自利”是一种坏的性格，而从剥削阶级来看则是天经地义的。

人的性格特征的范围很广，就其最显著的特征，大体上可归纳为以下四个方面，见表 2—3。

表 2—3　　性格特征的主要表现方面

| 表现方面 | 主要特征 |
|---|---|
| 对现实态度的特征 | 表现为对社会、对工作、对他人、对自己的态度，例如正直、诚实、积极、勤劳、谦虚等，与其相反的为圆滑、虚伪、消极、懒惰、骄傲等 |
| 意志特征 | 独立性、自制性、坚持性、果断性等，与其相反的为易受暗示性、冲动性、动摇性、优柔寡断等 |
| 情绪特征 | 热情、乐观、幽默等，与其相反的为冷淡、悲观、忧郁等 |
| 理智特征 | 深思熟虑、善于分析与善于综合等，与其相反的为轻率、武断、主观自以为是等 |

2. 性格类型

在某一些人身上所共有的或相似的性格特征的独特结合构成了性格类型。性格这种心理现象很复杂，各种观点不一，以致至今还没有公认的性格类型分类。下面简要地介绍几种分类：

（1）按知、情、意在性格中何者占优势来划分性格类型

这种分类法根据智力、情感、意志几种心理机能在性格结构中何者占优势，把人们的性格分为理智型、情绪型和意志型。理智型者通常以理智衡量周围发生的事情，以理智支配自己的行动。情绪型者则言行举止易受情绪左右。意志型者则行动目标明确、主动积极。

（2）以心理倾向划分性格类型

根据人的心理活动倾向于外部还是倾向于内部而把人的性格划分为外向性格和内向性格。外向性格的人，心理活动倾向于外部，经常对外部事物表示关心，开朗、活泼、情感外露，喜欢与他人交往，即所谓“见面熟”。这种人说话比较多，好开玩笑，特别是显得很随便，不注意小节，即使到一个新地方也不觉得受拘束。有时表现出情绪不稳定，好冲动、爱冒险、爱表现自己等特征。

内向性格的人，则是经常沉默寡言，心理活动倾向于内部，不喜欢与很多人交往。一般表现为沉静、处事谨慎，往往顾虑较多，三思而后行。

除了明显的内向、外向性格者以外，还有介乎内外向之间者。在现实的人群中，特别内向或特别外向的人都很少，大部分人是中间型或稍偏内向或稍偏外向。

另外，还有按照个体独立性程度，把性格分成顺从型和独立型等。

3. 性格测验

在日常生活和工作中，我们每个人都常常依靠自己的经验去鉴定其他人的性格。但这种经验鉴定法由于受每个人的经验、知识、价值观以及某些偏见等因素的影响，往往不太正确。目前心理学家常用的方法有观察法、谈话法、问卷法和量表法等。这些方法都有规定的程序和要求，较为可靠。

## 四、个性特征与事故发生率

许多调查结果都说明，人们在某种特定情境中工作时，某些人发生事故的比率总是高于另一些人。这种现象使人产生一种普遍的看法，即有些人具有的个性特征在某些情境中是非常容易发生事故的，例如个性的内向和外向特征与事故之间有较高的相关系数（有的研究认为相关系数 $r=0.61$）。具有外向个性的驾驶员，他们的事故发生率一般比较高。有人将与发生事故有密切关系的个性要素列为以下几种：

（1）神经质性格的人遇事优柔寡断、决定行动迟缓，当发生突然事件时行动跟不上需要，以致发生事故。

（2）忧郁消极的性格。其与事故发生极有关系。

（3）以自我为中心，自己怎么想就怎么干，自以为是。司机肇事，与此种性格最有关系。

（4）感情激昂，喜怒无常，哀乐多变，易动摇，对外界信息反应变化多端，因此而引起的不安全动作极易发生事故。

（5）无预见、无计划、只顾眼前，不看下一步，工作没有计划的性格。

（6）小错不断，抓不住外界条件的正确信息，总易于出差错。

关于内外向性格与事故的关系，我国心理学者在上海几个大工厂中做过较细致的观察和研究，发现外向性格者发生事故的次数比内向性格者明显多，其研究结果见表2—4。

表 2—4　　内/外向性格与事故发生次数的关系　　百分比，%

| 事故次数 / 性格类型 | 无 | 1次 | 2次 | 3次 |
|---|---|---|---|---|
| 外向 | 20.68 | 28.43 | 54.53 | 71.43 |
| 内向 | 34.59 | 24.28 | 6.06 | 0.00 |

另外，研究者还在工作现场或车间对工人的操作情况进行了较长时间的细致观察，并记录了每个工人的不安全行为次数，结果同样表明，外向性格的工人不安全行为显著偏多。

还有的学者从个性心理特点的多方面对事故易发者做过一些研究，其综合智力、知觉运动及性格、态度等几方面概括有如下一些心理特点：

（1）从智力角度来看，智力水平高，灾害率低；智力水平一般，灾害率可能提高，呈U字形曲线。条件不同，结果也不一样。仅有智力与灾害之间的相关系数，或者事故者与无事故者的平均智力的简单比较是毫无意义的。专家指出，有必要对具体条件进行分析，对事故种类、职务内容种类进行分析，或者对智力与各个方面的关系进行分析，才能明确事故者的真正智力特点。

（2）就知觉运动功能而言，事故者这种功能较弱，由知觉到反应的时间较长，反应失误多，或者反应过快，动作先于知觉等。

（3）就性格和态度，事故发生者的主要心理特点是：①情绪不稳定。神经质、过度紧张、情绪多变、抑郁性、感情易激动。②自我中心性。不协调、主观、缺乏同情心、攻击性、无视规章制度。③冲动性。缺乏自我控制能力，轻率、冒险。

然而，在人的实际行为中，这三方面的心理特性是相互交错起作用的。有必要加强这些心理特性与事故之间的关系的综合研究。

## 五、个性的职业适应性与劳动安全

职业是个人为社会服务并获得主要生活来源的工作。但是，每一种工作由于其工作性质和工作特点的不同，而有一些特殊的要求。当这些要求与一个人的能力、气质和性格等个性因素相一致时，人们工作起来就会感到很适应或得心应手，反之则会感到很不适应，甚至效率低且易出差错。不少工业部门生产环节复杂而且条件艰苦，特种作业工种众多，对作业者的要求也各不相同，因此其职业适应性问题也很突出，如果人与工作匹配不当，就会成为工作中的一个不安全因素（有关人与工作的匹配问题详见第五章）。分析起来，这些不安全因素可能由以下原因引起：

（1）由于所从事的工作不符合自己的个性或志向而对工作缺乏兴趣，工作时得过且过，注意力不集中或情绪烦躁，由此便可能引起事故。

（2）由于职业不符合自己的气质、性格特征，也会产生不安全因素。例如，自动化生产系统的中央控制室的操作工作，要求在平静的工作环境中长时间保持注意力高度集中，具有典型的外向性格或多血质特征者就可能难以适应这种要求而出现差错或事故。

（3）由于职业不符合自己的能力类型或能力水平而产生不安全因素。因为在这种情况下工作起来会很吃力、力不从心，同时心理压力也会增大，因此对安全是很不利的。

由此可见，我们应该十分重视个性的职业适应性问题。在选择某一职业的工作人

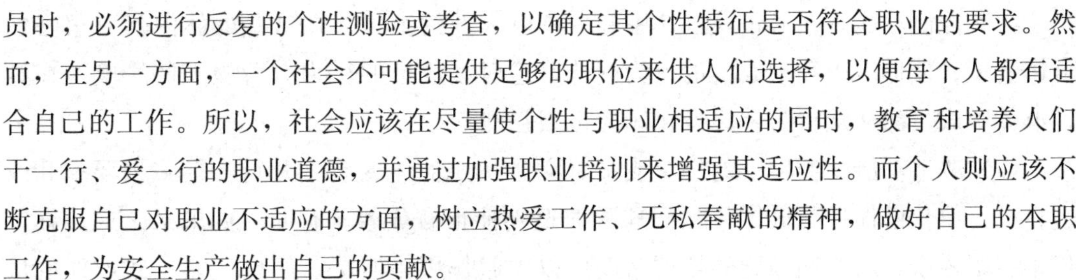

员时，必须进行反复的个性测验或考查，以确定其个性特征是否符合职业的要求。然而，在另一方面，一个社会不可能提供足够的职位来供人们选择，以便每个人都有适合自己的工作。所以，社会应该在尽量使个性与职业相适应的同时，教育和培养人们干一行、爱一行的职业道德，并通过加强职业培训来增强其适应性。而个人则应该不断克服自己对职业不适应的方面，树立热爱工作、无私奉献的精神，做好自己的本职工作，为安全生产做出自己的贡献。

## 第八节　群体心理与安全生产

### 一、群体的概念

群体是一种社会现象，整个社会就是由各种群体构成的。社会生活中的任何一个人都不是孤立的，他只能生活在社会组织里，隶属于某一个群体。群体不是个体的简单结合，几十个偶然一起乘坐公共汽车的人，剧院里观看同一场演出的观众等，都不能称为群体。一般认为，群体是由两个人以上所组成的，具有稳定的共同活动（行为）目标的，相互依赖、相互影响的结合体（或人群结构）。

1. 正式群体和非正式群体

在现实中存在着两种类型的群体，即正式群体和非正式群体。正式群体是为了达成与组织任务有明确关联的特定目的，以及执行组织的特定工作和任务而产生的。它是在组织领导规定下（定员、编制、章程、劳动活动的性质及其他正式文件、指示、命令）而建立的正式或官方的组织机构，例如政府或企业中的各个职能部门（部、处、科、室等）。在正式群体中，由上级任命或民主选举的正式领导人、成员都有各自的劳动分工，人们进行由组织目标所规定的行动。

非正式群体则是不经官方规定，自然形成的一种无形的非正式的联合体。由于成员之间是以共同的观点、利益、兴趣和爱好为基础，因此，它具有很强的凝聚力和行为一致性，对其成员在心理和行为上都有重要影响，其成员之间的关系也常常有明显的情感色彩。例如，情趣相投的亲密朋友、经常一起从事某种业余活动的伙伴等。某种具有反社会倾向的流氓团伙等也属于非正式群体。

2. 非正式群体的功能和作用

非正式群体虽未经官方明文规定，但它是客观存在的，并有着很重要的影响。在某些情况下，非正式群体的作用甚至超过正式群体。

非正式群体的功能和对组织的作用是多方面的，例如：

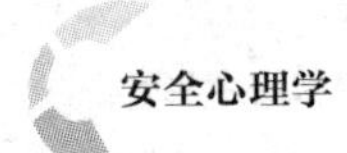


（1）控制功能。在非正式群体中有一种巨大的约束力。在这些群体内具有很强的群体意识、群体压力和不成文的行为规范，这对其成员的行为有着极大的影响。在这种群体中成员的从众行为和标准化倾向也很强烈。

（2）改造功能。群体中的每个成员都必须按照群体的态度和行为模式来要求和改造自己，使自己保持与群体一致。这种改造功能很有成效。有时，如果某个成员在工作中犯了错误，组织和领导的批评帮助可以不起作用，但是，如果让非正式群体的成员说上几句，他可能会痛痛快快地表示悔改。

（3）激励功能。非正式群体的群体观念是很强的，群体成员可能在正式群体中甘心落后，而在非正式群体中则不甘示弱。比如，对某项工作，正式群体百般号召，他可能无动于衷，但是，只要非正式群体一声令下，他就会立即行动。非正式群体的一致性，使其成员的行动往往带有很重要的分量。因此，组织上对他们利用得好，他们会成为一支可贵的突击力量；如果利用不好，则会成为一支严重的消极力量。

在职工群体中，非正式群体也是广泛存在的，这往往是由于来自同一个单位、地区或乡村而自然形成的一些非正式群体，这些非正式群体在不少情况下会对工作或安全生产产生消极影响。比如，来自同一乡村的职工会主动地或自然地结成“老乡群体”，在这个群体中，如果有的成员特别是群体“领袖”有违章作业行为就会起传导作用，甚至形成群体性的违章作业习惯，这对安全生产是不利的。但是，如果人们在安全工作中能充分利用非正式群体的影响力来促进安全目标的实现，那将是十分有利的。为此，应该在管理上努力做到以下几点：

（1）互相信任。群体内部人人可以自由发表意见。

（2）互相支持和帮助。群体内成员彼此关心他人的工作、成长和成就。

（3）互相尊重。不强加于人，人人心情舒畅。

（4）思想沟通。成员间开诚布公，不带偏见。

（5）正视矛盾。矛盾、冲突的出现应认为是正常现象，并设法解决。

良好的群体人际关系对安全生产十分重要，它可以使人保持良好的情绪状态，又能够在生产劳动中互相帮助，互相监护，互相提醒，也就是人们常说的“自保互保”，这就能大大提高整体预防事故的能力。但许多年以来，群体人际关系有明显淡漠化趋势，这对安全生产十分不利，所以要搞好安全生产，必须改善群体中的人际关系。

## 二、群体中的两个社会心理现象及其对安全生产的影响

### 1. 群体压力和从众行为

社会心理学的研究表明，群体成员的行为通常有跟从群体的倾向，有接受群体规范的意愿。当一个人的意见或行为倾向与群体不一致时，就会产生一种心理紧张，感

到一种压力，这种压力即称为群体压力。这种群体压力有时非常大，它会迫使群体中的成员违背自己的意愿，产生完全相反的行为，促使他趋向于和群体一致，这就是从众行为。用俗话来说就是“随大流”。例如，在一个单位，如果绝大多数人都提前15分钟上班，剩余的个别人虽然不想提前上班，甚至想晚上班，但也会感到一种压力，而跟从大家提前上班。相反，如果大多数人都过了上班时间才到，那么，愿意提前上班的人则会感到一种相反的压力，而产生晚上班的意向。

群体压力和从众行为之间有一定的联系，在不少情况下，从众行为是由群体压力所致。比如，井下采掘工人都知道戴口罩是防止尘肺病的有效措施，但工人可能由于看到别人都不戴口罩，自己若戴会觉得孤立，因而不戴，违心地遭受矿尘的危害。除了由群体压力所致的从众之外，也有不少情况则是自愿地从众。

在企业生产班组里，从众现象是一种值得重视的心理现象。例如，在安全生产方面，整个生产班组对安全生产的态度会直接影响班组每个成员的态度。有的班组重视安全生产，遵守安全规程、杜绝事故发生已成为班组内的一致规范，并形成了互相监督的风气。在这种班组里，会对粗心大意的工人产生压力，使他不敢违章生产。与此相反，有的班组可能忽视安全生产，把执行安全措施和按照安全规程操作看成胆小怕事、技术不熟练的表现，而把冒险作业看成是有勇气、有能力。在这种班组里，想按规程生产作业的人，则会感到相反的压力，即由于怕人说胆小鬼、没本事，而可能违背自己心愿去违章作业。比如，一次在某矿掘进工作面，急需用料，但在用绞车拉料时，一名工人发现钢丝绳有断丝，而且也没有保险装置，便提出这样运料危险，建议更换钢丝绳。他的话音刚落，其他几名工人便一同指责他胆小怕事，多操心。这位工人的老乡也向他劝道：“这次就凑合着拉两车吧，咱们还可早上井喝两盅。”由于多人的反对和老乡的劝导，这位工人便产生了从众心理，不再坚持自己的意见。结果在运料途中钢丝绳断了，造成了跑车事故。

综上所述，从众心理对安全生产既有其不利的一面，也有积极和有利的一面，对安全管理和生产指挥人员来说，要注意发挥从众心理的积极作用，避免其消极作用。

2. 社会助长作用

社会助长作用是指，只要其他人在场，即使个体之间互不相识或无竞争存在，也可以对一个人的行为产生助长作用（或促进作用）。这里，其他人在场是产生社会助长的前提条件，并且这种助长作用是在不依赖个体相互间的（已明确的）竞争的情况下产生的。在日常生活中，凡是有集体（或多人）共同活动的地方，如劳动、娱乐等场合都可以看到这种助长作用。社会助长作用有它积极的一面，也有消极的一面。它除了能助长人们的正确行为外，在很多情况下它也会助长人的错误或消极行为。例如，在工业生产劳动中，它有可能助长人们的冒险行为或不安全行为。有些喜欢冒险的人在他人在场时，可能变得更冒险，而他独自一人的时候就可能不那么冒险。

# 复习思考题

1. 为什么说人的心理是客观现实的反映?
2. 简述人脑中枢神经系统的结构组成与功能。
3. 举例说明人在作业活动中的信息加工处理过程。
4. 什么是反射与反射弧?反应时间对安全有何影响?
5. 条件反射与行为的强化是什么关系?其对安全生产有何影响?
6. 什么是感觉阈限?影响劳动者感受性的因素有哪些?
7. 举例说明反应时间的个别差异与事故发生的关系。
8. 思维定式对安全生产有什么影响?
9. 怎样利用注意的心理规律促进安全生产?
10. 举例说明情绪的两极性及其对安全的影响。
11. 试述从众行为和社会助长作用对安全生产的影响。

# 实训一　心理测验基本知识和技术

## 一、实训目标

1. 掌握心理测验的概念、用途、标准化及其方法，初步形成一般心理测验施测技能。

2. 理解心理测验在安全心理学研究中的作用，特别是对人员安全心理选拔中的意义。

## 二、任务描述

讲解心理测验的概念、心理测验的分类，详细讲解心理测验的标准化和应注意的问题。

## 三、任务准备

一般教室即可。准备若干常用心理测验问卷以作讲解举例和练习。

## 四、知识要点

1. 心理测验的概念

心理测验是指依据一定的心理学理论，使用一定的操作程序，给人的能力、人格及心理健康等心理特性和行为予以量化。心理测验是心理测量的工具，心理测量是通过科学、客观、标准的测量手段对人的特定素质进行测量、分析、评价，它与心理测验含义无本质区别，有时通用。广义的心理测量不仅包括以心理测验为工具的测量，也包括用观察法、访谈法、问卷法、实验法、心理物理法等方法进行的测量。这里的所谓素质，是指那些完成特定工作或活动所需要或与之相关的感知、技能、能力、气质、性格、兴趣、动机等个人特征，它们是以一定的质量和速度完成工作或活动的必要基础。

2. 心理测验的分类

心理测验的分类有多种多样，根据不同的标准，可有以下几种：

按测验功能可分为能力测验（包括一般的智力水平测验及特殊能力测验）和个性（人格）测验（主要用于测量性格、气质、兴趣、态度等个性特点）；按测验方式可分为个别测验和团体测验；按测验材料可分为文字测验（所用测验材料是文字，被试用文字或语言作答）和非文字测验（也称操作性测验，测验的材料多是图片、实物、工具、模型，被试用手来操作）；按测验的应用可分为教育测验、职业测验（主要用于人员选拔）和临床测验（主要用于医务部门）；按被试者的特点可分为婴幼儿测验、成人测验和老年人测验。等等。

3. 心理测验的用途

心理测验的用途主要有两方面，一为实践方面的需要，一为理论研究的需要。

（1）实践方面的应用

1）心理选拔。随着科学技术的不断发展，对人才的使用越来越引起各方面的重视。除了教育部门以外，安全生产、军事、艺术、体育等部门也经常面临着选才问题，也就是要辨认具有哪些特点的人，在从事某项工作具有最大成功的可能性。只靠人的经验来识别人才是不够的，只有根据各种工作的活动进行分析，找出这种活动所要求的心理特征，然后根据这些特征设计出各种能力、个性指标，预测人们从事各种工作的适宜性，这样可以提高人才选拔的效率，大大减少经济及时间上的耗费。

2）安置。例如，对已经入学的学生因材施教，对部队的战士按特长分配兵种，对工厂中的工人按能力分配工作，做到人尽其才。在这种安置工作中，心理测验可以起到辅助作用。

3）诊断。近年来在临床医学上，对心理测验的需求已不限于应用在精神病临床及脑功能障碍方面，对于老年人心理衰退的情况、婴幼儿的发展是否迟缓等都在采用心理测验协助诊断。

4）咨询。在心理咨询门诊中的医生，多用心理测验来探讨就诊对象的某些心理特点及潜在的困扰，以便有针对性地提供一些指导。

（2）理论研究的需要

主要是搜集数据，建立或检验假说。心理学中许多理论都是在测验资料的基础上提出来的，并且用测验来检验。例如：卡特尔对人的个性提出16个因素、吉尔福特的智力结构理论等都是靠测验得到充实与发展。

心理测验充实了研究心理学的方法，不但推动了心理学理论的发展，而且使心理学更好地为实际服务。

4. 心理测验的标准化

心理测验的目的是为了准确估计被试的心理属性，这就需要控制测量误差。控制测量误差的重要手段是使测验情境对所有人都是相似的，这种控制的方法称为标准化。任何测量都要求标准化，标准化是一切科学测量的共同要求。例如，测量物体的长度时，要求使用标准米尺，读出米尺的刻度时，要求眼睛正对所观察的刻度。否则，每一次测量所读出的刻度可能是不同的。心理测量比物理测量要复杂得多，其结果很容易受到各种主客观因素的影响，因此心理测量的标准化更为重要。

心理测验的标准化是控制测量误差的重要手段，通过标准化程序，可以使测量误差减小，使测量结果更为准确可靠，这对于结果的有效性具有非常重大的意义。

标准化有很多方面，其中最重要的是要求对每一个被试给予相同的题目、相同的施测条件、相同的记分法。如果测验是非标准化的，被试的测验分数将不能互相比较。

心理测验的每一步程序必须明确表述，使所有施测者和被试都不致产生误解。测验的规则应清晰到如此程度，以至于不再需要加以更多的说明。如果测验的规则不清楚或难以实际应用，如果应用该测量规则时要求施测者具有种种不同的经验和技巧，这个测验就不够标准化。

5. 测验结果的评估

施测者对测验结果可依据常模或其他参照标准做出解释。一般在测验手册中对于各种分数的意义都做了详细的说明。施测之后，将被试的反应与答案比较即可得到每个人在测验上的分数。这种直接从测验上得到的分数叫作原始分数。原始分数本身没有多大意义。譬如，某位学生成绩单上写着数学 85 分、语文 80 分，由此并不能看出他成绩的好坏，也不能看出他哪一门学得更好。为了使原始分数有意义，同时为了使不同的原始分数可比较，必须把它们转换成具有一定的参照点和单位的测验量表上的数值。通过统计方法由原始分数转化到量表上的分数叫作导出分数。有了导出分数，才可以对测验结果做出有意义的解释。

(1) 解释分数时的参照标准

根据解释分数时的参照标准不同，可以将导出分数分为常模参照分数与标准参照分数两大类。心理测验最常使用的是常模参照分数。

常模参照分数简称常模，即指一定人群在测验所测特性上的普遍水平或水平分布状况。常模是一种供比较的标准量数，由标准化样本测试结果计算得来，即某一标准化样本的平均数和标准差。它是心理测评用于比较和解释测验结果时的参照分数标准。测验分数必须与某种标准比较，才能显示出它所代表的意义。

制定常模需要三步：①确定有关的常模团体；②获得该团体成员的测验分数；③把原始分数转化为量表，该量表能把个人分数表示成在团体内的相对位置。

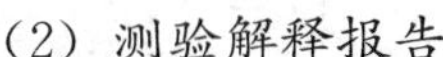

（2）测验解释报告

要考虑测验分数将给被试带来什么心理影响。由于对分数的解释会影响被试的自我认识、自我评价，从而会影响他的行为，所以在解释分数时一方面要十分慎重，另一方面又要做必要的思想工作，防止被试因分数低而悲观失望或因分数高而骄傲自满。必须保证他完全了解分数的表面意义和隐含意义。

6. 心理测验的信度与效度

心理测验要注意两个基本要求：即测验的信度和效度。一个好的测验必须是可信的和有效的。效度即为有效性，即测量的真实性、准确性，指一个测验有效地测量出所需要的心理品质，即测量工具能测出其所要测量特质的程度。效度是科学的测量工具所必须具备的最重要的条件。在心理测量中，对作为测量工具的问卷或量表的效度要求较高。

信度即为可信性，是指测验结果的一致性、稳定性及可靠性，一般指的是采取同样的方法对同一对象重复进行测量时，其所得结果相一致的程度。

## 五、实训过程

1. 讲解学习知识要点。

2. 使用简便易行的几个心理测验如气质测验问卷、内外向性格测验问卷进行实际测量练习。

## 六、注意事项

1. 要给学生强调心理测验的严肃性，即使是测验练习也要注意对被试的隐私加以保护。

2. 测验要有严格的程序。从心理测验准备到心理测验实施，以致最后结果的评判，都要遵循严格的程序。

## 七、总结与思考

心理测验是心理学研究的必要手段，在实际社会生活中得到了越来越广泛的应用，发挥了其积极作用。但也存在某种滥用现象，这尤其要引起注意。心理测验只是提供一定的参考，人是发展成长和变化的，心理测验仅仅提供个人在进行测试的那个时间点的状况特点，因此过分夸大心理测评的效果也是不对的。心理测试只能提供一个专业的心理学方面的参考，并不能为一个人下终身的论断。无论任何人，在对测试结果进行解释的时候必须慎之又慎，不要把心理测试结果当成是“终身的标签”，更不能把心理测验的结果作为唯一评定的依据。应结合多种方法，做出客观评价。

# 第三章

## 影响劳动者作业可靠性的因素

**本章学习目标**

1. 掌握压力的一般概念及其分类。
2. 熟悉职业压力的概念及常见来源。
3. 掌握压力对安全生产的危害及其作用机制。
4. 掌握疲劳产生的常见原因、发展规律及测定技术。
5. 掌握睡眠失调对安全的危害及其原理。
6. 熟悉影响劳动者作业可靠性的常见社会心理因素。
7. 掌握生产现场的环境因素对劳动者可靠性的影响。
8. 了解酒精及某些对人的生理、心理和行为产生影响的药物安全危害及预防措施。

## 第一节　心理压力

### 一、什么是压力

1. 压力的一般概念

压力有时也被称为应激，首先由加拿大生理学家汉斯·塞里（Hans Selye，1950）提出。半个多世纪以来，关于什么是压力出现了众多不同表述。塞里认为，压力是机体对伤害性刺激的非特异性防御反应。研究表明，当人受到应激源（突发性灾害、猛兽、暴徒等）刺激时，就会产生一种相应的生理反应，下丘脑发生兴奋，体内的肾上腺分泌肾上腺素，肾上腺素可以升高血压、加快心率并从肝脏中释放出大量的糖原进入血液，从而增加通向脑、心脏、骨骼肌等的血流量并升高血糖水平，使机体变得更加强壮有力和警觉，以便迅速逃离危险源，这是人类自古就有的本能反应。

对此，心理学家认为，生理学的压力观不够全面和完整，它还应包括心理方面，是个体的整体反应。压力不仅会在生理、病理现象的出现上起重要作用，同时在人的心理层面也会发生显著反应，它是一种同时伴随有心理和生理反应的紧张状态。心理反应如紧张、焦虑、恐惧、烦躁、好激动、易激惹等情绪反应，并且心理层面的反应更为持久，影响更为广泛。当伤害性刺激消失以后，这些心理反应仍可能存在，甚至会发展成为慢性心理困扰或心理障碍，其反过来又成为不良生理反应或生理障碍的原因。因此，压力一词很多情况下也称为心理压力。

关于产生压力的原因（即压力源或应激源），来自社会、工作单位和家庭等外部的原因是主要方面，但并不仅来自外部的刺激，也会来自内部刺激，例如强烈的内心冲突，自身的心理和行为困扰，适应不良的性格特征等。所以，压力是由内、外刺激引起的一种心理和生理反应，或者说是由内、外刺激引起的伴随生理反应的心理紧张状态。

然而，一定的压力源并不一定会使人产生紧张状态，只有那些被认知评估为超出个体应对能力的压力事件才会导致压力。比如一个非常艰巨的任务，对许多人来讲是一个巨大压力，然而如果有一个人，他的能力和经验足以对付甚至可以轻松应对时，对他也不会构成压力。一只毒蛇对很多人都是具有强烈威胁性的刺激，并引起惊恐反应，但对马戏团戏蛇表演者而言就是平常事。一个收入较高的人临时向别人借钱不构成压力，而对一个收入较低者，在遇到难事无奈借贷时，就会产生很大压力。

因此，可以认为，压力是个体所认知到的超出自身应对能力的内、外部刺激或需求所引起，并伴随生理非特异性防御反应的心理紧张状态。这里，应对能力是指个体所具有的内部和外部资源，例如个体生理和心理特征、工作能力和生活经验、社会资源等；心理紧张状态是应激的结果或反应；认知则是指个体对内、外部刺激或需求的察知和评估并强调认知因素在压力产生过程中的作用。

压力的意义具有两面性。适度的心理压力对人的进步和发展有促进作用，但显著超过人的应对能力时则对安全和身心健康造成威胁。具体而言，心理压力可以是人们工作和生活的动力，也可以是意外事故的重要致因，还可能是众多身体疾病的催化剂，更是危害人们心理健康的主要因素之一。因此，深入研究心理压力的有关规律，对维护人们的安全和健康十分重要。

2. 压力的种类

从不同角度可将压力分为以下几种类型：

（1）内源性压力与外源性压力

引起压力反应的紧张性刺激或事件多种多样，既有来自外部环境的，也有来自自身的心理和行为的。前者可称为外源性压力，后者可称为内源性压力。

（2）急性压力与慢性压力

临时性、一过性的压力（应激）事件可称之为急性压力，而压力源持续存在，必须长时间应对的压力可称之为慢性压力。前者如一时面临的恶劣自然环境、一次临时性的考试，后者如单位中不良的人际关系，家庭中的夫妻不和等。

（3）一般性压力与破坏性压力

一般性压力就是应对难度不大的压力。如果我们在生活的某一时间阶段内，经历着某一种需要努力适应的事件但未超过我们的应对能力，那么我们称这时候体验到的压力为一般性压力。一般性压力的后效往往是正面的，大多有利于人们提高应对压力的能力。破坏性压力又称极端压力，包括战争、大地震、空难，以及被攻击、绑架、强暴等。破坏性压力的后果可能会导致创伤后压力失调或应激障碍（PTSD）、灾难症候群、创伤后压力综合征等。

（4）单一性压力和叠加性压力

单一性压力是指在生活的某一时间阶段内，仅面临某一种压力事件且需要努力适应的压力。而叠加性压力是指在同一时间段面临着两个或两个以上的较大压力事件，这些压力有时候是多个压力同时出现，有时可能是相继出现，这种情况称之为叠加性压力。把叠加性压力进一步分为两类，即同时性叠加压力和继时性叠加压力。前者如同俗话中的“四面楚歌”或“大事难事扎堆”，后者可称之为“祸不单行”。叠加性压力，是极为严重和难以应对的压力，它给人造成的危害很大。有的人可在“四面楚歌”中倒下，有的人则在接二连三、纷至沓来的重压下压垮。叠加性压力也是对安全生产和职工身心健康危害非常严重的一种压力类型，特别值得个人与组织倍加重视。

例如，某单位一职工家中上有年迈多病的老母亲，下有两个上学的孩子，而妻子又下岗失业，家中的生活来源就靠他每月 1 000 多元的工资来维持。为了照顾好家庭，该职工每天完成繁重的工作还要赶几十千米的路骑着摩托车回家。一天在骑车下班回家途中，因其精神恍惚，疲劳驾驶，与迎面疾驶而来的货车相撞受重伤，后经抢救无效死亡。

3. 职业枯竭

职业枯竭（也称工作倦怠）是职业压力的极端状态。一般认为，职业枯竭是个体不能顺利应对工作压力时的一种极端反应，是个体伴随于长时期压力体验下而产生的情感、态度和行为的衰竭状态。

职业枯竭的研究始自于 Freudenberger（1974）和 Maslach（1976）等人，当时主要基于那些在服务业及医疗领域人们的经历，因为这些职业属于情绪性工作，具有较多的人际压力源存在，长年精力耗损，工作热情容易逐渐消退，进而产生对人漠不关心以及对工作持负面态度的症候。随着社会的变迁，职业上的竞争越来越激烈，更多的人感觉工作特别累，压力特别大，对工作丧失冲劲和动力，出现害怕工作的情况；甚至体验到的身心俱疲、能量被耗尽的感觉，显然这标志着已出现职业枯竭状态。

职业枯竭最具代表性和有影响力的维度理论是 Maslach 三维理论。Maslach 认为：工作倦怠包括情感耗竭、去个性化和个人成就感降低三个维度。

（1）情感耗竭

指情感资源过度消耗，没有活力，没有工作热情，感到自己的感情处于极度疲劳的状态，感到虚弱、紧张、麻木、“蜡烛燃尽”的感觉，并同时产生对工作“抵制”态度。它被发现是职业枯竭的核心维度，并具有最明显的症状表现。

（2）去个性化

也称作玩世不恭、自我感丧失，指刻意在自身和工作对象间保持距离，对周围人、工作对象和环境采取冷漠、忽视的态度，对工作敷衍了事，个人发展停滞，提出调离申请等。

（3）个人成就感降低

指倾向于消极地评价自己，并伴有工作能力体验和成就体验的下降，认为工作不但不能发挥自身才能，而且是枯燥无味的烦琐事务。感到无助、绝望、愤怒，损害自尊，想换工作或改变职业。

##  二、职业压力及其来源

职业压力一般是指当职业要求迫使人们做出偏离常态机能的改变时所引起的压力。就其本质而言，它是过高的职业要求与不利的工作环境超出员工应对能力所致的心身负荷过重的现象。职业压力的来源包括工作负荷、工作条件与环境、工作角色、工作变化、工作关系、组织因素、个体因素及职业发展等很多方面（见表 3—1）。

表 3—1　常见的工作压力源

| 类别 | 压力源 | 类别 | 压力源 |
|---|---|---|---|
| 工作负荷 | （1）工作强度大、工作时间长，必须长时间高度集中注意的工作<br>（2）时间限制所造成的压力、轮班转换过频<br>（3）工作责任重大，对责任心的过高要求<br>（4）工作单调、简单重复工作<br>（5）工作与家庭失衡，工作繁重，难以兼顾家庭责任 | 工作关系 | （1）人际交往频率很小或同事间的沟通不畅<br>（2）缺少认同与信任，过度的竞争<br>（3）人际冲突或关系紧张等 |

续表

| 类别 | 压力源 | 类别 | 压力源 |
| --- | --- | --- | --- |
| 工作条件与环境 | （1）危险性：工作现场存在危险源，随时可能处理突发事故<br>（2）不适的工作环境：拥挤凌乱的工作空间、噪声污染、照明不足或过强、令人不适的空气质量及温度<br>（3）恶劣的工作环境：工作环境存在有毒有害物质、有害辐射源 | 组织因素 | （1）上下级间的沟通不畅，员工的努力或良好表现未获认同、对工作情况缺少足够的反馈<br>（2）管理层不重视职业安全健康<br>（3）缺乏民主或高压的管理方式，缺乏对员工重视和尊重<br>（4）规章制度、政策不公平，任务分配不合理<br>（5）裁员、竞争压力、绩效付酬或计件工资制 |
| 工作角色 | （1）角色冲突<br>（2）角色模糊<br>（3）角色—地位不协调 | 个体因素 | （1）应变能力、压力承受能力低<br>（2）缺乏自信心<br>（3）家庭压力源多，例如养育子女和照料老人负担重，配偶没工作<br>（4）工作缺乏家庭的支持，家庭矛盾、离异等<br>（5）身体原因：疾病，受伤 |
| 工作变化 | （1）工作稳定性降低，频繁变换工作岗位<br>（2）工作习惯被破坏 | 职业发展 | （1）晋升缓慢<br>（2）晋升机会少或晋升机会不公平 |

## 三、我国职工压力现状

有关职工压力状况的调查较多，这些材料显示，我国职工压力水平总体较高。中国健康型组织及EAP协会等开展的“2006年中国企业的员工职业心理健康管理”调查，共有7 476名全国各地不分年龄、收入、地位、学历的在职人士参加了调查，其中以制造业（26.52%）、服务业（27.46%）、IT业（15.02%）和政府职能部门（11.94%）的人士为主，21.10%的人群工作年限在3～5年，21.04%的人群工作年限在5～10年，而另外还有11.84%的人工作年限超过了10年。结果表明：99.13%的在职白领受“压力”“抑郁”“职业枯竭”等职场心理因素困扰；56.56%的被调查者渴望得到心理咨询，但却从未尝试过；79.54%的职场人士意识到“职业心理健康”影响到工作。

2013年智联测评研究院联合中科院心理研究所经对11 032人进行调研发布的《中国职场心理健康调研报告》称，随着职场上竞争压力的日益增大，职场人不得不每天都面临着紧张的生活和工作，“压力山大”已经成为一种普遍现象，对工作缺乏动力，对工作的抗拒情绪也时常出现，甚至对自己工作的意义表示怀疑。同时，抑郁、过劳、倦怠、猝死等现象也逐渐向他们逼近，他们的身心健康和工作状态十分堪忧。其主要表现是视疲劳、容易感到疲倦和记忆力下降等身体不适症状。

## 四、职业压力对安全的危害

1. 压力对人生产作业中认知能力的影响

众多研究表明，应激会减弱人的信息加工能力，信息加工能力的下降又加剧了最初出现的差错或故障的危害性，最终导致事故。事实上，应激与差错经常以某种闭环的方式密切联系在一起：当差错产生（且被我们意识到）时，它们会诱发应激（紧张）；当存在高水平的应激（紧张）时，差错更容易发生。

应激源对人的注意能力的影响十分显著，可以使注意广度下降（注意狭窄），尤其会导致注意集中能力下降。研究证实，许多应激源使得注意从相关任务的信息加工中转移出来，比如生活应激事件等压力源引起的压力导致的注意分散会分散作业者对与工作有关的信息的注意，以至于引发错误操作或由于不能及时发现危险信息而丧失避险机会。应激源对人的记忆能力也会产生严重影响。研究发现，当个体在可知觉到的应激环境中时，他们的工作记忆容量出现下降，从而引起在问题解决中出现认知困难。

2. 压力对事故发生的影响

一定的心理应激反应所引起的各种生理、心理和行为改变不仅可以引起各种心身疾病，而且是伤害发生的重要因素。研究表明，长期从事简单、重复操作的流水线作业工人、农民，长期驾驶于同一条线路的汽车司机、专科医生等由于每天重复单调的刺激而容易引起抑制与睡眠，会表现出思想松懈、注意力不集中、动作节奏减慢等疲劳和厌倦心理，而处于长期持续性或超常应激情况下则会产生各种心身不良状态，表现出各种生理、心理或社会功能障碍或紊乱，产生消极的情绪反应，干扰对信息的感知与记忆，妨碍正确思维和判断，造成不正确的决策和行为。这也是压力引发事故的机制所在。

相关的研究主要针对由职业应激所引起的伤害，其中对驾驶人员有关的职业应激对行车安全的研究表明，许多发生事故的驾驶员在事故前处于严重应激状态，包括人际关系紧张、婚姻破裂、职业困难等。在对 410 名离婚驾驶员的调查中发现，离婚驾驶员的事故率显著高于其他驾驶员的事故率，而离婚前后 6 个月中事故率最高。

## 五、职业压力的测量

压力评估可分为压力水平评估和压力源评估两个方面。国内外有关压力测量的工具种类繁多，主要以各种自评问卷为主。工作压力的准确测量是研究工作压力管理的基础，国内目前尚未研制出较为成熟的工作压力测量工具，大多直接借鉴使用国外的压力测量工具。

比较有影响的、广泛使用的工作压力测量工具主要有以下几种：

（1）职业压力指标量表

职业压力指标量表也称工作压力源量表，该量表从压力源、个性特征、控制源、应对策略、工作满意度、生理健康状况和心理健康状况七个方面来全方位地衡量工作压力状况。

（2）工作内容问卷

该问卷原用于工作压力与高血压、心脏病的关系研究，现已被广泛应用于评价职业人群的工作压力水平。

（3）工作控制问卷

该问卷主要从工作压力源的角度来衡量个体面临的压力，调查内容与个体对工作情境中的人、事、物的控制程度密切相关。

（4）职业紧张量表修订版（OSI－R）

职业紧张量表修订版目前已广泛用于职业压力的研究。在我国部分项目修改后，量表具有良好的信效度。该量表包括三个分量表，即职业任务、紧张反应和应对资源。职业任务包括任务过重、任务不适、任务模糊、任务冲突、责任感、工作环境六个子项。个体紧张反应包括业务紧张反应、心理紧张反应、人际关系紧张反应和躯体紧张反应四个子项。应对资源包括娱乐休闲、自我保健、社会支持和理性处事四个子项，共计 14 个子项、140 个测试项目。

（5）职业枯竭问卷

Maslach 等人从 20 世纪 70 年代中期开始研究职业枯竭，他们在临床研究中搜集了大量对个案的观察和访谈资料，在此基础上编制了“Maslach 枯竭问卷”。该问卷包含三个维度，分别是情绪衰竭、去个性化和个人成就感降低。现在可供使用的 Maslach 枯竭问卷共有三个版本——服务版、教育版、通用版。通用版有 16 个项目三个分量表，其中情绪衰竭五道题，去个性化五道题，成就感低落六道题。三个分量表分别计分，而不累加成一个总分，枯竭程度也是用三个维度的分别得分来表示，因此 Maslash 枯竭问卷所测量的职业枯竭是一个三维的结构。

# 第二节　疲劳因素

## 一、疲劳的性质与特点

劳动者在连续工作一段时间以后，会有疲劳和机能衰退现象，这就是疲劳。疲劳是一种正常的生理心理现象。从生理学的观点来看，疲劳和休息是能量消耗与恢复相互交替的机体活动。疲劳与休息的合理调节，可以使人体的感觉器官、运动器官与中枢神经系统的机能得到锻炼、提高。在适度的范围内，疲劳对人体并没有什么害处，相反，人体如果长期缺乏应有的疲劳，则会引起机体内部活动的失调，例如睡眠不良、食欲不佳、精神不振等。但是，如果由于工作负荷过重及连续工作时间过长，造成过度疲劳，就会严重影响人的心理活动的正常进行，造成人体生理、心理机能的衰退和紊乱，从而使劳动效率下降、作业差错增加、工伤事故增多、缺勤率增高等。

现在，疲劳对安全生产的影响已引起人们广泛的重视，已有人把疲劳称之为工业事故中具有头等重要性的因素之一，同时疲劳也是国际上工业安全方面一个长期研究的重点领域。我国的研究者和安全管理工作者应该更加重视疲劳因素的研究和预防，加强劳动者休息权的保护，以缓解我国事故居高不下、人民的生命和财产遭受严重损失的局面。

疲劳按其产生的性质，可分为生理疲劳（或称体力疲劳）和心理疲劳（或称精神疲劳）两种。生理疲劳是由于人体连续不断的活动（或短时间的剧烈活动），使人体组织中的资源耗竭或肌肉内产生的乳酸不能及时分解和排泄引起的。心理疲劳有时是由于长时间集中于重复性的单调工作引起的，因为这种工作不能引起劳动者的动机和浓厚的直接兴趣，加之没有适当的休息与调换工作的性质，就会使人厌倦和焦躁不安，甚至失去控制情绪的能力。在有些情况下，心理疲劳可能因为有的工种需要用脑判断精细而复杂的劳动对象，脑力消耗太大而引起。在另一些情况下，可能由于人事关系矛盾或家庭纠纷等令人很伤脑筋的事情造成精神疲劳。

生理疲劳和心理疲劳在劳动中并不一定是同时产生的。有时身体上并不感到疲劳，而心理上却感到十分厌倦。也有时虽然工作负担很重，身体上感到疲劳，但由于工作富有意义或做出了成就而感到精神轻松，仍能很有兴趣地工作。生理疲劳和心理疲劳既有一定的区别，又有一定的联系，并且相互制约。在生理上疲劳时，由于某种动机的引诱和意志上的努力，可以继续工作一段时间，但不能维持过长，超过某种限度，勉强工作就会引起过度的疲劳。这不仅有碍于劳动者的身心健康，而且容易产生意外事故。因此，在实际工作中，尊重人体的生理规律，对延长劳动时间和加班必须予以严格的限制。此外，还有一个值得注意的问题是，如果疲劳特别是心理疲劳长期得不到足够的调整休息而恢复，会逐渐形成一种伴有多种症状的慢性疲劳状态。此时，人的疲劳感加剧，不仅在工作结束之后，而且在工作之前就感到疲劳。这种情况已带有病理性质，医学上被称为慢性疲劳综合征（详见后文），其对劳动者的安全和健康危害更大，甚至可能导致猝死。

## 二、疲劳的产生与发展规律

疲劳这一特殊的生理心理现象，尽管有不少问题目前尚不甚清楚，但现代科学研究表明，它的产生与发展具有以下几个方面的特点：

1. 疲劳发展的几个阶段

（1）疲劳的积累

疲劳在活动过程中产生，并随活动时间的持续而逐渐积累、加重。活动时间越长，疲劳就越加重、明显。

（2）疲劳的持续

人体发生疲劳后，并不由于活动的停止而随之消失，它要持续一段时间。疲劳的程度越重，持续的时间也就越长。

（3）疲劳发展与人体生理机能变化的四个时期

有关学者的研究表明，疲劳与人体生理效率之间的相互关系的变化，大体要经历以下四个时期：

1）机能水平上升的逐步适应期。例如，刚上班不久，人体的感觉器官、运动器官，从不适应工作环境到逐步适应，这时期工作效率不高，人体能量消耗不多，所以一般不会产生疲乏的感觉。

2）机能水平高的适应期。这时期人体机能完全适应了工作环境，工作效率较高，机体能量消耗也较大。但由于体内储存的能量，使能量的供应与消耗仍能保持平衡状态，所以劳动者只有轻度的疲乏感。

3）机能水平趋于下降的意外补偿期。这时期机体内的能量开始满足不了活动的需要，劳动者也有明显的疲劳感。但是，由于工作的责任感与主观意志的努力，工作效率仍能保持或稍低于前一时期的工作水平。

4）机能水平下降的不适应期。下班前往往处于这一时期，工作效率迅速下降、机体能量供应明显不足，劳动者感到饥饿、四肢无力、腰酸背痛，有较重的疲劳感。

2. 疲劳产生与变化的几个特征

（1）疲劳有一定的积累效应，未完全恢复的疲劳可在一定程度上继续存在到次日。

在重度劳累之后，第二天还会感到周身无力，不愿动作，就是积累效应的表现。如果次日又达到六分疲倦程度，就感到疲乏到了十分。

(2) 疲劳可以恢复。年轻人比老年人恢复得快。体力上的疲劳比精神上的疲劳恢复得快。

(3) 人对疲劳也有一定的适应能力，例如，连续干几天，反而不觉得累了，这是体力上的适应性。

(4) 青年作业人员作业中产生的疲劳较老年人小得多，而且易于恢复。青年人的心血管和呼吸系统比老年人旺盛，供血、供氧能力强。某些强度大的作业是不适于老年人的。

(5) 环境因素直接影响疲劳的产生、加重和减轻。例如，噪声可加重甚至引起疲劳，而优美的音乐可以舒张血管、松弛紧张的情绪而减轻疲劳。所以，某些作业过程中、休息时间和班后听听抒情音乐是很值得提倡的。

(6) 工作的单调。周而复始地做着单一的、毫无创造的、重复的工作，这种没有兴趣的“机器人”作业，使人易于厌烦、疲劳。

(7) 夜班工作比白天工作疲劳。劳动心理学家的专门研究表明，夜班工作完成白天班工作量的80%，就会感到与白天一样的疲劳。连续上三四次夜班，就有疲劳积累的倾向，这是由于白天与夜间，人体内环境的生理变化不同而引起的。夜间体温、血压、脉搏降低，血液水分、盐分、尿量减少，副交感神经处于优势状态等，这些都是有利于休息、有利于睡眠的重要条件。在白天休息时情况则不同。由于血液水分不充足，能量消耗不能降低，体姿转动多，再加之环境不安静，惊醒机会多，睡眠效果较差，所以上夜班的人通常都会睡眠不足，甚至连续上几个星期夜班后还不能完全习惯。

*3. 人在疲劳时的生理心理状态*

根据苏联心理学家列维托夫对疲劳的研究，人在疲劳时的生理心理状态包括以下几个方面：

(1) 无力感

甚至当劳动生产率还没有下降的时候，工人已经感到劳动能力有所下降，这就是疲劳反应。劳动能力下降表现为一种特殊的难受感觉和缺乏信心。工人感到无法按照规定的要求继续工作下去。

(2) 注意的失调

注意乃是最易疲劳的心理机能之一。在疲劳状态下，注意力容易分散，并表现为怠慢、少动，或者相反，产生杂乱的好动，游移不定。

(3) 感觉方面的失调

在疲劳的情况下，参与活动的感觉器官功能会发生紊乱。如果一个人不间歇地长时间读书，那么他会说眼前的字行“开始变得模糊不清”。听音乐时间过长，高度紧张，会丧失对曲调的感知能力。手工作时间过长，会导致触觉和运动觉敏感性的减弱。

（4）记忆和思维故障

与工作相关的领域都会直接出现这种故障。在过度疲劳的情况下，工人可能忘记操作规程，把自己的工作岗位弄得杂乱无章。与此同时，对与工作无关的东西，反而熟记不忘。脑力劳动造成的疲劳尤其有损于思维过程，然而在体力劳动造成疲劳的情况下，工人也经常抱怨自己的理解能力降低和头脑不够清醒。

（5）意志减退

疲劳状态下人的决心、耐性和自我控制能力减退，缺乏坚持不懈的精神。

（6）睡意

疲劳能够引起睡意。这种情况下，睡意是保护性抑制反应。人工作得疲惫不堪，睡眠的要求会变得强烈，以致任何姿势下都能入睡。在实践中我们有时会看到，在连续工作时间太长而疲劳至极时，人会毫无警觉地突然入睡。这种情况对正在从事致创因素较多的工作现场的作业人员来说十分危险。例如矿井下从事采、掘工作的矿工，各种车辆司机等。

## 三、慢性疲劳综合征

慢性疲劳综合征是一种非身体器质原因出现的严重全身倦怠感并伴有一系列心理和生理症状且显著影响正常工作和生活的综合病症。研究认为，慢性疲劳综合征是长期积累的工作压力得不到缓解而造成的一种具有危害性的心理状态。患者的心理方面的异常表现有时要比躯体方面的症状出现得早，自觉也较为突出。多数表现为情绪抑郁，焦虑不安或急躁、易怒，睡眠障碍，反应迟钝，记忆力下降，注意力不集中，思维能力下降，意志减退（做事缺乏信心，犹豫不决）等。身体方面的症状常见的有头痛、肌肉痛、关节痛、发热、咽喉痛、颈部或腋窝淋巴结疼痛，肌肉无力等。

诊断的主要标准是必须具备两项：①新近起病的严重而虚弱性疲劳，持续至少6个月。②没有发现引起疲劳的内科或精神科病症，比如恶性肿瘤、自身免疫性疾病、感染性疾病、神经肌肉疾病、药物成瘾、中毒等。

## 四、疲劳产生的原因分析

劳动中引起疲劳的原因很多，这里根据日本著名疲劳研究专家、国际工效学会理事长大岛正光对疲劳的一般原因和心理原因所做的分类，结合我国的实际情况，将疲劳的原因列表（见表3—2和表3—3）分析如下。

表 3—2　　疲劳的一般原因

| | |
|---|---|
| (1) 不熟练<br>(2) 睡眠不足<br>(3) 连续作业时间过长<br>(4) 休息时间不足<br>(5) 连续多日白班或夜班<br>(6) 白天和夜间连续作业<br>(7) 过多地加班<br>(8) 作业强度过大<br>(9) 劳动中能量代谢率过高 | (10) 拘束、固定的作业姿势时间过长<br>(11) 工作单调、简单重复、缺乏变化<br>(12) 年龄过轻，或高龄<br>(13) 环境不利（高温、照明不足、振动、噪声等）<br>(14) 有害物质的作用<br>(15) 不利的作业条件（例如作业位置过高、过低、空间狭窄等）<br>(16) 由于疾病体力下降等 |

表 3—3　　疲劳的心理原因

| | |
|---|---|
| (1) 心理压力<br>(2) 兴趣丧失、生产热情低下<br>(3) 工作不安定（例如不安心本职工作、担心失去工作等）<br>(4) 拘束感，束缚<br>(5) 家庭不和<br>(6) 惦记家务事（家里人生病，经济紧张等） | (7) 对健康担心<br>(8) 危险感，危机感<br>(9) 生产责任过大<br>(10) 种种不满（对工资、福利、晋升、不平等待遇，以及对整个企业不满等）<br>(11) 职业工种与个性特征不适应<br>(12) 对疲劳的暗示 |

由表 3—1、表 3—2 可见，产生疲劳的原因是复杂多样的，既有劳动强度过大，作业时间过长、作业环境较差及身体条件不适应等一般性原因，又有诸如缺乏对本职工作的积极动机、工作中存在消极的心理因素等众多的心理原因。

## 五、作业疲劳的调查与测定

对于疲劳的研究虽然有着非常重要的意义，但目前深入程度还不够。对于疲劳缺乏直接客观的测定评价方法，现有测定评价方法常以主观的疲劳感进行判断疲劳的有无和程度深浅，测定方法多是间接测定其生理或心理反应指标，以推论疲劳的程度。

### 1. 疲劳问卷调查

日本产业卫生学会疲劳研究会提供了下列自觉症状调查表。按其分类方法，疲劳是由精神因子、身体因子和感觉因子构成的。在三个因子中，每个列出 10 项调查内容，把症状主诉率按时间、作业条件等加以分类比较，就可以评价作业内容、作业条件对工人的影响。调查表内容见表 3—4。

表 3—4　　　　　　　　　疲劳自觉症状调查表

编号：　　　工作内容：　　　　姓名：　　　工作地点：　　　　年　　月　　日　时　分

| Ⅰ身体因子 | | | Ⅱ精神因子 | | | Ⅲ感觉因子 | | |
|---|---|---|---|---|---|---|---|---|
| 1 | 头重 | | 11 | 思考不集中 | | 21 | 头疼 | |
| 2 | 周身酸疼 | | 12 | 说话显得情绪烦躁 | | 22 | 肩头酸 | |
| 3 | 腿脚发懒 | | 13 | 心情焦躁 | | 23 | 腰疼 | |
| 4 | 打呵欠 | | 14 | 精神涣散 | | 24 | 呼吸困难 | |
| 5 | 头脑不清晰 | | 15 | 对事物反应平淡 | | 25 | 口干舌燥 | |
| 6 | 困倦 | | 16 | 小事想不起来 | | 26 | 声音模糊 | |
| 7 | 双眼难睁 | | 17 | 做事差错增多 | | 27 | 目眩 | |
| 8 | 动作笨拙 | | 18 | 对事物放心不下 | | 28 | 眼皮跳，筋肉跳 | |
| 9 | 站立或走路不稳 | | 19 | 动作不准确 | | 29 | 手或脚抖 | |
| 10 | 想躺下休息 | | 20 | 没有耐性 | | 30 | 精神不好 | |

注：无自觉症状在栏内划×，有自觉症状在栏内划○。

应当指出，上述多数疲劳自觉症状都是在较繁重劳动中才会出现。

2. 疲劳的仪器测定方法

研究疲劳属于劳动生理学和心理学的范畴，所以，测定疲劳的手段也是劳动生理学和心理学测定手段。但目前还没有直接测定疲劳的方法，也没有评定疲劳的明确指标。测定疲劳的客观方法主要有生化法和生理心理测试法。生化法通过检查作业者的血、尿、汗及唾液等体液成分的变化判断疲劳。生理心理测试法包括膝腱反射机能检查法、两点刺激敏感阈限检查法、闪光融合值测定法、连续色名呼叫检查法、反应时间测定法、脑电肌电测定法和心率（脉率）血压测定法等。

下面介绍目前较为常用且简便易行的闪光融合值测定法。

闪光融合值测定使用的仪器为闪光亮点融合仪。被试观看一个频率可调的闪烁光源，记录工作前、后被试可分辨出闪烁的频率数。具体做法是先从低频闪烁做起，这时视觉可见仪器内光点不断闪光。当增大频率，视觉刚刚出现闪光消失时的频率值叫闪光融合阈；光点从融合阈值以上降低闪光频率，当视觉刚刚开始感到光点闪烁时的频率值叫闪光阈。它和融合阈的平均值叫临界闪光融合值。人体疲劳后闪光融合值降低，说明视觉神经出现钝化。这一方法对在视觉显示终端（VDT）前面的工作人员的疲劳测定最为适用。一般测定日间或周间变化率，也可分时间段测定。

日本产业卫生学会疲劳研究会的大岛正光给出的融合值变化允许值列于表 3—5。

表 3—5 闪光融合值降低率

| 劳动种类 | 第一工作日间降低率 | | 作业前值的周间降低率 | |
|---|---|---|---|---|
| | 理想值 | 允许值 | 理想值 | 允许值 |
| 体力劳动 | −10% | −20% | −3% | −13% |
| 中间劳动 | −7% | −13% | −3% | −13% |
| 脑力劳动 | −6% | −10% | −3% | −13% |

通过测定得知，全身性疲劳也会在视觉方面有所表现，而视觉疲劳对闪光融合值的变化更为敏感。

鞍山钢铁公司劳动卫生研究所对本单位计算机房 507 名 VDT 工作人员进行测定的数据列于表 3—6。

表 3—6 VDT 作业人员闪光融合值的变化

| 光源颜色 | 作业前频率（赫兹） | 作业后 1 小时 | | 作业后 2 小时 | |
|---|---|---|---|---|---|
| | | 频率（赫兹） | 降低率 | 频率（赫兹） | 降低率 |
| 红 | 30.4 | 29.7 | 22.27% | 27.63 | 9.11% |
| 黄 | 34.3 | 33.1 | 3.78% | 31.66 | 7.96% |
| 绿 | 31.8 | 30.7 | 3.49% | 28.88 | 9.18% |

# 第三节 睡眠失调因素

## 一、人类觉醒与睡眠的节律

人的一生约有 1/3 的时间在睡眠中度过，可见睡眠对人类生命活动的重要性和必要性。人在觉醒状态下工作、学习和劳动之后所产生的脑力、体力的疲劳，必须经过充足的睡眠才能得以解除。许多研究认为，睡眠除了保证人体的生理功能的正常进行外，还与注意、学习和记忆等心理功能有关。例如，充足的睡眠对注意力的稳定、集中，记忆的巩固等有良好的作用。同时，睡眠对于保持健康的情绪和适应社会环境等方面也有一定作用。人类活动是“昼行性”的，世世代代习惯于“日出而作，日落而息”的生活规律，这种昼夜间觉醒与睡眠的交替在人类相当长的进化历程中已成为固定化的行为和生理模式，并已受人体“生物钟”的内在控制，而不是简单地与白天的光照和夜晚的黑暗相联系。有人曾自愿接受试验，在不知时日和昼夜变化的山洞里居住了一个多月，实验仪器记录他们在山洞里的体温、血压和脑电图等。分析结果表明，这些被试在山洞里居住期间，体内的节律仍顽固地保持在大约一昼夜的周期之内，照

样呈现觉醒与睡眠的交替现象。人类这种觉醒和睡眠的交替是人脑活动的节律。这种节律与人体多种功能所呈现的规律一样，是以一个昼夜为周期的。但是，在人们的日常生活和工作中，各种外界（如倒班工作）和内在（如生理和精神的病理状态）的原因都可以在某种程度上引起人脑活动昼夜节律的破坏，即觉醒与睡眠关系的失调，也即睡眠失调（病理性的睡眠失调称为睡眠障碍）。而这种失调又会对人的生理和心理产生不利影响，并会增加人在劳动活动中的心理和行为的不稳定性。

## 二、倒班工作对睡眠及生理心理的影响

倒班工作已被认为是工业国中引起睡眠紊乱的主要因素。倒班工人睡眠紊乱的发生率为10%～90%（通常在50%以上），而日班工人只有5%～20%。倒班工作制引起的睡眠失调主要归因于生理节律的破坏。另外，睡眠紊乱还与工人的劳动周期和社会活动习惯也有联系；随着工业现代化的发展，从事倒班工作和夜间服务的人越来越多。倒班的方式多种多样，有昼夜三班制、昼夜两班制，还有少数昼夜四班制（所谓四六制）等。有的白班或夜班一周轮换一次，有的连续工作 24 小时后休息几天等。但无论哪种方式的倒班，都要与正常的睡眠发生冲突，这种觉醒和睡眠正常节律的破坏，对安全生产和职工的身心健康都有不同程度的影响。大量研究表明，倒班工作与某些官能性疾病有关系。其中，主要的官能性疾病是肠胃病、睡眠失调和神经系统功能紊乱，有时可能产生轻度的头痛、神经过敏、手颤、注意力集中困难等，这些大都对安全生产有不利影响。

尽管倒班工作对人体是不利的，但目前又不可能废除。所以，我们应尽量做到安排倒班合理化，把这种不利影响降到最小的程度。有人经过研究提出以下几点建议：①慢倒班，最快每周倒一次班。②顺时倒班，上过早班之后适宜换中班，而不宜换夜班。③两班之间最好有一段时间休息，不宜接连下去。④改变就餐时间。早班就餐时间可安排为 7 时、12 时、18 时；中班就餐时间为 15 时、20 时和夜间 2 时；夜班就餐时间为 23 时、凌晨 4 时和上午 10 时。

## 三、睡眠不足及其对安全生产的影响

睡眠不足是指相对个人睡眠习惯，睡眠时间较少的情况。但在某些病理状态下，比如患有失眠症或嗜睡症的人，他们在一般的休息时间里，不能达到恢复精力的睡眠效果，会经常出现睡眠不足的状态。

睡眠不足对生产安全有着严重的不利影响。它导致工人的生理和心理功能明显下降或紊乱，从而导致工作失误和事故的发生。根据对许多由于睡眠不足导致的事故的分析，看到在睡眠不足的状态下，易于发生下列变化：

（1）注意集中困难，以致不能全面了解操作系统的情况，忘掉作业程序中的某些环节或出现多余动作。

（2）感知觉迟钝，甚至发生错觉，思维混乱，动作准确性降低，即使努力加以控制亦难以做到，有力不从心之感。

（3）意识清醒程度（觉醒水平）下降，疲乏无力以致出现打瞌睡的情况。睡眠不足特别是由此造成的瞌睡状态，是很多事故的直接原因。如某矿一上夜班的工人，在家中干了一天的农活，未得睡眠，这次夜班开电瓶车拉矸石时，在车上打了瞌睡。结果造成车掉道，把电缆开关挤坏，自己险些发生伤亡事故。另有一煤矿小绞车司机在操作中昏然睡去，结果绞车过卷，被矿车挤死。

引起睡眠不足的原因是多种多样的。除了病理性失眠症或睡眠障碍之外，大多是由于各种原因耽误了睡眠时间所致。如夏季高温季节，天气炎热难以入睡，特别是上早班的工人，下午直到晚上，天气较热难以入睡，到下半夜凉爽一些时又快要起床上班了。还有很多情况是由于忙于其他工作（如参加会议等）、家务、社交或业余娱乐活动而耽误了睡眠时间，造成睡眠不足。例如农村户口的职工忙农活，青年恋爱期间过多的约会，有的甚至沉溺于玩牌、赌博、看黄色录像等不良活动而占去了正常的睡眠时间等。

## 四、意识觉醒水平与作业可靠度

意识觉醒水平是指人脑清醒的程度。有人提出的意识层次模型说明，中枢系统能否意识集中而注意于当前的活动，以有效而安全地进行其工作，依赖于意识水平层次的高低。睡觉时意识丧失，一切行为失去了可靠性；觉醒时，意识水平提高，中枢处理能力增强。意识层次理论将大脑意识水平分为 5 个层次，并根据研究给出了其相应的可靠度水平（最大值为 1），见表 3—7。这种理论认为人的内在状态可以用意识水平或大脑觉醒水平来衡量。人处于不同觉醒水平时，其行为的可靠性是有很大差别的。人处于 0 级状态如睡眠状态时，大脑的觉醒水平极低，不能进行任何作业活动，一切行为都失去了可靠性。处于第Ⅰ层次状态时，大脑活动水平低下，反应迟钝，易于发生人为失误或差错。处于第Ⅱ、Ⅲ层次时，均属于正常状态，层次Ⅱ是意识的松弛阶段，大脑大部分时间处于这一状态，是人进行一般作业时大脑的觉醒状态，并应以此状态为准，设计仪表、信息显示装置等；层次Ⅲ是意识的清醒阶段，在此状态下，大脑处理信息的能力、准确决策能力、创造能力都很强，此时，人的可靠性处于最高层次，几乎不发生差错。因此，重要的决策应在此状态下进行，但该状态不能持续很长的时间。第Ⅳ层次为超常状态，如工厂大型设备出现故障时，操作人员的意识水平处于异常兴奋、紧张状态，此时，人的可靠性明显降低，因此应预先设计紧急状态时的

对策，并尽可能在重要设备上设置自动处理装置。

表 3—7　　意识水平与作业可靠度

| 层次等级 | 意识水平 | 对注意的作用 | 生理状态 | 可靠度 |
| --- | --- | --- | --- | --- |
| 0 | 无意识，神志昏迷 | 零 | 睡眠、癫痫发作 | 0 |
| Ⅰ | 正常以下，恍惚 | 不起作用，迟钝 | 疲劳、单调、打瞌睡、醉酒 | <0.9 |
| Ⅱ | 正常，放松 | 被动的，内向的 | 平静起居、休息，常规作业 | 0.99～0.999 99 |
| Ⅲ | 正常，明快 | 主动积极的，注意范围广，注意集中于一点 | 积极活动时的状态 | >0.999 999 |
| Ⅳ | 超常，极度兴奋、激动 | 判断停止 | 紧急防卫时的反应，慌张以至惊慌 | <0.9 |

# 第四节　社会心理因素

安全生产需要劳动者在稳定的情绪、平静的心境下集中精力地工作。可是，人每天都生活在复杂的社会环境之中，不断与外界社会进行相互作用，几乎时刻都在与他人进行着各种形式的交往或联系。其间，社会人际关系不良、家庭冲突或各种生活事件等问题会经常发生，因此，对个体来说也就时常会产生各种复杂的心理冲突、挫折和沮丧或令人兴奋之事。在劳动过程中，对不少人来说，很难把这些心理矛盾和各种杂念全部排除在工作之外，以致造成分心或感觉及反应迟钝等情况，从而使作业失误增加、不安全行为增多，甚至导致事故的发生。本节讨论的内容，是人际关系、家庭关系、生活事件和节假日等社会心理方面的因素对人的心理和行为及作业可靠性的影响。

## 一、人际关系

1. 人际关系的概念

人际关系属于社会关系的范畴，是人们在相互交往中发生、发展和建立起来的心理上的关系。人际关系贯穿于社会生活的各个方面，是社会与个人直接联系的媒介，是人们进行社会交往的基础，是人们参加生产劳动、学习和日常生活及各种社会活动所不可缺少的。不同的人际关系会引起不同的情绪体验。良好的人际关系会使人感到心情舒畅、工作积极性提高。相反，如果人与人之间发生了矛盾和冲突，一时又没有妥善解决，双方就会产生冷淡、敌视、忧虑或苦闷等心理状态。这除了会影响个人的

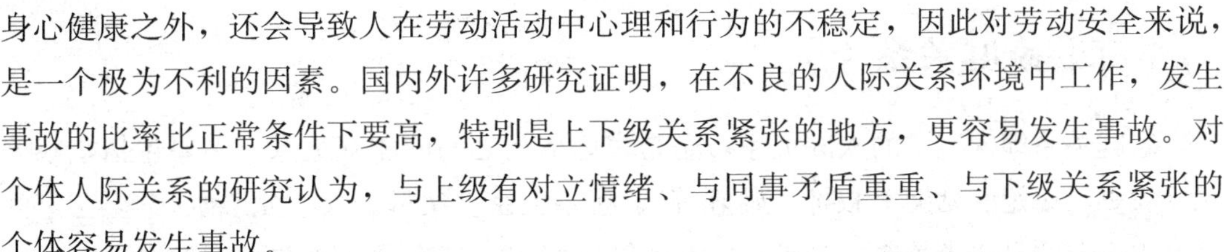

身心健康之外，还会导致人在劳动活动中心理和行为的不稳定，因此对劳动安全来说，是一个极为不利的因素。国内外许多研究证明，在不良的人际关系环境中工作，发生事故的比率比正常条件下要高，特别是上下级关系紧张的地方，更容易发生事故。对个体人际关系的研究认为，与上级有对立情绪、与同事矛盾重重、与下级关系紧张的个体容易发生事故。

2. 劳动群体中的人际冲突

人际冲突是指两个群体之间或个人之间在行为上的对立和争执等。人际冲突的原因主要有以下几个方面：

（1）由认识原因产生的冲突。这是指人们由于认识、经验、观点及态度的不同，对同一事物产生不同的认识而造成的冲突。

（2）目标对立。这是指人们的活动目标对立。在社会主义劳动组织中，每一个劳动者参加劳动的目标都应该是：为国家积累资金、创造更多质优价廉的符合人民需要的产品，同时提高自己的生活水平。但有时候，部门与部门、个人与组织、个人与个人之间的目标可能出现对立的状况，因此也就容易导致冲突。

（3）需要对象的异同。每个劳动者都经常会有各种各样的需要，个人的需要对象可能与别人相同，也可能不同。如果双方需要相同，而可供对象又不能同时满足双方的需要时，由于一方的获得势必造成另一方失去，就可能导致冲突，如在晋升职称、增加工资、分配住房以及生活习惯形成的需要等方面都可能形成这类冲突。

（4）攀比心理。在劳动任务的分配、报酬的支付以及福利待遇等方面都可能产生攀比心理，并进而发生冲突。

（5）嫉妒心理。嫉妒是一种常见的病态心理，是发现自己的才能、名誉、地位或境遇等方面不如他人时产生的（羞愧、愤怒、怨恨等）心理现象。嫉妒心理较多发生于个人情况（包括能力、地位等）差别不大的人之间，这种心理的危害性在于对他人实施攻击、诋毁等行为，从而引发人际冲突。

（6）由于小矛盾或潜在的不和未能及时疏通和解决，缺乏沟通而使误会不能消除等原因，也会导致冲突的发生。

（7）管理上机构职责分工不明、有事无人负责，出了问题互相推诿、扯皮，也容易造成群体或个人之间的冲突。

（8）分配不当。这是一个很普遍的问题，例如，在工作或劳动任务的分配、报酬的分配，或精神奖励、表扬等方面不公时，都可能引起冲突。

（9）宗派。形成宗派的主要原因在于利益联系、情趣相投、认识偏见等。宗派容易产生排他性，因此与宗派之外的群体或个人易于发生冲突。

## 二、家庭关系

家庭关系即家庭中的人际关系，是指家庭成员之间的相互关系，主要包括姻亲关系（夫妻、婆媳、姑嫂、叔婶、妯娌等）、血亲关系（父母子女、兄弟姐妹等）。家庭关系中主要的是夫妻关系，是维系家庭的第一纽带。其次是父母和子女的关系，是维系家庭的第二纽带。家庭关系是人们日常生活中最重要的人际关系。几乎每个人一生中都在一定的家庭中生活，人们每天除工作、学习外大部分时间都在家庭中度过，因此，家庭中的人际关系好坏对一个人的影响极大。更重要的是，家庭还是人们调节情绪和消除疲劳的场所。如果家庭关系和睦，人干完一天的繁忙工作，回到家里就能得到休息和调养，以恢复体力和精力，有利于第二天的工作。有时在工作单位里遇到不顺心的事情而心情烦闷，在家里通过向爱人或父母诉说，会得到安慰和劝解，情绪上就会平静下来。但如果家庭关系不好，整天闹矛盾，不但起不到这些作用，反而会使烦恼加深，以致劳动者在工作中也表现为情绪消极，不能集中注意于手头的工作，易于发生事故。在实际工作中，由于家庭矛盾造成情绪郁闷而导致发生人身伤亡事故的案例是比较常见的。例如，某煤矿建井工程处工人在秋忙季节请假回家帮助妻子搞秋收，因小事与妻子发生争吵，未能调和便赌气提前回矿上班，结果在下到矿井后的上岗途中爬一轨道上山时，被上面放下的载重矿车在道中撞倒轧死。据调查，该工人在爬上山前，曾向斜巷底部把钩信号工联系了解情况，而当他爬至斜巷中途时，把钩工向斜巷上部绞车房发出允许往下放车的信号。在放车速度为 4 米/秒的情况下，该工人完全能够在听到或看到前方放车时及时躲开行车。然而，由于该工人情绪十分郁闷和懊恼，在这种心理背景下，其意识很容易被完全笼罩在消极情绪之中，外界的事物和信号很难进入他的大脑，以致前方往下放车竟未发觉和及时躲避而被撞死在巷道中。其实，在现场经验中类似的现象并不少见，如电车司机发觉前方有人在轨道上行走，在离很近时使劲按喇叭竟不能警醒沉浸在低落情绪中的行人。

## 三、生活事件

生活事件是一个心理学名词，是指个体生活中发生的需要一定心理适应的事件，包括负性事件和正性事件，它能引起人情绪的波动。在工作和生活中，有许许多多的事件会使人们的情绪发生较大的波动，如亲友亡故、夫妻分离、工作变化等。这些事件无疑会对劳动者的作业可靠性产生不利影响。当然还应指出，由于各种生活事件的性质和严重程度不同，其对人的影响程度也不一样。

心理学家将每种生活事件均赋予一定的数值来表示它们对人影响的大小，并设计了一个“生活事件量表”（见表 3—8）。利用这个量表，可以使一个人在一定时间内所

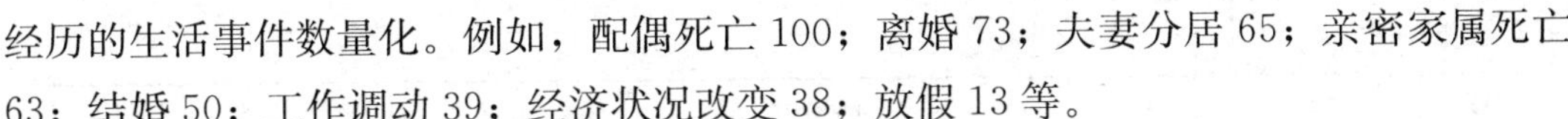

经历的生活事件数量化。例如，配偶死亡 100；离婚 73；夫妻分居 65；亲密家属死亡 63；结婚 50；工作调动 39；经济状况改变 38；放假 13 等。

表 3—8　**生活事件量表**

| 序号 | 生活事件 | 分值 |
|---|---|---|
| 1 | 配偶死亡 | 100 |
| 2 | 离婚 | 73 |
| 3 | 夫妻分居 | 65 |
| 4 | 入狱 | 63 |
| 5 | 亲密家属死亡 | 63 |
| 6 | 本人受伤或生较大疾病 | 53 |
| 7 | 结婚 | 50 |
| 8 | 解雇 | 47 |
| 9 | 夫妻复合 | 45 |
| 10 | 退休 | 45 |
| 11 | 家属健康状况改变 | 44 |
| 12 | 怀孕 | 40 |
| 13 | 性生活问题 | 39 |
| 14 | 家中增加人口 | 39 |
| 15 | 工作调动 | 39 |
| 16 | 经济状况改变 | 38 |
| 17 | 好友死亡 | 37 |
| 18 | 转行 | 36 |
| 19 | 夫妻争执次数增加 | 36 |
| 20 | 贷款超过一年净收入 | 31 |
| 21 | 抵押或贷款到期 | 30 |
| 22 | 工作职责改变 | 29 |
| 23 | 儿女离家 | 29 |
| 24 | 和配偶家人产生问题 | 29 |
| 25 | 个人获得杰出的成就 | 28 |
| 26 | 配偶开始或停止工作 | 26 |
| 27 | 入学或毕业 | 26 |
| 28 | 生活状况改变 | 25 |
| 29 | 个人习惯改正 | 24 |
| 30 | 和老板之间出问题 | 23 |
| 31 | 工作环境、工作时间的改变 | 20 |
| 32 | 搬家 | 20 |

续表

| 序号 | 生活事件 | 分值 |
| --- | --- | --- |
| 33 | 转学或换学校 | 20 |
| 34 | 娱乐变更 | 19 |
| 35 | 教会活动的改变 | 19 |
| 36 | 社交活动改变 | 18 |
| 37 | 抵押或贷款低于一年净收入 | 17 |
| 38 | 睡眠习惯改变 | 16 |
| 39 | 家庭聚会次数的改变 | 15 |
| 40 | 饮食习惯改变 | 15 |
| 41 | 放假 | 13 |
| 42 | 圣诞节 | 12 |
| 43 | 轻微违法 | 11 |
| 总分 | | |

进一步的研究指出，一年中个人发生的生活事件值的总和达到一定程度会对安全和健康造成影响。生活变化值超出150分便有可能导致疾病或发生意外事故，这个分值是一个明显转折点。150～199之间，有37%的可能患病或出意外；200～299之间，有51%的可能患病或出意外；300以上，患病或发生意外事故的可能性为79%。

研究还表明，生活事件与心理障碍也有关系。例如生活事件越多，发生的精神障碍（如抑郁症状、睡眠失调等）越多，发生心理病理行为的可能性也越大，甚至可能促进精神分裂症发病。另外，生活事件与人的某些躯体疾病（如溃疡病、原发性高血压等）的发生亦有密切关系。某研究者在1970年对美国410个离婚的司机做过一个调查统计，发现他们在离婚的前6个月和后6个月这一期间，事故率和违章驾驶次数要比普通司机多得多，尤其在前后3个月中更为明显。

如果分数累计低于30分，即生活较安定，则可保持心理的稳定和有利于身体健康。有时，生活当中的区区小事也有可能对人的心理和行为产生很大影响。人作为“社会关系的总和”，作为复杂纷繁的现代社会中的一员，相对于个体来说的正面的和负面的生活事件，几乎每日都在发生，它们对个体的心理和行为均会产生积极的或消极的作用。而当这种作用的强度达到一定程度，反映于劳动者的生产作业过程中时，就会导致人为失误的增加，更有可能发生工伤事故。

## 四、节假日

在节假日前后，比如在过节、休班、请假探亲等前后，比较容易发生事故，这似乎已成为一个普遍的现象。比如，有的人过几天就要结婚了，在回家办喜事之前偏出了事故。家远的职工，在回家探亲前或者刚回来上班这些时间里，有时也容易出事故。更有退休前的最后一个班，以及接到信息回家奔丧，或请假探望重病的父母或家人等前后而发生事故的情况。在节假日前后，由于与假日有关的事情会在劳动者的头脑中起干扰作用，使他们在劳动过程中容易注意分散，情绪不稳定。比如假日前，人们常会盘算着如何安排假日生活、和家人团聚以及走亲访友等。假期之后，假期中有关事件的映象还未在头脑中消失，特别是一些令人兴奋或令人烦恼的事情，更不会在头脑中立即烟消云散，因此会造成劳动者思想不容易马上转移到工作上来而集中当前精力于当前工作。很显然，这些情况都会对安全生产产生不利影响。

因此，在职工喜庆、婚丧、节假日前后，作为一个单位的领导者特别是基层管理干部要及时做好思想工作，提醒职工要在离队前和归队后排除一切外在干扰，将全部精力投入到工作中。除此之外，在指挥生产、安排任务时，也要考虑采取有关措施，如安排较安全的工作，或派人与之配合监护等。作为职工个人，更要努力控制自己，在工作中绝不想工作以外的事情，以防患于未然。

## 第五节　生产现场的环境因素

生产现场的环境因素包括照明、噪声、温度、湿度、色彩、粉尘、水汽、烟雾及工作场所的空间特点等。这些因素都会在某种程度上对劳动者的生理、心理、安全性和舒适感等产生一定影响。

### 一、噪声

1. 噪声的概念

噪声在很多行业生产过程中是广泛存在的，有的还具有较高的强度。高强度的噪声对人的影响是很大的，并且既有生理方面的危害，又有心理方面的严重影响，它是影响作业可靠性的一个重要因素。噪声是现代生活中人们经常抱怨的对象，它污染环境，使人焦躁不安、注意涣散，甚至导致耳聋。因此，噪声是劳动的自然环境中一种较大的有害因素。

一般来说，噪声是一种通过固体、液体或气体传导，在音频范围内随机振荡而产生的声音。工业噪声则是指伴随着工业生产过程，由生产因素而造成的声音。实际上，噪声的范围要大得多，一切不需要的、不愿听到的声音都可称为噪声。因此，即使是音乐，在某种情况下对某个人来说，都可能被视为噪声。

测量噪声的单位是分贝（dB)。在物理学中，分贝是测量音强的单位。在生理学

中，分贝是测量声音感受强度或主观强度的单位。零分贝是可听见声音的最低强度。人对噪声的最大允许值在85～95分贝之间。如果继续升高就会对人造成严重影响和危害，当噪声级达到165分贝时，动物就会死亡；175分贝时人就会丧命。

噪声对劳动者的影响是非常大的，我们可以从生理和心理两个方面来进行具体分析。

2. 噪声对劳动者生理的影响

噪声对劳动者生理的影响包括以下方面：

（1）对听觉器官的损害

人如果每天受80分贝以上噪声的影响，久而久之，他的听力会受损，如长期在煤矿风机旁工作的工人会患噪声性耳聋。如果短时间内受到100～125分贝噪声的影响，耳朵会暂时变聋。如果受到150分贝以上的噪声的短暂冲击，耳朵会永远变聋。

（2）对神经系统的影响

高噪声可以引起中枢神经系统过度兴奋，使劳动者产生头痛、睡眠不良等症状。

（3）对心血管系统的影响

噪声对心血管系统影响范围很广，它涉及血管收缩、血压波动、心律失常等范畴。研究证明，当人在95～100分贝的噪声下工作时，血管会收缩，心律会改变，眼球会扩张。即使噪声停止后，血管收缩还会持续一段时间，因而影响血液循环。如果长久下去，则会引起高血压、心脏病等疾病。

（4）对消化系统的影响

据研究，噪声能对人的胃功能产生抑制，并能使唾液分泌减少。长期处于噪声环境中的劳动者患胃肠炎和溃疡病的比率较高。

（5）对内分泌机能的影响

劳动者在中等强度（70～80分贝）噪声下工作，肾上腺皮质的功能增强，使机体能适应刺激强度。劳动者在高强度（100分贝以上）噪声下工作，肾上腺皮质的功能则减弱，这说明刺激强度已超过了人体的适应能力，因而产生了保护性抑制。而这种机能改变会导致体内的电解质失去平衡及血糖水平的变化。

3. 噪声对劳动者心理的影响

（1）对感知觉的影响

噪声掩盖工作中的听觉信号，特别是与语言通信频率相近的噪声，对语言的干扰最大，因而噪声会损害劳动者的听觉能力。此外，由于感觉器官的相互作用，噪声也会影响劳动者的视觉能力，导致视力下降和视觉模糊。

（2）对反应时间的影响

高噪声掩盖信号，会导致反应时间延长。实验证明，在80～90分贝的噪声条件下，劳动者对五个信号灯辨别反应时没有产生不利影响。在100分贝噪声条件下则可对反应时产生不利影响。如果照明条件较差，90 分贝的噪声也会使人的辨别反应时延长。

（3）对情绪的影响

噪声会使人烦躁不安，注意力分散，增强对工作单调厌倦的体验，促进身心疲劳。这种消极的情绪又强化人对噪声和疲劳的敏感性，使人产生时间进展极其缓慢的感觉。研究证明，在高噪声条件下工作的人具有情绪不稳定的特点。

（4）对人际关系的影响

国外有些研究证明，在高噪声条件下工作的人更具有挑衅性、更多疑，再加上噪声具有掩盖语言的作用，而使工作期间的交往机会减少，这些都会造成人际关系不良，甚至会成为引起人际冲突的一个潜在原因。

4. 噪声对劳动安全的影响

综上所述，很显然，由于噪声对劳动者的生理、心理有着广泛的不良影响，因此，也必然会对劳动者的作业可靠性产生影响。它除了会导致工作效率和工作质量的下降外，还会成为发生事故的一个潜在原因。高噪声可引起噪声性耳聋、头痛、睡眠不良，可使人注意力分散和情绪不稳定，由于高噪声的掩蔽效应可能使人对警报、信号、设备故障等声响不能及时觉察，因而可能导致工伤事故和设备事故，严重影响安全生产。

## 二、高温和低温

温度对人的心理状态有着显著影响。高温对劳动者的心理影响包括知觉判断、反应能力、协调能力、动作精确性、注意集中与分配以及心境等各个方面。而在寒冷或低温的环境中作业，人的作业可靠性也会下降。在寒冷的冬季中从事地面或野外作业的人员，以及采用冻结法进行施工的工人都会受到寒冷或低温的影响。在四肢受冻的情况下，由于关节僵化和皮肤感觉迟钝，造成动作灵巧性和准确性的降低，也会给工作带来不便和增加危险。

1. 高温对劳动者生理、心理的影响

工业劳动中，气温对劳动者产生的生理、心理影响主要涉及高温问题。现代生产中的高温，不仅仅是由季节性自然条件所致，更多的则是由于工作中存在着种种热源而造成的，例如高温炉、高温的工作物（如铸件）、蒸汽管道及矿业深井开采的高地温等工作性热源等。下面从生理和心理两个方面来分析高温的影响。

（1）高温对劳动者生理的影响

劳动者在高温条件下工作，人体必然通过大量排汗来维持正常的体温。这种新陈代谢速度的加快，伴随着心率和呼吸的变化。若长期处于这种状态，由于大量出汗会导致失盐、失水、汗腺疲劳等症状，甚至使人没有能力坚持工作。例如，实验证明，

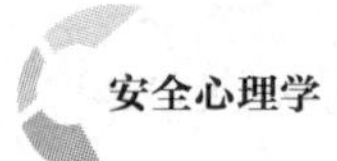


人在20℃左右的环境中工作，感到舒适。温度超过34℃时，人们容易心情烦躁。当温度升高到50℃时，由于血管扩张和出汗，会使人感到疲惫，但尚可坚持1～24小时。当温度升高到95℃时，1小时就会虚脱。许多调查证明，高温车间的工人患急性肠胃病的人数比一般车间多40%，患慢性肠胃病的人数比一般车间多25%。

（2）高温对劳动者心理的影响

高温对劳动者的心理影响包括知觉判断、反应能力、协调能力、动作精确性、注意集中与分配以及心境等各个方面。如果说高温对职工的生理影响可以通过高动机和集中注意等心理机制来调节，则其心理影响往往更为严重，它会对职工的工作满意感产生削弱作用，甚至会导致事故的增加。①高温对知觉及反应能力的影响。高温条件下知觉的速度和准确度以及反应能力均会有不同程度的下降。例如，某实验研究了电报员在26.1℃、29.4℃、30.8℃、33.3℃、36.1℃条件下的工作效率，发现在30.8℃条件下，工作错误尚少，以后错误逐渐增加，35℃后错误急剧上升，比30.8℃的温度条件下增加了10倍。②高温对注意的影响。高温条件下，容易使人注意涣散，精力难以集中。这样就会使生产效率产生波动，而在需要保持警觉的工作中，就容易产生事故。③高温对劳动者情绪的影响。高温使劳动者感觉不舒服、感到格外疲劳，这些体验会影响人的情绪，使人焦躁不安，容易激动。而这种情绪又会加剧其“高温”体验，并使不良情绪进一步加深。

可见，高温会对劳动者的生理和心理产生许多不良影响，使工作效率降低，事故发生的可能性增加。因此，为了保护工人免受高温的伤害和促进安全生产，管理部门在高温季节或高温工作场所除采用必要的降温措施外（如使用风扇增加通风量，采用隔热和屏蔽设备等），还要根据工作性质与实际气温，增添合理的饮料，安排合理的休息时间或缩短工作时间，甚至对劳动者进行选择，并加强劳动保护。

2. 寒冷或低温的影响

在寒冷或低温的环境中作业，人的作业能力会受到影响，作业可靠性下降。在人体暴露于低温时，会引起两个主要的生理反应：阻止热量散失和促进热量产生。前者是皮肤血流量减少的结果，特别是手指、脚趾、耳朵、鼻子中这种情况会迅速出现。后者则为皮肤受冷时通过引起颤抖（即肌肉不协调的收缩）而增加产热所产生的应急反应。另一方面，在四肢受冻的情况下，由于关节冷却与僵化和皮肤感觉迟钝，造成动作灵巧性和准确性的降低，使人感到皮肤麻木和动作笨拙，这样便难以完成复杂和准确性要求较高的工作。另外，由于热量散失较快和机体为了保持体温而附加产生热量，会使人在低温下作业所消耗的体力比在温和的气候条件下要多。体力劳动时疲劳或筋疲力尽的情况出现也较早。

在低温环境中，迟钝、不灵敏以及由于不舒适而引起的注意难以集中等因素均会增加发生事故的可能性。而采取戴手套的方法，又会由于使手失去感觉和影响到肌肉的机能，同样会给工作带来不便和增加危险。例如，在极区的某些迹象表明，发生轻微的意外伤害甚至意外死亡是非常普通的事。在寒冷条件下，在拖网渔船工作的船员中事故也相当多。

预防低温危害可抓好保护、训练与人类工效学三个方面的工作：①用轻质新型材料制作防护服装（避免笨重的衣服妨碍行动）；②训练人们如何穿用保暖服装、掌握冻伤的早期征象及工作中的作业要领等；③机械设计方面应使机器容易操作，注意手柄与按钮的尺寸和距离等。另外，减少暴露于寒冷环境的时间，供应充足食品和热饮料等也是应该采取的措施。

### 三、照明

适当的照明是视觉的必要条件，而视觉为我们提供关于外界情况的约 30%的信息。良好的照明条件能提高近视力和远视力，提高识别速度，增进立体视觉，抑制与减少眼疲劳，因而它可作为降低事故频率的重要手段。美国一家保险公司估计，25%的工伤事故发生在照明差的条件之中，例如，黄昏未开灯之前往往事故发生率较高。另据统计，在太阳光下工作所发生的事故率要比灯光下发生的事故率低 40%～50%。现在，照明与事故的关系已越来越引起人们重视。管理部门根据劳动保护条例的有关规定为劳动者创造良好的照明条件，从而排除因照明不良而引起事故的可能，这是完全必要的。

照明与安全生产有着密切的关系。照明条件较差的情况不仅容易引起视觉疲劳和视力衰退，还会由于能见距离缩短、对周围工作环境中的各种物体辨别能力下降而导致诸多人为失误，从而造成各种事故的发生。因此，管理者必须努力改善生产环境的照明条件，为劳动者创造一个舒适柔和并具有足够照度的视觉环境，以利于安全生产。

## 第六节　酒精与药物因素

### 一、酗酒及其危害

酒的危害主要源于酒精。酒精既是历史悠久、普遍使用的药物，更是大众化的饮品，但它却是可引起生理和心理的多种反应、容易对安全生产和身体健康造成不良影响的物质。客观地说，如果在工休时间有控制地少喝一点酒，对身心健康没有多大影响，但是，过量饮酒且酒后言行失常的酗酒现象，对职工身心健康和安全生产危害很大。研究指出，酗酒工人的事故率比其他工人高 3 倍。我国每年导致巨大人员伤亡的交通事故中因酒后出事者也占很大比例。

1. 酒精造成的生理、心理危害

饮酒过多或长期饮酒过量会造成酒精中毒，并对身体健康造成严重危害。酒精兼有中枢神经系统兴奋与抑制作用，轻度中毒时表现为恶心、呕吐、兴奋甚至狂暴，重度中毒时出现昏迷、皮肤湿冷、体温下降、呼吸减慢、心率加快、瞳孔散大等。如果这种状态持续较长时间，可能出现长时间昏迷甚至危及生命。长期过量饮用还可能出现脂肪肝、肝硬化，冠心病发病率增加，也可出现营养不良、维生素缺乏症等。其可能导致的疾病包括：①消化系统疾病，如肝损害、胃炎、消化性溃疡、食道静脉曲张及急慢性胰腺炎；②中枢及周围神经系统损害，如周围神经病、癫痫、小脑退行性变、科萨科夫精神病、威尔尼克脑病和酒精性痴呆；③营养代谢异常，如低血糖、糖尿病、高脂血症、营养不良或肥胖、维生素缺乏症、痛风、电解质紊乱等；④心脑血管损害，如酒精性心肌损害、心律失常、高血压和卒中；⑤增加肿瘤发生率，常酗酒者口腔、咽喉、食道、胃、肝脏等处癌症发生率也较常人高；⑥其他，如危害下一代，常会产生智能低下等遗传疾病。

此外，长期饮酒还可能产生生理依赖性，停饮后可能出现睡眠紊乱、恶心、乏力、焦虑、出汗、反射亢进、幻觉、震颤性谵妄、惊厥等不同程度的戒断症状。

科学实验的结果表明，酒精对人的心理和行为也有广泛影响，其主要表现在以下几个方面：

（1）感觉迟钝，观察能力下降。

（2）记忆力下降。

（3）责任感低，草率行事。

（4）判断能力下降，出错率高。

（5）动作协调性下降，动作粗猛。

（6）视听能力下降，易出现幻象和错听。

（7）语言表达能力下降。

（8）情绪波动较大，攻击性强。

（9）自我保护意识缺乏，易冒险。

（10）易患缺氧症。

（11）由于过量饮酒使人责任感降低、行事草率、攻击性强，还容易造成人际关系紧张或人际冲突，甚至会出现各种危险行为。

饮酒对人的心理和行为的影响与饮酒量成正比。随着饮酒量的增加，血液酒精浓度会相应增加，人的心理精神症状同步加深，人的操纵能力逐渐降低，事故危险度升高。表3—9中是血液酒精含量和呼气酒精含量与事故的相对危险度的关系。

表 3—9 血液酒精含量和呼气酒精含量与事故的相对危险度

| 血液酒精含量（毫克/100 毫升） | 呼气酒精含量（微克/100 毫升） | 主要表现 | 事故相对危险度 |
| --- | --- | --- | --- |
| 10～49 | 5～24 | 精神愉快，飘然感，注意力、判断力降低 | 1 |
| 50～99 | 25～49 | 兴奋，肌肉协调能力减弱，敏感反应降低，语无伦次 | 1.5 |
| 100～149 | 50～74 | 自然感觉好，易激动，吵闹，控制力降低 | 2.5 |
| 150～199 | 75～99 | 情绪易变，口齿不清，共济失调，判断力迟钝，不能进行职业操作 | 9.7 |
| 200 以上 | 100 以上 | 精神错乱，失去平衡能力，语言含糊，定向力降低或丧失，对外界反应冷淡、呆滞 | 9.7 以上 |

2. 酒精对安全的影响

从以上资料可以看出，饮酒对人的心理和行为的不良影响十分广泛，对人的安全作业更会造成严重危害，所以在很多生产部门对喝酒的人员禁止上班工作。下面案例中的悲剧就是酒后上岗所造成的祸害。

一日，某企业机修工小张上中班，午饭时过量喝酒，下井后，找到正要下早班的电工组长，谎说有东西忘在电工房里，要了电工房的钥匙。下午 5 点左右，小张到电工房，将房门用铁管顶住，打开电炉取暖，将棉大衣铺在桌上，身盖大棉袄，然后躺在桌上吸烟休息。午夜时分，上夜班的工长从压风机房查岗出来发现电工房有火光，立即跑到电工房门口敲门，里边无人答应，便用脚把门踹开，发现屋内浓烟弥漫，什么也看不见，便迅速找来灭火器将火扑灭，进屋用手电照看时，发现小张在地上躺着，随即将他送医院，经抢救无效死亡。

该事故的主要原因是小张因喝酒过量行为失控，擅自离岗去电工房睡觉，而睡前又吸烟，结果烟头落在棉大衣上，将自己烧死。再一个重要原因是该单位管理不力，造成了如此严重的后果。

3. 防止酒精对安全危害的措施

防止酒精对劳动者安全和健康的影响要采取现场管理、心理疏导和促使戒酒相结合的综合措施，多管齐下。现场管理相对容易，可以采取技术措施和强化劳动纪律管理的方法。难点在心理疏导。要通过教育和心理辅导使他们认识到对饮酒成瘾者，已经不仅仅是身体对酒精产生了依赖，更严重的是心理也对酒精产生了依赖。要想戒酒，就需要从根本入手，重点解决心理问题。要使职工深刻认识喝酒过多、饮酒成瘾对家庭幸福、安全生产和身心健康的严重危害，从心理上戒酒。还要让他们培养多种健康的爱好和兴趣，转移注意力。可以多做一些对健康有益的活动，寻找一种有利身心、有利于个人进步的爱好投身其中，将注意力从酒上面转移，慢慢逐步地戒掉。对酒精

依赖程度深者，要到医院去进行心理治疗或必要药物治疗，在医生的指导下，科学戒酒。

## 二、药物不良反应

由于酒精饮用的广泛性，人们对它的危害特别是对安全生产的不良影响一般都有所认识，但是对一些药物的危害却并不知晓。许多企业都有上班期间禁止饮酒的规定，然而几乎没有对禁止服用某些药物的规定。这是一个亟待引起重视的问题。

1. 药物对人的精神、心理和行为的影响

人们往往过于关注药物的治疗作用，而忽视其心理和行为方面的不利影响。如果说某人的性格或心理情绪反常是由药物引起，恐怕很多人难以置信。例如某 20 岁青年，生性开朗乐观，因持续发烧在医院确诊为伤寒病，服用某种药物治疗病情好转；但第 3 天觉得头部隐痛、头晕、多梦，未加注意；第 4 天后出现精神抑郁、烦闷易怒，常因小事与人争吵，感情骤然脆弱，易激动，好哭泣，头痛得更厉害。此时并非想到是由于药物引起的精神影响，而只是怀疑病情加重，然而进行 B 超、脑电图甚至头部 CT 检查，都没异常发现，但是当药物一停，所有症状马上减轻，如此试验两次结果都相同，这才肯定是服药所致的精神反应。实际上此类事例并不少见。很多药物都可以引起精神异常，下面按类别给出一些已知会对人的精神、心理和行为造成影响的药物。

（1）精神类药物

包括以下几种：①镇静剂。包括利眠宁、安定、舒乐安定、佐匹克隆、氟硝安定、速眠安、三唑仑等。这类药物可使人成瘾，服药后有昏睡、晕眩、镇静神经、抑郁、敌意、动作不协调、运动失调、失忆、认知和神经肌运动功能受损等症状。②兴奋剂。如安非他明、可卡因等。这类药物能使人暂时忘却烦恼，得到暂时的活力，服用过量后会有食欲不振、失眠、妄想、多疑、抑郁等心理现象。③迷幻剂。如大麻（树脂）、麦角副酸二乙基胺（LSD）、氨胺酮等。这类药物会使人陷入迷幻的状态，令人变得举止失常、判断力失准、记忆模糊、消极或沮丧。④麻醉镇痛剂。如鸦片、海洛因、吗啡、地匹酮、美沙酮、菲仕通等。这类药物有止痛、降低焦虑的作用，可使人产生昏睡、压抑呼吸、恶心。

（2）消化系药物

治疗溃疡的西米替丁可致头痛头晕，疲乏、嗜睡、智能缺损，少数有烦躁、幻觉、妄想、记忆障碍；雷尼替丁也能引起焦虑、健忘；灭吐灵则可抑制精神活动。

（3）呼吸系药物

可待因、克咳敏、咳特灵等可致精神抑郁、烦闷、意志消沉；氨茶碱还可导致昏睡乃至昏迷，也可兴奋情绪而惊厥。

（4）心血管药物

利多卡因、奎尼丁可引起行为反常、烦躁、痴呆、胡言乱语；胺碘酮则可致幻听、多语、行为冲动、自责妄想等；抗脑动脉硬化的氟桂嗪引起精神抑郁的也不少见；心得安、卡普托利、维脑路通、可乐定、哌唑嗪、慢心律等也可干扰心理活动。

（5）抗菌药物

庆大霉素可致幻觉、兴奋、恐惧、失眠、自言自语、语无伦次等；头孢唑啉、磺胺类可伴有错觉、身体运动协调障碍；大剂量青霉素应用可有焦虑不安、意识混乱、抽搐等症状；利福平、异烟肼可致烦躁、尖叫、答非所问；甲硝唑偶致语言混乱、妄想行为、人格改变等。

（6）强的松类药物

5%的强的松类药物用药者有心理反常，如欣快感、兴奋不眠、妄想、抑郁，甚至精神分裂等；少数人自制力丧失、易冲动、随处大小便。

（7）解热镇痛药物

消炎痛、芬必得、萘普酮、阿司匹林等可致老年人记忆力和注意力减退、人格变化。

（8）其他药物

1）咖啡因。是一种常见的兴奋剂，在汽水、咖啡、茶叶、一些止痛药及抗充血药中都含有咖啡因。服用后在5分钟之内就可被吸收，其药效可长达14小时。服用大量咖啡因可导致神经质和睡眠扰乱。其他的副作用还包括：加重心理疲劳、肌肉震颤以及阵发性腹痛。

2）尼古丁。是存在于烟草中的活性物质，它的几种副作用对人体健康十分有害。这些副作用包括：刺激神经系统使疲劳减轻，有的还会出现异常欣快的感觉。在吸入尼古丁后的20～30分钟，上述症状开始消失，接着而来的便是更加疲劳。烟瘾较大的人，其血液里携带的二氧化碳可以达到5%。这种人容易感到缺氧。

3）口服避孕药。其生理副作用表现为可使血压增高、影响血的凝结，还可能导致恶心、头痛、体重增加、浮肿、乳房胀痛，个别人还出现肝脏增大等；其心理副作用表现为有的女性服用雌激素含量高的药会引起欣快情绪，服用孕激素含量高的避孕药则易引起抑郁。有一定药理、生理、心理知识的女性可能会因服药引起轻微的焦虑感；不愿避孕、情绪低落或消极的女性则可能因药物对身心的副作用而怨恨、责备他人。部分人也可能会有失眠。

4）减肥保健品。某些减肥保健品会有副作用，主要有三种：芬氟拉明，实际是一种危及心脏的兴奋剂，会导致心脏瓣膜损害，还会产生腹泻、头晕等多种不良反应；速尿药，它是一种利尿剂，为禁药，可通过大量排尿迅速降低体重，临床证明速尿的副作用非常明显，导致心律不齐、疲乏无力、恶心呕吐等；麻黄素，为一种刺激类药物，通过对中枢神经产生作用，加速新陈代谢，达到减肥效果，但它会损坏人体器官，导致焦虑失眠，心动过速。

2. 防止药物对安全危害的措施

在安全管理工作中，要重视药物对职工的心理和行为造成的影响。当发现职工的行为有异于平常时，或在进行责任事故调查时，应当将药物的影响作为分析的因素之一。在制定安全管理规章制度，尤其是安全关键岗位和特殊工种的操作规程时，除了对饮酒的限制以外，也要把有关药物服用问题考虑在内。

由于一些药物导致人的心理和行为不正常的问题，国外一些国家已制定相应措施防止其对安全的影响。例如有的国家制定了飞行人员用药的规定，将飞行人员用药大致分为六类：①服用安全，如扑热息痛；②在航医指导下服用安全，如阿莫西林；③飞行人员用药史和体检认为安全，如痛风宁；④需停飞 3 个药物半衰期（药物半衰期又称生物半效期，指血液中药物浓度下降一半时所需的时间，用 t1/2 表示），如可待因；⑤需停飞 5 个 t1/2，如安定；⑥禁用，如氯丙嗪。与此相配套的措施是对飞行人员用药的监测和飞行事故的药物因素的分析和鉴定。

## 复习思考题

1. 什么是压力？压力的种类有哪些？

2. 什么是职业压力？其常见来源有哪些？

3. 为什么说压力对安全生产具有严重的危害？其产生危害的作用机制是什么？

4. 疲劳产生的常见原因有哪些？为什么说疲劳是工业事故的最主要原因之一？

5. 什么是睡眠不足？其对安全生产的危害有哪些？

6. 试述影响劳动者作业可靠性的常见社会心理因素。

7. 简述酒精及某些对人的生理、心理和行为产生影响的药物安全危害及预防措施。

## 实训二　作业疲劳的测定技术——闪光融合频率仪的操作使用

### 一、实训目标

1. 掌握闪烁仪（闪光融合频率仪）的基本原理与用途。

2. 掌握闪光融合频率仪主要技术指标和操作步骤与方法。掌握设备的使用方法和操作技能。

3. 形成初步的安全心理相关素质测量能力。

## 二、任务描述

1. 让学生学习并理解闪光融合频率仪的功能、基本原理和主要技术指标。

2. 通过具体操作练习掌握闪光融合频率仪的操作步骤与方法。

## 三、任务准备

1. 实验室的日常准备。

2. 安排教学助手或课代表协助将教具和设备布置到位。

3. 设备检查和运行检测。

## 四、知识要点

1. 闪烁仪用途、基本原理

闪烁仪又称闪光融合频率仪（见图 3—1），是一种专门测量闪光临界融合频率的仪器，确定辨别闪光能力的水平，还可以检验闪光的强度、亮黑比、色调以及背景光的强度发生变化时对闪光融合临界频率的影响。

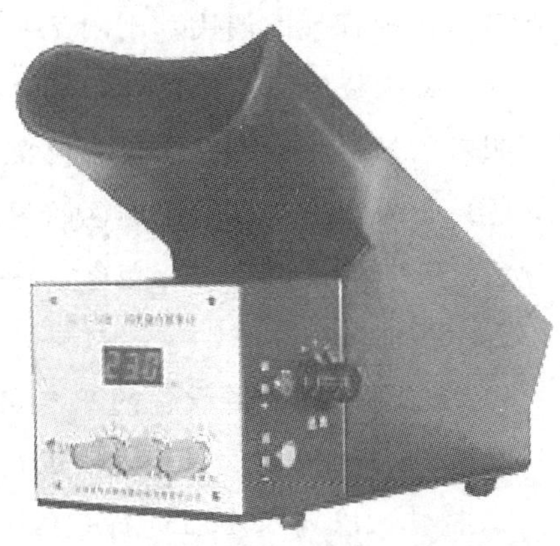

图 3—1　闪烁仪（闪光融合频率仪）

由于人体疲劳后闪光融合值（频率）会降低，所以可通过测定被试的闪光融合值来测定疲劳程度。其测试过程是：受试观看一个频率可调的闪烁光源，记录工作前、后受试可分辨出闪烁的频率数。具体做法是先从低频闪烁做起，这时视觉可见仪器内光点不断闪光。当增大频率，视觉刚刚出现闪光消失时的频率值叫闪光融合阈；光点从融合阈值以上降低闪光频率，当视觉刚刚开始感到光点闪烁时的频率值叫闪光阈。它和融合阈的平均值叫临界闪光融合值。

2. 闪烁仪仪器组成

被试观察部分：由一个观察筒、一个调节亮点闪烁频率的调频旋钮（频率调节的范围在 8～50 赫兹）和一个选色旋钮组成。

主试操作部分：在面板上方有亮点闪烁频率的三位数字显示，在面板下部从左边开始有闪光光点强度、光点亮黑比、背景光亮度和光点颜色四个旋钮。

3. 一般闪烁仪的主要技术指标

亮点闪烁频率：8～50 赫兹，连续可调，三位数字显示，在 20±5 时，精度为 1%±1 个字。

亮点颜色：红、黄、绿。

背景光：白色，分三挡可调。

亮点波形：方形。

亮黑比：1∶3，1∶1，3∶1 三挡。

亮点光强度七挡：1，1/2，1/4，1/8，1/16，1/32，1/64，最强光1毫流明。

4. 操作步骤与方法

（1）将被试观察孔和主试机连接起来，并接通电源。

（2）令被试双眼紧贴观测筒，观察位于视觉中央的亮点。

（3）先将背景光的强度、亮点的光强、亮黑比以及亮点的颜色都选择固定在所需位置上，然后再测定亮点闪烁的临界频率，亮点的颜色选择必须主试与被试一致。

（4）在测定闪烁临界频率时，频率的快慢都由被试调节。

（5）当被试开始观察时看不到亮点闪烁，通过转动频率旋钮刚刚见到闪烁时立即停止转动旋钮，并向主试报告，主试记下这时显示的闪烁频率；如果开始时能见到亮点在闪烁，则将频率调快，刚刚见不到闪烁时立即停止调节。

（6）如果检验亮点强度对闪烁临界频率的影响，则其他条件保持不变，在各种光强下测定闪烁临界频率。检验其他条件对闪烁临界频率的影响时亦仿此。

（7）如果检测亮点不同颜色的闪烁临界频率，则主试转动光点颜色旋钮，选定一种颜色，并告诉被试选定的颜色，被试同时转动选色旋钮，选定同一种颜色。

## 五、实训过程

1. 由实训教师讲解设备的基本组成、工作原理和用途。

2. 对设备的操作步骤和方法进行演示。

3. 将学生以3人1组进行分组，安排1名学生做主试，1名做被试，另一名观摩学习，然后轮换。

## 六、注意事项

1. 实训分组时每组一般不要人数过多，以每组3～4人为宜。如果设备不足，可分批进行。

2. 强调纪律很重要，心理测试仪器有些部件为易损件，要强调对仪器的爱护。

## 七、总结与思考

闪烁仪（闪光融合频率仪）主要测试什么安全心理因素？如果测试某被试的闪光融合临界频率很低，说明什么问题？会形成什么不安全心理因素？

# 第四章
## 不安全行为心理分析及干预

**本章学习目标**

1. 掌握不安全行为的心理类型。
2. 掌握冒险行为的基本概念及其发生的心理机制。
3. 掌握意外差错的基本概念及其发生的心理机制。
4. 熟悉冒险行为与意外差错的预防干预对策。
5. 了解冒险行为的心理结构分析方法。

## 第一节 概 述

### 一、不安全行为的基本类型

关于不安全行为，目前并未见有严格的定义，一般地说，凡是能够或可能导致事故发生的人为失误均属于不安全行为。我国安全生产管理中的常用名词“违章指挥”和“违章作业”等即是较典型的不安全行为。

从行为发生的心理原因可以将不安全行为分为冒险行为和意外差错两种大的类型。从心理机制角度来说，冒险行为可进一步分为趋利性冒险行为、屈从性冒险行为和性格性冒险行为；从行为主体角度来说，冒险行为还可以分为组织冒险行为、个人冒险行为和群体性冒险行为。意外差错可进一步从心理机制角度分为信息感知差错、信息处理差错、指令输出与执行差错（见图 4—1）。

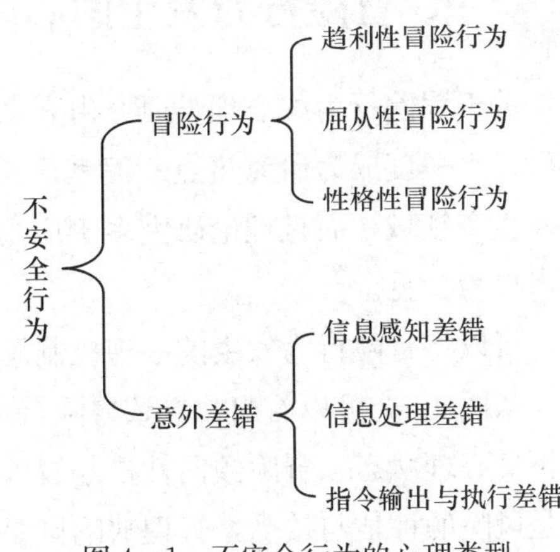


图 4—1 不安全行为的心理类型

## 二、冒险行为和意外差错

1. 冒险行为

冒险行为是指在生产活动中有意接受风险的不安全行为。其特征是：行为者知道自己的行为具有风险性，或明知违犯安全法规、规程或其他安全规定，但由于某种冒险动机的作用，使他们有意识地进行可能带来危险的操作或管理决策。在组织冒险行为方面，比如超能力生产、强迫工人冒险作业、生产高定额、超产激励、不具备安全条件组织生产等；在个人冒险行为方面，比如高处作业不系安全带、超速行驶、故意省略安全措施、违规带电作业、违规运转中维修等。

2. 意外差错

意外差错是指作业者未能觉知危险、在没有违法违章意识的情况下出现的作业差错。其与冒险行为的本质区别在于意外差错是一种非故意的不安全行为。

安全行为需要正确及时的感知、信息处理和行动决策。接受信息错误或失察，错误的判断思维或记忆的保持，以及行为决策失误等都可能导致意外差错。其在生产实践中的常见表现包括：①信息感知（输入）差错，如看错信号、听错指令、信息遗漏；②信息处理差错，如理解错误、判断错误、遗忘等；③指令输出与执行差错，如按错开关、欲踩刹车却误踩油门、开错阀门、机器操作失误、误放炮、误启动机器、误发指令等。

# 第二节　冒险行为心理致因分析

## 一、冒险行为发生的心理机制

关于冒险行为的心理学研究由来已久，国内研究始于 20 世纪 50 年代，国际上 80 年代以来一度成为研究热点。但其研究多集中在游戏、商业、社会问题等领域，较少顾及生产领域，而且理论研究多于应用研究，从生产事故的心理分析出发研究冒险行为者更为少见。

可以将冒险行为发生的心理机制用图 4—2 表示。

从图 4—2 可以看出，导致冒险行为的基本心理因素由冒险意向、以侥幸心理为主的不良心理状态、冒险倾向性格与冒险行为经历和冒险行为动机构成，而其结构的核心是风险的评估与接受，管理缺陷则是其先导因素。冒险行为的基本决策过程是先有冒险意向（冒险意识的指向），而在以侥幸心理为主的心理状态和冒险倾向性格及冒险

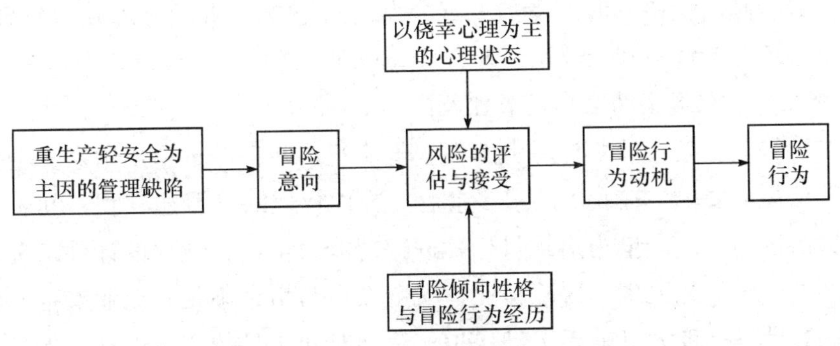


图 4—2 冒险行为发生的心理机制

行为经历共同作用下接受某种风险（经错误评估），并形成冒险行为动机，最后做出具体的冒险行为（违章指挥或违章作业）。

很显然，任何一种冒险行为都是有风险的，所以即使有贪图巨大利益的侥幸心理存在，如果评估为风险太大或马上就有现实的致命风险，冒险行为也是不会实施的。但生产领域并非每次冒险行为都会发生事故，甚至常有很多次冒险行为并未发生任何事故的“成功”经历，再加上带来“胆量”的冒险倾向性格，更能促使行为人接受风险。对于强迫冒险作业而导致的屈从性冒险行为而言，风险评估则增加一个因素，即权衡“不冒险”作业的后果是不是比冒险作业更严重。当然，由于总是存在信息认知与评估能力的限制，或者受群体或他人的影响（即从众心理），这个环节也存在盲目接受风险的问题。而在特殊的极端情绪状态下，则可能不经明显的风险评估过程，直接产生冒险动机和实施冒险行为。

如前所述，冒险行为包括冒险的组织管理行为（其中包括违法、违章决策和生产现场违章指挥）和冒险作业行为，而冒险作业行为主要是由冒险的组织管理行为所致。这种管理行为主要表现形式是重生产、轻安全，并由此产生一系列错误甚至是恶劣的管理制度缺陷。虽然冒险行为的原动机是获得某种利益，但值得指出的是，这些冒险行为的风险率和后果程度对于不同的主体是不同的。引发冒险行为的决策者如某些地方政府官员、某些企业管理干部的风险率和后果小而轻，而工人则可能会付出生命的代价。

另外，在实际生产作业过程中，还存在群体比个人更容易出现冒险倾向的现象。当人们集合在一起时，比单独活动更富冒险精神，这其中的主要心理原因是社会助长作用。

## 二、生产过程中冒险行为的主要心理起因分析

根据目前我国安全生产的实际情况，引起冒险行为的主要原因有：重生产轻安全、

侥幸心理、冒险倾向性格、时间紧迫感或焦急心理状态、省能心理和图省事（凑合）心理、迷信心理、麻痹心理、屈从心理和从众心理、逆反心理以及好奇心理等。

1. 以重生产、轻安全为主因的管理缺陷

重生产、轻安全是一种非常恶劣的安全价值观，并且严重违反国家安全生产方针政策和法律法规的要求。在我国的很多企业，这种管理缺陷普遍存在，其表现形式主要有：最大限度地提高产量为追求目标，进行超能力生产；纯粹的计件工资制；高产量定额和超产激励；强迫工人冒险作业；安全教育与培训不足；企业安全文化差；安全管理松弛；劳动强度大且缺乏劳动保护；劳动时间长且休假少；社会保障差；缺少安全投入导致安全装置或设施欠缺等。

例如，2005年造成214人死亡的孙家湾煤矿“2·14”特大瓦斯爆炸事故，主要管理原因就是重生产、轻安全，在采、掘关系严重失调的情况下超能力下达生产任务，导致井下多工种交叉作业现象严重，当班入井人数过多。而直接触发因素是工人在带电作业时产生的电火花和瓦斯的积聚。

某些私营企业负责人为了多赚钱也常常强令或授意工人违章冒险作业，甚至为了个人利益，利用其手中的权力对工人以解雇或扣薪相威胁，逼迫工人冒险作业。

2. 侥幸心理

侥幸心理是一种在工作和生活中都广泛存在的心理现象，从性质上讲，应该是一种趋利意识作用下的投机心理，而这种心理又往往是冒险行为的主要心理因素构成成分。

在实际的生产过程中，我们常会问到一个问题：既然知道危险，为什么还要干？对安全强调了多少次，也处罚了不少人，为什么违章行为仍会发生？心理学理论告诉我们，当人们面临许多选择的时候，人们最终所采取的行动是受各种动机中的主导动机驱使的，采取行动回避风险的“避险”动机往往与“趋利”动机（如多挣钱、怕失业、省时、省力等）相互斗争最后产生优势动机。当趋利动机成为主导动机时，就会产生侥幸心理。特别是人们虽然曾看到或听说过很多伤亡事故，但在实际的生产作业中有时很多次违章也没出事故，这使人将冒险行为评估为很低的风险而产生“这次违章冒险作业也不会出事故”的侥幸投机心理。

3. 冒险倾向性格

冒险倾向是指个体具有的冒险意识和冒险行为倾向。研究表明，个体在冒险方面的差异十分明显，也就是说，有的人与其他人相比更具有冒险倾向性格特征。实践证明，具有冒险倾向的人往往也是事故易发者。他们除了更容易有意接受风险外，还存在对风险的错误认知问题。另外，人的年龄、性别、职业、文化差异不同也与冒险倾向有关，一般而言，年轻人更容易冒险。

面临同样一种危险的情境，不同的人反应是不一样的，有的人可能三思而行，规避风险；有的人则可能拿生命当儿戏，冒险蛮干。研究和观察表明，有些人的某些性格特征与冒险行为密切相关。这种人的性格特征往往表现为：

对安全采取满不在乎的态度，自己想怎么干就怎么干，自以为是；性格外向，情绪不稳定，漫不经心，逞能好胜，甚至以冒险炫耀自己的勇气。这种性格倾向往往在青年工人中表现较多，这个时期由于实践经验和社会经历还不丰富，加上生理上的一些特殊情况，往往情绪不太稳定，思想较简单，而对事情的后果考虑较少，容易表现为感情冲动、缺乏耐心和争强好胜。

4. 时间紧迫感、急躁心理

时间紧迫感是一种类似于“焦急”的心理状态，这种心理状态是人们在有限的时间内感到难以完成预定或期望的工作量时产生的。这里的“有限的时间”和“预定工作量”既可以是个体自己限定的，也可以是生产管理者所限定。在时间紧迫感的状态下，会促使冒险行为的产生。特别是在临下班或交接班之前，更容易出现这种心理状态，很容易出现冒险行为。事故统计也发现，在临下班时事故要比其他时间段多，其中就有这个原因。

5. 重体力劳动下的省能心理和图省事（凑合）心理

重体力劳动常给作业人员造成一种特殊的心理状态——省能心理，反映在作业动作上，劳动者常会因简化作业而故意违反操作规程。例如，某煤厂冬季煤堆表面冻结，作业人员在装煤时贪图省力，挖空煤堆底部，结果造成煤堆顶部突出的部分塌落，压死压伤多人。

图省事是一种为节省体力及精力而故意省略必要工序、减少劳动或工作量的动机和行为。与我们平时说的“怕麻烦、走捷径、找窍门”等含义有些类同。工人在疲劳或情绪消极等生理心理状态下很容易产生企图省劲、减少麻烦的心理。特别是在过度疲劳的情况下，由于机体的休息需要十分强烈，克服困难的意志力明显减退，这样会大大增强减少体力劳动的动机，以至于忽视安全，采取“走捷径”的不安全行为。

6. 迷信心理

由于某些工业部门生产条件较恶劣，各种事故时常发生，不少工人对事故发生的规律和原因不了解，特别是对由于人的不良心理因素所致的事故更缺乏认识。再加上不少事故从表面上看来，具有突发性和偶然性。有些人便容易产生对自己的命运难以掌握的心理，进而产生迷信思想。迷信心理对安全生产极为有害，它不但使人们不能正确地分析事故原因，以总结经验接受教训，还使违章冒险行为更加难以纠正。

消除或纠正迷信心理的关键，在于加强安全知识的教育和事故发生原因规律的教育。而其中安全心理学知识的教育更为必要，因为由心理因素所致操作失误进而造成事故是人们最不易总结了解的。

7. 麻痹心理

国内外的调查和统计资料表明：思想麻痹、轻视松懈是引起事故的重要因素。例如在煤炭企业中，瓦斯涌出量很大的矿井容易引起重视，而瓦斯涌出量很少的矿井可能会使人们产生麻痹心理。英国一个多年来在风流中未测到瓦斯存在的矿井，曾发生两次瓦斯爆炸事故。

8. 屈从心理和从众心理

由于目前我国很多工业部门的劳动者所处的社会、经济等方面的弱势地位，违抗违章指令的代价是十分高昂的，屈从心理也就比较普遍。尽管并不一定所有的违抗都会有严重后果，但他们会有心理预期，认为有权势的人在其指令被违抗的情况下会采取制裁自己的措施，因而在权势面前常选择妥协让步，放弃遵守安全规程，违心地做出违章冒险行为。

另外，从众心理也是违章冒险行为的重要心理原因。很多人看到别人或大多数人都这么做，自己不这么做就会产生一种心理压力，也就选择随大流跟着违章作业了。

9. 逆反心理

有许多安全管理人员真心想把工作做好，但是采取的方法相当的粗暴简单，甚至有些做法让职工人格尊严受到伤害。在这种情况下，有些人就会产生逆反心理，“你叫我这样，我偏要那样”。特别是青年工人更会如此。有时甚至会习惯性地产生与领导或规章制度的抵触和对抗心理，其表现形式很多可能是表面上听从，暗地里违抗。这对安全是十分不利的。

10. 好奇心理

好奇心是一种普遍存在的心理现象，它是促使人们探索未知事物的一种心理动力。但有时某些人会由于好奇心的驱使而干出非理智的行为。这在生产中就表现为故意性的不安全行为，这种心理在青年工人中表现尤甚。例如，对自己不懂的机器胡乱地摆弄，对不准经过、进入、靠近、触动的地方和设备，擅自进入和触动等。并且，越是写有“禁止入内”“不准乱动”等标牌的地方越会激发他们的好奇心。

## 第三节　意外差错心理致因分析

### 一、生产作业中意外差错的发生机制

人的生产作业活动实际是一种生理心理活动，是感觉器官信息输入、大脑信息加工与骨骼肌肉运动的有机统一，这种活动能否正常和成功地进行，无时无刻不受着内

外部干扰因素的影响。结合生产实践和大量事故案例分析发现，这些内外部的干扰因素主要是管理行为因素、作业环境因素和个人生理心理因素三个方面，而三个因素又造成了作业者生理心理状态异常，构成了导致意外差错的生理心理因素。运用心理学信息加工理论进一步深入分析，可以发现意外差错的发生存在一个由多因素参与作用的连锁反应链条，也即意外差错发生的心理机制（见图 4—3）。

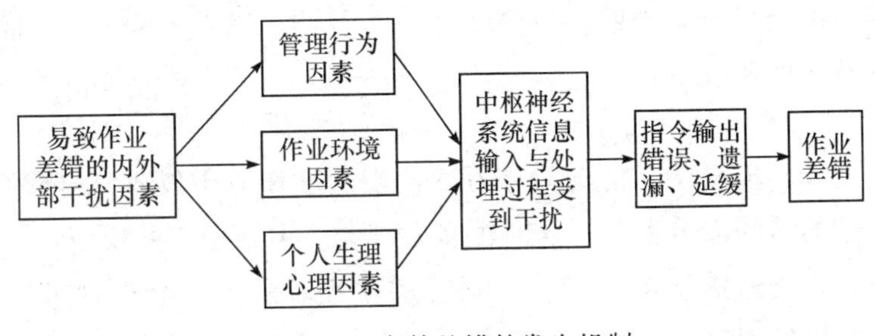


图 4—3　意外差错的发生机制

图 4—3 表明，由内外部干扰因素所致的不利生理心理和环境因素使人体中枢神经系统信息输入与处理正常过程（包括感知、记忆信息的提取、分析与判断等）出现异常，导致指令输出差误（如指令输出错误、遗漏、延缓等），而作为指令执行的操作行为环节就必然会产生差错。如果操作差错造成的危险与人体在时空上相结合，一起人身伤害事故就会发生。

## 二、易致意外差错的主要生理心理因素分析

易致意外作业差错的生理和心理因素主要有：情绪波动、注意分散（分心）、过度应激或惊慌状态、过度疲劳、睡眠不足以及药物、酒精及治疗反应等。

1. 情绪波动

情绪的低落、高涨状态，过喜、过悲，愤怒、恐惧和惊慌等情绪状态对安全作业的影响很大，是导致意外差错的重要原因。心理学研究表明，情绪会导致人注意和知觉范围狭窄，对大脑信息加工会产生阻断或干扰作用。情绪波动导致作业差错的机理在于：人在异常情绪状态下，大脑信息输入→加工处理→反应输出过程受到干扰而导致作业可靠性降低直至出现作业差错。在日常工作和生活中，导致不良情绪状态的主要原因是各种心理压力因素（如工资分配不公、干群关系紧张、同事间人际矛盾、劳动环境恶劣等）和个人生活重要事件。

2. 注意分散（分心）

众多研究表明，注意分散是操作失误并导致事故发生的主要原因之一。在生产作业现场，视觉、听觉、嗅觉等信息的总量是十分巨大的，而人的心理资源是有限的，注意的重要功能在于对外界大量信息进行过滤、筛选，即选择并跟踪符合需要的信息，忽略和抑制无关的信息，使符合需要的信息在大脑中得到精细加工处理，以为意识和行为所用。从对生产现场和作业对象的感知觉开始到做出操作动作的各个阶段都离不开注意。如果作业者的注意不能集中于当前的工作，把注意分散到其他无关事务上去，就很容易出现作业差错，引发事故的发生。

安全工作实践表明，职工对工作不满意、受到不公正批评或处分、延时下班或休息、身体不适、家庭纠纷、家庭经济困难、亲人有病、失恋、过生日以及作业环境不良等情况下容易造成分心。

3. 过度应激或惊慌状态

有些生产现场环境复杂、情况瞬息万变，当生产作业中发生意外险情、生命攸关之际，接受信息的瞬间十分紧张，这时很多人都会产生强烈应激反应，影响避险行动。在灾害发生时，缺乏避灾演习与训练、缺乏逃生经验的人，会出现过度的应激状态，使感知、记忆和思维混乱，造成行为差错，并可能导致伤亡事故。如某矿顺槽掘进施工中，矿车在未固定好的情况下，上把钩工即打点放车，而下把钩工违章提前打开了挡车装置，当车放下约 2 米时固定回头轮的钢丝绳自矿车处脱出，造成装满矸石的矿车跑车。这时迎头人员急呼："跑车了！"下部车场几名工人均躲避成功，但有一名工人听到喊声惊慌失措，却顺着道轨向下跑去，被矿车追上，该工人这时一脚踩在轨道上，被车轮碾轧成重伤，导致截肢。

4. 过度疲劳

疲劳是劳动活动中的正常生理心理现象，但过度疲劳却是国际公认的事故主要致因之一。我国很多企业生产条件艰苦，劳动强度大，有的农民工还兼顾农业生产，而不少企业不顾工人的疲劳和生理极限，时常加班加点，致使工人经常在身心疲惫的状态下工作，因此过度疲劳在事故发生的原因中占有突出地位。比如很多跌倒摔伤事故，看起来是受害者分心或不注意造成的，实则可能是过度疲劳所致。例如某单位一职工身体状况不好，连续工作没得到休息，在抬金属重物的过程中因动作不稳摔倒在地，重物砸在身上，造成严重的脑震荡和胸骨骨折。

过度疲劳状态之所以容易出现意外差错，主要是由于疲劳状态下感知能力下降、中枢神经系统信息处理速度减慢、动作控制能力减退和动作不准确。

5. 睡眠不足与瞌睡

我国不少企业作业人员劳动时间较长，延迟下班、休息的情况多，加上到达工作地点的行走距离远和班前班后会、换工作服、领工具、交接班等所花时间，剩下的休息和睡眠时间十分有限，如果再有其他个人和家庭事务需要处理，剩下的休息时间就更少，所以睡眠不足的情况很多见。睡眠不足会导致人的生理和心理功能明显下降或紊乱，呈现昏沉、瞌睡或意识清醒程度下降，从而导致意外差错和事故的发生。特别是由睡眠不足造成的瞌睡状态，是很多事故的直接原因。

6. 过量饮酒和药物反应

过量饮酒、滥用药物也是影响安全作业的重要因素。事故调查表明，酗酒与受伤率存在明显的相关，酗酒的员工与没有此类问题的员工相比发生事故的可能性更大。另外，近年来药物滥用问题日益突出，其对安全生产也构成了威胁。

大量研究表明，酒精是一种神经抑制剂，会造成感觉迟钝、记忆力和判断能力、动作协调性下降等反应，对安全作业的影响很大，因酒后上岗引起的事故时有发生。另外，目前不适当用药和过量用药非常多见，并有滥用精神药物现象，这不但对人的健康有害，对作业安全也构成了威胁。有些药物对人的精神、心理和行为会造成影响，特别是镇静剂、兴奋剂、迷幻剂、麻醉镇痛剂等对人的神经系统的正常功能影响较大，如导致人的意识状态昏沉、产生幻觉和错觉、过度兴奋和过度抑制等。而某些抗溃疡药、止咳药、抗菌药、激素及治疗心血管病的药物对人的心理和生理功能也有很大影响，也是可能导致作业差错的重要因素（详见第三章）。

## 第四节　不安全行为的控制及干预

### 一、冒险行为的控制与干预

依据前述对冒险行为心理原因及各因素的不同地位和作用的分析，以重生产轻安全为表现形式的错误价值观，以侥幸心理为主的趋利性投机心理是引发冒险行为心理过程的主要环节。因此，可通过以下几个方面的措施来对冒险行为进行控制及干预：

（1）加强企业负责人和职工安全生产方针和安全价值观教育，树立人的生命安全高于一切的正确价值观，使企业主和管理者增强道德感，遵守义先利后的基本伦理。使作业人员增加家庭和社会责任感，端正工作目的，当安全和生产，挣钱与生命安全发生矛盾的时候，选择安全。通过建设“人的生命和健康高于一切”的安全文化，并通过充分的民主管理措施和劳动者维权能力建设，防止以重生产轻安全为主的错误价值观转变为冒险管理行为，这样冒险行为就从源头得到了控制。

（2）由于侥幸心理是引发冒险行为心理过程的主要环节，所以应实行非产量激励的工资制度，使冒险作业不会造成经济利益的增加，也就是说，使侥幸心理无利可趋。加强社会保障（特别是搞好职工的失业保障）建设，使工人不必担心拒绝违章指挥被解雇而失去生活来源，减少屈从心理的产生。

（3）进行扎实的安全技术培训，特别是风险认知教育，防止作业人员冒险蛮干。再通过对安全生产重点岗位进行人员选拔，排除冒险倾向特征比较突出的人员。有条件者可开展安全心理教育和训练，提高职工安全心理素质，再配合科学的现场管理，强化安全生产的群体气氛，以削弱冒险行为动机的产生。

（4）加强法制建设，严厉惩罚安全违法行为，使以追逐利润为目的的冒险行为得不偿失，以消除组织冒险行为，同时也会有效促进企业加强安全管理，抑制生产作业中的冒险行为。加强安全监察，对生产过程进行不间断监管，使违章冒险行为无机可乘。建立激励约束机制，适当运用奖罚。心理学研究表明，正面激励比惩罚更能塑造人的良好行为，而过度惩罚可能会制造出更糟的行为后果。对一般作业人员要以正面激励为主，惩罚为辅。避免滥用惩罚，以罚代管，以责代教。通过奖励安全行为，加强和巩固安全心理和行为，也能削弱冒险动机的形成机制，这对冒险行为的控制效果会比惩罚更好。

## 二、意外差错的预防对策

根据前述对生产作业中易致意外差错的心理生理因素分析和意外差错的发生机制的探讨，可以提出以下预防对策：

1. 改善劳动人事管理，疏导职工情绪

领导干部应与工人保持经常的心理接触，形成互相关心、互相帮助、互敬互谅的融洽关系，及时消除同事之间的误解及矛盾冲突。应了解每个工人的家庭婚姻情况、经济状况及职工个人的健康状况，了解每个职工的气质、性格、兴趣爱好及思想变化的动态等。对于职工个人及家庭中发生的重要事件特别是不幸事件，干部和周围同事都应以关心的态度及时进行开导和帮助。在每个班前会上，都要细致观察每个工人的情绪状态。发现有情绪过喜过悲者，应及时了解情况，需要者安排监护；对探亲、请假回家的矿工要在离队前和归队后，提醒其注意安全、专心谨慎地工作。这样做既可以预防事故，又可以加强干群之间的密切关系，调动职工的工作积极性。

可选择安排热心的同志做群众关系协调员，以便有充分的接触面，及时了解情况。有条件的可对重点岗位人员实行班前心理与生理状态检测，对身心状态较差的职工不安排上岗作业。要把工人的饮食、住宿、娱乐和生活环境搞好，使工人以饱满的情绪和充沛的精力进行工作。

2. 优化作业环境

生产现场中的噪声、烟雾、水汽以及照明不足、空间狭窄等不良因素会妨碍作业者对信号和危险信息的察觉和接受，对人的生理和心理造成不利影响。要努力改善作业环境，消除这些干扰因素。对信号装置应改善设计，采用能避开或屏蔽干扰的技术措施，例如，在噪声大的场所多使用光信号，加大警告信号的强度，使声信号与噪声频率拉大差距等。

3. 减轻劳动强度、控制劳动时间

应针对造成劳动者疲劳的各种因素，采取有效的措施，努力改善劳动条件，减轻繁重的体力劳动。要严格控制加班延点，如果不是极为特殊的情况，一个班次的时间长度不应超过 8 小时，万不得已的延点要延长休息间隔，以使疲劳得以充分恢复。另一方面，一个班次，除了班中餐应保证半小时的时间外，还应实行多次短暂的工间休息的措施，其休息次数不少于两次，一次不少于 15 分钟为好。理想的做法，应每隔 2 小时，休息 10～15 分钟。只有这样，才可以防止人的体力和精神疲劳的积累，使人的心理生理功能维持在基本正常的水平，防止意外差错的产生。此外，还应尽量为职工创造工余休息的条件，如热水浴，各种就近的临时休息室或旅馆化的公寓等，以保证工人能很快地消除疲劳。

4. 加强避灾训练和逃生演习

为了防止由于人的惊慌失措而造成灾害扩大，对作业人员进行避灾训练非常重要。例如，事先制定详细的应急训练方案，定出在何种状态下采取何种行动（如切断哪部分电源，关闭哪个阀门，如何使用自救仪器和设备，从何处、沿什么路线逃生等），有针对性地演习和训练。每年的训练次数以保证两次为好，因为训练形成的反应技能会随着时间的推移遗忘和退化，难以在应急状态下做出“自动化”的反应。有条件者，可请相关心理学工作者对心理应激素质较差的职工做心理训练。有了多次反复的演习和训练，就能减轻人的恐慌程度，增加行为的有序性和应急反应的速度，有助于防止或减少灾害所造成的伤亡和损失。

5. 加强现场安全管理，实行操作监护制度和操作确认制度

对于重要的作业岗位和易出差错的作业任务，实行一人操作一人监护制度是防止意外差错的有效方法。要实行信号、指令—接受复述确认制，极重要的操作动作还应设多重（包括人员和设备设计）保险环节。现在，国内外有些企业采用的手指口述操作法就是预防意外差错的有效方法。具体做法是：在进行作业前，先把要进行什么操作大声口述一遍，有的要求配合手指动作，然后再进行实际操作。采用以上现场管理方法既可使操作者通过复述强化记忆，防止信息输入遗漏，又可在作业者发生指令输出错误、延缓等差误时及时自我纠错，或由监护者采取应急行动阻断错误操作行为或及时进行救护。这些办法简单易行，确有实效。

以上前四项措施，旨在截断意外差错发生的初始条件，消除管理缺陷与职工个人因素的不良影响，保证每个作业者感知、注意、思维决策等信息加工过程的正常运转，是预防意外差错的治本措施。第五项措施是在信息加工的指令输出环节增加一道纠错机制，是预防意外差错的末端预防措施。

## 复习思考题

1. 从行为发生的心理原因与机制谈谈不安全行为的分类。
2. 简述生产实践中冒险行为的主要心理起因。
3. 结合事故案例说明冒险行为发生的心理机制。
4. 试述生产实践中易致意外差错的主要生理心理因素。
5. 简述冒险行为和意外差错的预防干预对策。

## 实训三　冒险行为的心理结构分析

### 一、实训目标

1. 加深理解不安全行为产生的心理机制。
2. 掌握冒险行为在具体案例中的心理结构分析方法。

### 二、任务描述

1. 进一步深入学习有关不安全行为产生的心理机制。
2. 训练对事故进行心理原因分析的实际能力。

### 三、任务准备

准备若干具有较完整心理资料的事故案例，准备有关分析心理结构使用的画图纸笔等工具。

### 四、知识要点（案例心理结构分析示例）

对一起电机车司机冒险作业致死亡事故进行案例分析。

1. 事故经过

某年1月10日23时30分，某煤矿一电机车司机被自己操作的电机车轧死。23时15分，某电机车司机驾驶电机车从工作面拉8个载车往运输大巷集中，当接近运输大巷的道岔时，他把电机车挂到一挡。然后从电机车上跳下来，自己上前面去扳道岔，此时，电机车无人操作，仍在低速行驶。他在快步行走途中，一只脚踩进一个积水坑而摔倒，他还没爬起来，就被电机车碾住，导致死亡。

2. 事故给家庭造成的痛苦

该矿工31岁，工龄10年，初中文化程度。家住农村，有年迈多病的母亲，有两个孩子：上小学的女儿和刚满周岁的儿子。妻常有病，经济拮据。

妻子听到丈夫的不幸后，悲痛欲绝，精神出现异常。两个孩子遭遇幼年丧父的终生痛苦；母亲、孩子和妻子失去了家庭物质和精神支柱，一个家庭就此人亡家破。

3. 本事故的冒险作业心理机制分析（见图 4—4）

(1) 侥幸心理：该电机车司机不停车前去扳道岔是一个风险很高的违章冒险作业行为，因为电机车一挡比人的步行要快，还要上下车并完成扳道岔动作，会来不及完成动作而出事。可以分析，其违章不可能没有冒险的感觉，但在侥幸心理支配下，还是做出了这种行为选择。据了解，他在之前有过这种冒险行为的经历但没出事，这也是他这次产生侥幸心理的重要原因。

(2) 冒险倾向性格：该工人做事鲁莽粗心，具冒险倾向性格。

(3) 冒险动机：家庭贫困想多挣钱。回家探亲，因欠债，债主上门，由于还不起债，十分忧愁。该矿对电机车司机以每班拉多少矿车为主要计薪依据，他也想多拉几车多挣钱。

另外，该工人回家探亲，舟车劳累，未得休息，又没吃好饭就上了夜班，事故发生前已经很疲劳，事故当日是他从家中回矿第一天上班。所以，疲劳因素也是应该考虑的因素。此外，还有现场安全监督管理不到位等问题。

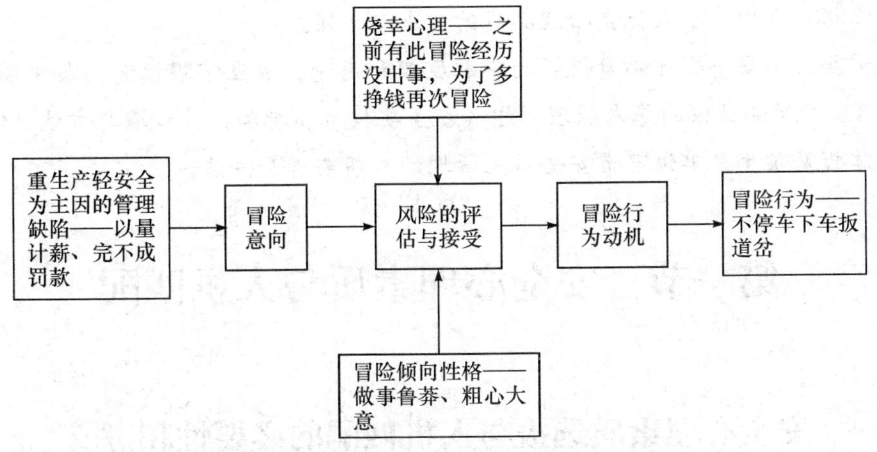


图 4—4　事故案例冒险行为心理机制分析图

## 五、实训过程

1. 教师讲解上面给出的分析实例。

2. 另给学生若干案例资料让学生自己进行分析练习并要求画出心理结构分析图。

## 六、注意事项

1. 给出的案例资料尽量做到信息完整。

2. 学生完成的分析作业最好有教师点评和学生间互评。

## 七、总结与思考

案例不安全行为心理结构分析属于较难掌握的内容，也是需深入学习和反复练习才能掌握的能力，应有信心和耐心。

# 第五章

## 安全心理选拔与教育管理

**本章学习目标**

1. 深入理解安全心理素质选拔与人机匹配的必要性和意义以及工作分析的内容和方法。

2. 了解人与机器的不同特点与人机匹配中机器设计原则。

3. 掌握培养职工个人优良心理品质的要求和方法。

4. 掌握常用安全心理测量仪器的基本原理和用途。重点掌握注意力集中能力测定仪和多项反应时测试仪的基本原理、组成、主要技术指标和操作步骤与方法。

5. 掌握基层生产单位日常安全心理管理的一般要求和方法。

## 第一节　安全心理素质与人机匹配

### 一、安全心理素质选拔与人机匹配的必要性和意义

安全心理素质是指劳动者为保证劳动安全所需要的心理素质。安全心理素质选拔是指通过对人的选择，使人与职业之间取得适当配合，从而使工作更为安全而有效。在当今人类社会，各种产业或生产部门越来越多，社会分工日趋精细，工种繁多，而各种工作（职业）之间的性质和条件差别很大，对从业人员的要求也相应地有所不同，因此存在着对人员进行选择（人员选拔）的必要。另一方面，人与人之间也各不相同，如人的年龄、身高、健康状况等差异很大。特别是在心理特点方面，人的感知觉能力、反应速度、动作的灵活性和协调性、注意和情绪的稳定性、记忆、思维和判断能力以及气质、性格（包括兴趣、价值观等）等方面差异亦很明显。这就存在人对不同职业的适应性问题，所以也存在着人对职业进行选择的需要。

人机匹配是指人机系统中人与机器双方在结构和功能特点上的相互适应。良好的人机匹配是系统可靠性的重要保证。人机系统发生的不少事故是由于人机匹配得不好引起的。比如，严重的航空事故中，有50%以上是由于操作失误，而发生操作失误的原因往往由于人机失配。1979年4月28日美国的三里岛核电站事故，震动了全世界。引发这次事故的一个重要原因是信号设计不当，显示器与控制器的排列混乱所致。

通过对不同工种工作任务和作业活动的特点以及机器和环境的特点对人的安全作业所需生理心理素质的了解与分析，以及在此基础上进行的人员选拔、个人职业选择和机器设计的改进，取得人与职业、人与机器间的良好配合，对减少事故的发生、提高生产效率以及作业者的安全性和舒适性都具有重要意义。

## 二、工种的工作分析

进行安全心理素质人员选拔的前提是必须有科学的工作分析。工作分析又称职务分析，是指全面了解、获取与工作有关的详细信息的过程，是了解和分析各种工作岗位的任务、责任、性质等特点，并确定该岗位对从业者的具体要求的过程。

1. 工作分析的内容

（1）正确描述职务的内容和实质，如分析职务的性质、范围、难易程度、工作程序、包含的动作、使用的工具材料及应负的责任等。

（2）分析并确定执行此项职务的人应具备的能力、知识、技能、经验和个性特征等资格材料。

2. 工作分析的方法

具体方法一般采用各种心理学方法，例如：

1）实地考察法。即由受过专门训练的工作分析人员到工作现场进行实地观察，必要时可采用设备进行记录，如录音、录像等。必须在自然状态下进行，只适用于工矿而不适用于行政职务。

2）面谈法。根据预先准备好的调查提纲，向工作人员、干部、专家等，就工作的有关问题进行面对面的调查。面谈法需讲究面谈技术，促进友善合作的态度，消除抗拒心理和防卫行为。

3）问卷法。根据编制好的问卷和评定方法，让被调查者回答，以研究各种职务所需的能力、资格、条件。

4）心理图示法。对某种工作应具备的心理特质，可用心理图示来研究。

5）时间与动作研究。对职务的作业操作动作和所需时间进行分析，制定最经济、合理的操作规程。

6）工作参与法。从事工作分析的人员亲自参加工作活动，体验工作的整个过程。

7）关键事件法。请从业者回忆报告对他们工作实绩来说比较关键的工作特征和事件。

此外，还有核对法、技术会议法、工作日记法等。在实际工作中，一般采用多种方法，以保证分析的有效性。

由于生产过程可能要涉及多个环节，所以工种也很多，它们都有各自的工作特点和要求。为此，研究和分析各工种的职务特点和对操作人员在履行职务上应具备的各种条件（包括生理条件和心理条件），就成为一个十分重要的课题。例如，膝田忠对火车司机所需要的各项能力的职务分析（见图 5—1），可借鉴为各种机车司机的职务要求。

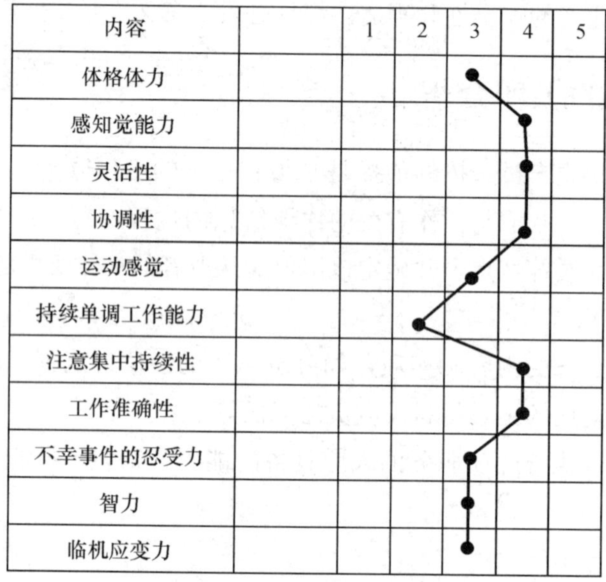


图 5—1　火车司机职务分析图谱

在图 5—1 中，5 点尺度的数值表示该工作对这种能力的需要程度。例如，1 为基本不需要，2～5 分别为对该特性要求不高、需要、非常需要、不具备这种特征就无法担任该工作。

另外，膝田忠还对不同的作业种类应避开的身体特性进行了研究，其结果见表 5—1。

**表 5—1　　作业种类及其应避开的身体特性**

| 作业种类 | 应避开的身体特性 |
| --- | --- |
| 视觉作业 | 弱视、乱视、色弱、色盲 |
| 听觉作业 | 耳聋、复听 |
| 站立作业 | 扁平足、贫血症、内脏下垂、胃肠病 |
| 步行作业 | 关节炎、扁平足、脚气 |
| 高温、高湿作业 | 多汗症、脂肪过多症、高血压 |

续表

| 作业种类 | 应避开的身体特性 |
|---|---|
| 寒冷作业 | 贫血症、高血压、支气管炎 |
| 尘性作业 | 呼吸器官疾患、过敏症 |
| 集体作业 | 传染性疾患、腋臭、多汗症 |
| 孤立作业 | 癫痫 |
| 精密作业 | 弱视、手指震颤症 |

## 三、人与机器的不同特点与人机匹配

1. 人机系统的概念

人机系统是指为了达到一定的系统目标而在环境中相互作用的人与机器的体系。通过人机系统，人们实现着同物质价值的生产、管理、信息加工等相联系的生产活动。在人机系统中，人的可靠性与机器相比要低得多。可以说，操作者常常是控制系统中最不准确的成分。因此，缩小他的操作误差，比缩小有准确性的机器部件的误差更为有效并具有关键意义。操作者的行为或动作的准确性，即作业可靠性的指标并不是一个恒定值，它随着信号显示装置和控制装置的特点、劳动条件（包括作业环境）、工作速度、操作者的个人特点和训练程度等各种影响因素的不同而改变。

2. 人与机器的不同特点比较

了解人与机器的不同特点，有助于我们认识不安全因素的产生原因，并认识人和机器两方面各自的有利因素，以利我们充分发挥各方特长，消除或避免不利方面，根据人和机器的各自特点，进行安全管理，减少差错和防止事故发生。下面列表分析人与机器的不同特点（见表 5—2）。

表 5—2　**人与机器的不同特点**

| | 机器 | 人 |
|---|---|---|
| 1. 检测 | （1）物理量的检测范围广泛而准确<br>（2）能够检测到人所不能检测到的电磁波等 | 感觉器官功能特征：<br>（1）具有和认识直接联系的高度检测能力<br>（2）没有固定的标准值，易产生偏离<br>（3）只有味觉、嗅觉和触觉 |
| 2. 操作 | （1）速度、精度、力与功率的大小，操作范围和耐久性比人远为优越<br>（2）对液体、气体和粉状体的处理技巧比人优越，但对柔软物体的处理不及人 | 操作器官功能特征：<br>（1）特别是手具有非常多的自由度，并且各自由度能够极其巧妙地协调控制，可做三度空间的多种运动<br>（2）来自视觉、听觉、变位和变量的感觉等高级信息通过操作器官的控制，从而进行高级的运动 |

续表

| | 机器 | 人 |
|---|---|---|
| 3. 信息处理机能 | (1) 按照预先安排的程序，对于高度正确的操作数据处理而言，人不如机械<br>(2) 记忆准确，经久不忘<br>(3) 记忆不太多的时候，取出速度快 | 认识、思维和判断功能特征：<br>(1) 具有发现、归纳特征的本领，以及对特征的认识、联想和发明创造等高级思维活动<br>(2) 较强的记忆力，丰富的经验 |
| 4. 耐久性、维修性、持续性 | (1) 依存于成本<br>(2) 应有适当的维修<br>(3) 对于连续的单调的操作，作业也能持久 | (1) 必须适当地休息、休养和保健<br>(2) 难以长时间地维持一定的紧张程度<br>(3) 不利于承担缺乏刺激及无趣的单调作业 |
| 5. 可靠性 | (1) 虽然与成本有关，但按照适当的设计而制造的机器，完成预先规定作业的可靠性高，但对于预想之外的情况则完全无能为力<br>(2) 特性一定，完全没有变化 | (1) 在突然紧急状态下，完全不能应付的可能性大。作业因意欲、责任心、体质或精神上的健康情况等心理或生理条件而变化<br>(2) 作业稳定性较差，易于出现意外差错<br>(3) 不仅在个性上有差别，而且在经验上也不相同，并且能影响他人<br>(4) 若时间富裕、精力充沛，则处理预想之外的事情也就多<br>(5) 需要有意安排余量 |

3. 人机匹配中机器设计原则

人机的良好匹配主要依靠两方面的工作：一是在工作分析的基础上，通过人员安全素质的了解与选拔，并进行有针对性的训练，做到人与机的良好匹配。也就是说，使操作人员的身心特点能够与机器相适应。二是使机器的设计符合人的生理和心理规律的要求，即精心设计系统中的机器，使之适应系统中人的结构与功能特点，从而避免由于操作系统违背人的特点而出现各种失误（这类原因的失误是常见的）。它是提高人的作业可靠性、增加生产系统的安全性和预防事故的重要途径。

人机相互作用主要表现为人机双方通过显示器与控制器进行信息交换。因此，机器对人的适应，主要表现为各类显示器（如各种仪表、信号灯、显示屏及声音信号装置等）的信息显示特点与人的各种相应的感官活动的特点相匹配，以及控制器（如手轮、按钮、旋钮、操纵杆等）的构形、阻尼、力矩、颜色、安装位置等与人的效应器官的活动特点相匹配。若显示器与控制器设计得与人的感受器官及效应器官的特性不配合，就会超过操作者的能力限度，或者会加重操作者的工作负荷，并增加操作者接受信息、加工和行为反应的失误。

系统的基础是信息的交流过程。操作者通过旋钮、操纵杆或开关等控制器发送信息，通过表盘、显示器或通过直接观察接收信息。而机器正好相反，它以控制器接收信息，却通过显示器等发送信息。

如果我们能根据工程心理学原则对显示装置和控制装置进行符合人的特点的设计，改善作业环境并对生产设备进行科学有效的安全防护，就能大大减少人的失误及发生创伤事故的可能性。

为此，应遵循以下原则：

（1）选用最利于发挥人的能力和提高人的操作可靠性的匹配方式，不宜图便宜或为了容易设计而选用不利于发挥人的特性的匹配方式。

（2）在人的能力可达的前提下，选用能使整个系统达到最大效率的匹配方式。

（3）选用使人操作起来方便、省力的匹配方式，避免选用大部分工作时间要求人高度用力的匹配方式。

（4）选用信息流程和信息加工过程自然的，使人容易学习和差错少的匹配方式。

（5）避免选用需要人做高度精密的，频繁的、简单重复或过于单调的，连续不断的、长时间精确计算的匹配方式。

（6）使人认识到或感到自己的工作很有意义或很重要，不把人安排作机器的辅助物，避免使人产生自己的工作是为机器服务的感受。

4. 指示装置和操纵装置的设计

（1）指示装置的设计

在人机系统中，由机器向人传递信息的指示装置是必不可少的。人根据指示装置所提供的信息判断机（或环境）的状态，并以此进行相应的作业行为的选择。因此可以说，指示装置发出的信息在很大程度上决定了人的行动。而如果指示装置设计不良，人们就难以对其发出的信息进行及时准确的接受，因此就会采取错误的行动或不能对重要变化做出反应，这样便会导致事故的发生。这种情况在实际的生产实践中是常见的。由此可见，良好的指示装置的设计对事故的预防是非常重要的。

1）指示装置设计的一般原则。从人机系统可靠性的观点来讲，指示装置设计的一般原则应是：

①应使显示装置既能保证发出信息的准确性，又要符合人的接受特性或习惯。这包括对显示的方式、方向、强度、频率等方面进行精心选择，从而使人能够容易地、准确而有效地接受必要的信息。

②应考虑人对信号的理解习惯。心理学的研究表明，人的思维活动不仅和目前的信号有关，而且是和已有的知识、经验以及思维习惯密切联系着。工程心理学的研究表明，当信号或仪表的指示违反人的日常思维习惯时，会增加操作者的错误反应或事故发生率。特别是当信号或仪表的指示方向、距离、相对运动等空间关系违反人的感知和思维的特点或习惯时，就容易发生这类错误。因此说，信息显示装置的设计应符合人的感知和思维的特点。

2）视觉显示器的设计。信息可以通过视觉、听觉、嗅觉、触觉、味觉来感知。由于人获取信息大约有80%依靠视觉，因此，视觉显示是信息的主要来源。

信息的视觉显示是通过显示器如仪表、信号灯、屏幕等来实现的。这些显示器的设计，如果能适合人眼的特点以及人的操作特点，就有利于提高工作效率，避免人为失误。

3）听觉显示器的设计。听觉比视觉的反应较快，而且听觉信号具有吸引注意的警醒作用，特别是在视觉超载、光线不足、非固定位置作业（如不断变动工作地点）等情况下，听觉信号有其独特的优越性。

听觉显示器的设计原则如下：

①运用听觉刺激信号的强度、频率、持续时间长短和方向等不同组合（即信号编码），使每种信号与环境中的噪声和其他信号区别开来，使之易于觉察并准确辨别和确认，特别是存在多种听觉信号时应不致产生混淆。

②在选择信号编码时，要符合人的知觉和思维的特点及习惯。比如，高频率与向上运动相联系，低频率与向下运动相联系，尖啸信号与危急相联系。

③在出现声音信号时，应避免听觉的极端值，高强度信号可能引起惊跳反应和混乱，但信号强度水平应该明显超过周围的噪声强度水平，以保证不被掩蔽。

④应采用中断或变化的信号，避免平稳不变的信号。

⑤在安置听觉显示器时，首先要测试信号。这种测试应该能肯定运用者可以分辨出这些信号来，同时要避免和以前用过的信号混淆。任何新安装的信号应该在意义上不与任何在现有系统或在以前系统中用过的类似信号相矛盾。

（2）控制器的设计

部分机器需要人来控制，这些机器必须具有控制装置，如手轮、按钮或操纵杆。控制装置的设计应与操作者的感知觉等心理活动和人体测量学上的特点相适应，否则便易于导致操作者在识别和操纵时发生失误。比如在控制器的识别方面，在某些需要正确而快速识别的紧急情况下，若发生失误，就会产生严重的后果，甚至关系到生死。

由于控制器设计问题而导致失误的情况主要有：替代错误（张冠李戴）、调节错误（主要表现在调节程序、速度方面）、遗忘错误、颠倒错误（主要指控制器的移动或旋转方向错误）、无意中启动、无法触及控制器（如由于障碍或距离过远，在紧急情况下无法及时触摸控制器）。

控制器设计一般应遵循下述原则：

1）位置合适。所有操作装置都应配置在操作人员不动身体的条件下（手和脚）就能够摸得着的地方。应考虑将常用的、重要的操作装置，尽量安排在人的手和脚活动最灵敏、反应快、用力强、辨别力最好的位置之内，且不同操作装置之间应有一定间隔，以防触碰和摸错。操作装置还应同与其有关系的仪表、信号灯安排得靠近一些。

2）符合人的习惯。这里主要指操纵装置的运动方向，比如，旋钮顺时针转动表示数值增大，反之则表示减小，这是人们在日常生活和工作中已习惯了的，若将其反过来，便容易出现差错。再者，操纵装置的运动方向，应同操作动作所产生的机器的运动方向一致。例如，操纵杆前推，机器则前进或开动；后拉，则后退或停止；右旋，则向右运动，反之向左运动，等等。此外，在操纵器运动方向上还要同显示器上运动方向相一致。

3）易于识别或分辨。在较多的操纵器排列在一起时，能使人迅速准确地辨别它们是很重要的。这主要是通过在设计中对控制器的位置、形状、结构、颜色、大小、操作方法及标记、符号等作不同组合来达到相互区别、易于分辨的目的。

4）用力合适。操纵器是用手或脚来操纵的，人操纵时所需用力的大小要恰当，因为在需用力过大时，会使人疲劳（如果超过人的最大用力数值还易出差错）。但也不能用力过小，有人认为操纵器用力应该小，这样可省力、不易疲劳，这是不对的。操作时，人从操作所用力的大小中可以了解操作量是否合适，也即获得一个反馈信息，这有利于准确操作，而在操作所用力太小时就不易做到这一点。

5）操作需有反馈。在完成一个操作动作后，应使操作者知道操作的结果，这可通过信号灯或仪表的显示来实现。在有些情况下，尽量让操作者看到所操纵的机械的运行状态是很重要的。在条件允许时，可通过电视显示屏或提高照明和能见距离来实现操作者对主要动作部件的观察。

## 四、作业环境的优化

劳动的自然环境如照明、噪声、温度、湿度、色彩、粉尘及工作场所的空间特点等因素对劳动者的生理、心理、安全性和舒适感等产生很大的影响，改善劳动环境对提高职工作业可靠性具有重大意义。国内外的众多研究均表明，改善劳动环境对减少事故发生具有重要作用。

作业环境包括温度、湿度、气压、照明、色彩、噪声、振动、污染等因素，这些环境因素直接影响着操作者（或作业人员）的作业可靠性。因此，创造一个较为舒适的环境是很重要的，它可以提高工效，减少疲劳和失误，因而也是事故预防措施的一个重要方面。

### 1. 工作环境气候条件的优化

人的正常体温（腋下测量）为36.5℃左右，在40℃以上的高温下，相对湿度超过50%，人就难以忍受。为此，要保证劳动者良好的工作状态，环境温度一般不宜超过30℃。一般认为操作环境温度以17～20℃，湿度为45%～65%为最佳。

### 2. 工作环境照明的优化

照明对人类的生产活动有着极为重要的影响，人们只有在有照明的条件下才能通

过视觉获取必要的信息，进行有效的生产活动。实践证明，合理的生产照明是事故预防的一个重要方面。

良好的照明质量应满足下列要求：

（1）有合适的亮度并避免眩光

人眼能感觉到的最小亮度是10坎德拉/厘米$^2$，视觉达到最大灵敏度时亮度为1坎德拉/厘米$^2$，在一般条件下，卫生学上允许的最大亮度为0.5～0.75坎德拉/厘米$^2$。

防止眩光的措施有：①限制光源亮度。②采用适当的悬挂高度和必要的保护角（水平视线以上45°范围以外眩目作用就比较微弱，超过60°就不会产生眩目现象）。当光源位置较低，处于视野以内时，则必须加灯罩遮光，以形成保护角（是指灯丝与灯罩下边缘连线与水平线所成的夹角）。保护角最好为45°，至少应不小于30°，目的是避免光源对眼睛的直接照射。③合理分布光源。

（2）有均匀的照度与亮度分布

要求工作区内最大和最小照度与平均照度之差均应小于平均照度的1/6。但亮度过于均匀也会造成物体缺乏层次感，还会使人产生平淡和单调感。

（3）照度要有稳定性

影响照度稳定性的因素主要是电压变化，这要求供电电压应保持相对稳定。另外，照明灯具最好固定安装，采用拉线吊灯照明时，应避免吊灯摆动，否则极易造成视错觉而导致事故。

3. 工作环境的色彩调节

色彩是与照明有关的物体的一个固有属性。通过颜色视觉，人可以从外界获得更多的质量更高的信息。充分利用颜色的各种特性创造一个良好（合理）的色彩环境，有助于提高人对信号、标志的辨别速度，帮助操作者进行正确的观察和操纵，以减少差错和提高工作效率。此外，还能满足人的审美情感，提高工作热情和减轻疲劳。

（1）生产车间的颜色选择

建议使用反射性好的颜色（包括白色），以提高照明效率，同时也能增加照明的扩散性，使光线柔和，减少阴影。车间内从上到下的不同部位应选择由浅到深的颜色，并使从天棚到地板亮度逐渐降低，以增加稳定感。天棚应涂白色或浅蓝色，还应根据车间的温度环境选择冷色调或暖色调。

（2）机器设备的颜色选择

机器设备在颜色选择上，应使主要部件突出，操纵机构明显，不同部分易于区别，以免造成错误判断，引起操作错误。例如对于运动幅度较大的（特别是难以做封闭防护的）机械或机器部件应涂以与其周围环境有明显对比的色彩，以易于引起人的注意，防止伤害事故。

以上只是工作环境和机器设备颜色选择的一般表述，具体的颜色选择应根据我国

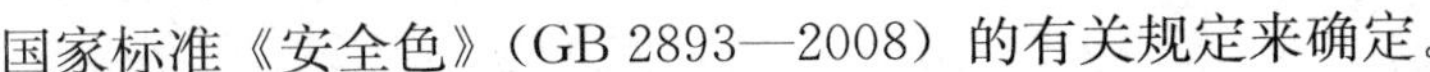

国家标准《安全色》（GB 2893—2008）的有关规定来确定。

4. 噪声控制

控制噪声的最根本的办法是从声源上控制它，例如可采取以下措施：合理布局，把高噪声的机器与低噪声的机器分开；提高机器的加工精度、注意维修，以避免或减少由于过大摩擦和振动所激发的噪声；改革生产工艺等。但是，由于技术和经济的原因，直接从声源上治理噪声往往是比较困难的，这就需要在噪声传播途径上采取下述措施：

（1）吸声

把吸声材料（或吸声结构）衬贴在消声器和管道内壁，增加噪声衰减量，以及用室内墙壁的饰面层降低室内噪声。

（2）隔声

利用屏蔽物如墙壁、门窗，把发声的物体或需要安静的场所封闭在一个小的空间中。

（3）隔振

例如使用薄金属板材料做机器设备的罩面，或做隔声罩；采用弹性连轴节、弹性垫或其他装置使系统阻尼加大，来达到减振的目的；运用金属弹簧隔振器、橡胶隔振器，通过阻尼作用使作为振动源的机器设备的振动强度衰减等都是有效的噪声控制技术。

（4）消声

利用消声器来减弱空气动力性噪声的传播，它是既允许气流通过而又阻止或减弱噪声传播的一种装置。

5. 对粉尘、气体毒物的防护

这可通过加强通风、洒水降尘、个体防护、工艺改革和技术革新等来减少粉尘和气体毒物的危害。

6. 完善救生设施

对易于发生重大险情的地方，应设有完善可靠的避灾逃生设施。比如，对于矿井下逃生设施，澳大利亚创造了一种称为“救命索”的设施。当出现重大险情，人们难以辨认方向时，摸着这个救命索就可到达救生站（站内有大量供氧瓶）。该绳设计科学，每隔一段距离有一圆锥形扶手，其大头朝向救生站。

# 第二节　安全心理测量与选拔

## 一、测量内容与方法概述

选择合适的人从事相应的工作，以避免事故的发生，所应测量的心理素质非常广泛。尽管不同的职业对人提出了不同的心理素质要求，但是，一般来说主要应测量从业人员以下一些心理素质：能力（包括智力）、气质类型、性格特征、注意集中与分配能力、反应时间、情绪稳定性，以及危险感受性、安全态度、安全动机、安全意识及动作技能等心理素质。在实际应用中，有必要根据不同的工作岗位对安全心理素质的要求，选择不同的心理素质项目予以测量。

测量心理素质的方法很多，主要有调查法、观察法、心理问卷法和心理测试仪器测量实验法等。

## 二、一般心理特征测试问卷及其应用

1. 能力测验和能力倾向测验

能力测验分为一般能力测验和特殊能力测验。前者如智力测验，后者如音乐、美术、体育等方面的测验。能力倾向即个体具有的发展某种能力的潜力或可能性，其分为一般能力倾向与特殊能力倾向。前者指发展一般能力的潜力，即个人对广泛的活动领域，若经学习或训练可能达到的熟练程度，也称“普通性向”。后者是指发展某种特殊能力的潜力，即个人对某种特殊活动，如音乐、绘画、体育、机械等，若经专门学习或训练可能达到的熟练程度，也称“特殊性向”。

能力倾向测验按内容和功能，可分为两类：

（1）多重性向测验

多重性向测验是鉴别个人多方面能力的测验。它包括若干个分测验，每个分测验测量一种性向。可用多个分数表示个人在多方面的能力。其结果，不但可鉴别个人能力的高低，而且也可分析比较个人能力的偏向或在各方面能力的长短，可了解个人具有何种潜在能力，应用时较为方便。应用较广的有贝内特等人编制的区分性向测验和美国劳工部编制的一般职业性向测验。

（2）特殊性向测验

特殊性向测验是测量个人某方面特有潜在能力的测验。主要用来弥补智力测验之不足，并将综合性向测验（多重性向测验）进一步专一化。它多用于测量个人在音乐、

艺术、机械、文书、创造等方面的特殊潜在才能。

2. 智力测验

运用智力测验量表测量人的智力的高低。智力代表着个体的基本能力水平，它影响着劳动者对工作的分析、判断、综合、决策等，因此它与工作成效或成功性有一定关系。但两者要有适当配合，智力高者从事不太需要智力的工作，时间长了其工作成效还不如智力差者；反之，智力要求较高的工作若让智力差者去承担，必然会造成工作困难、差错增多或增加事故率。

个体的智力水平通过智力测验来评定，最常用的测验工具有斯坦福—比内量表、韦克斯勒成人和儿童智力量表。

3. 气质与性格测验

一个人的气质和性格决定着他的心理和行为的趋向，代表着其惯常的行为模式，对人员的选拔任用有重要参考价值。

## 三、事故倾向性格的测量

尽管事故倾向性格理论还有一些不足和缺陷，但是在某些特定工作环境条件下，采用心理测量的方法，对操作者心理品质进行测定，从而判断有事故倾向性格的人，将其调离不适应的工作岗位还是有实用意义的。

国内外一些学者在应用心理测量方法研究“易出事故的人”的心理特征方面做了许多工作。最常用的测量方法是卡特尔人格因素问卷法和Y-G性格测验法。

1. 卡特尔人格因素问卷法

问卷法，又称自陈量表，是心理学中用于进行自我评定的问卷，即对拟测量的个性特征编制若干测验题（问句），让被试逐项回答，从其答案来衡量评价某项个性特征。美国伊利诺伊州州立大学心理学教授卡特尔经过多年的研究，运用一系列严密的科学手段研制出16种人格因素量表。他把对人类行为的1 800种描述称为人格的表面特质，并将这种描述通过因素分析的统计合并成16种因素，称这16种因素为根源特质。该测验是现代心理素质选拔应用最为广泛的测量工具之一，其16种人格因素及其特征见表5—3。

表5—3　　16种人格因素及其特征

| 人格因素 | 低分数特征 | 高分数特征 |
| --- | --- | --- |
| 因素A：乐群性 | 缄默，孤独，冷漠 | 外向，热情，乐群 |
| 因素B：聪慧性 | 思想迟钝，学识浅薄，抽象思考能力弱 | 聪明，富有才识，善于抽象思维 |
| 因素C：稳定性 | 情绪激动，易生烦恼 | 情绪稳定而成熟，能面对现实 |
| 因素E：恃强性 | 谦逊，顺从，通融，恭顺 | 好强，固执，独立，积极 |

续表

| 人格因素 | 低分数特征 | 高分数特征 |
|---|---|---|
| 因素 F：兴奋性 | 严肃，审慎，冷静，寡言 | 轻松兴奋，随遇而安 |
| 因素 G：有恒性 | 苟且敷衍，缺乏奉公守法精神 | 有恒负责，做事尽职 |
| 因素 H：敢为性 | 畏怯退缩，缺乏自信 | 冒险敢为，少有顾虑 |
| 因素 I：敏感性 | 理智，着重现实，量力而行 | 敏感，感情用事 |
| 因素 L：怀疑性 | 信赖随和，易与人相处 | 怀疑，刚愎自用，固执己见 |
| 因素 M：幻想性 | 现实，合乎成规，力求妥善合理 | 幻想的，狂放不羁 |
| 因素 N：世故性 | 坦白，直率，天真 | 世故，精明能干 |
| 因素 O：忧虑性 | 安详沉着，有自信心 | 烦恼自扰，沮丧悲观 |
| 因素 Ql：实验性 | 保守，尊重传统观念与行为标准 | 自由，激进，不拘泥于现实 |
| 因素 Q2：独立性 | 依赖，随群与附和 | 自立自强，当机立断 |
| 因素 Q3：控制性 | 矛盾冲突，不能克制自己 | 知己知彼，自律严谨 |
| 因素 Q4：紧张性 | 闲散宁静，心平气和 | 紧张困扰，激动挣扎 |

有人曾使用卡特尔的 16 种人格因素量表调查了一组 5 年内有事故记录的工人，并与同班组其他条件相当无事故记录的工人比较，发现事故组工人具有三高三低的特征：高敏感性、高幻想性、高紧张性；低稳定性、低有恒性、低自律性。其心理行为表现为：紧张困扰、缺乏耐心、心神不定、感情用事、富于幻想、狂放不羁、易于冲动、情绪稳定性差、易为环境左右、易烦恼、缺乏认真负责精神、苟且敷衍，不能克制自己。具有这类性格因素的人，由于对自己的工作敷衍马虎，缺乏尽职尽责的精神，忽视安全生产规章制度，常是造成违章作业的心理原因。此外，由于情绪不稳定、喜怒无常、感情易冲动、易烦恼，在工作中注意力不集中，常常容易造成事故。

通过卡特尔 16 种人格因素的测验，可以推证出一个人的性格特征，包括对安全生产不利的性格特征。

2. Y-G 性格测验法

Y-G 性格测验法用以测量人的五类 12 种个性特征，把性格特性分为忧郁性、回归性、自卑性、神经质性、客观性、协调性，进攻性、活动性、慢性（或急性）、思考性、支配性、社会性 12 种，组合成五大性格类型。不同类型的人在情绪稳定性、社会适应性、内外向性等方面有不同表现。每种个性特征有 10 个题目，共有 120 道题目，测验结果可以剖面图形式呈现。

根据这 12 种特征可将人的性格区分为五种典型的性格类型：A 型，一般型（或平均型）；B 型，不稳定积极型（或偏执型）；C 型，稳定消极型（或宁静型）；D 型，稳定积极型（或主导型）；E 型，不稳定消极型（或怪癖型）。此外，还有一些非典型的混合型性格类型。

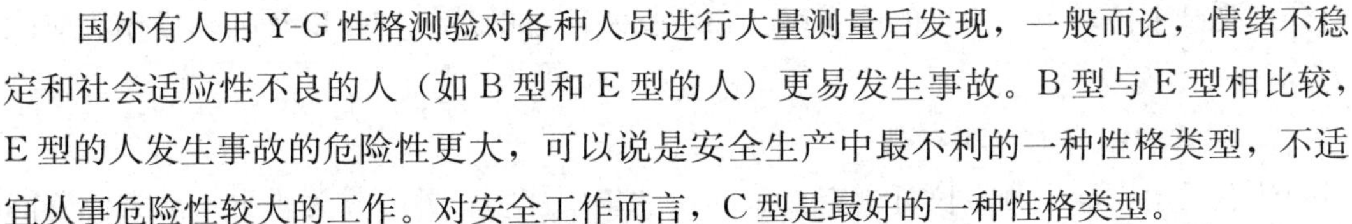

国外有人用 Y-G 性格测验对各种人员进行大量测量后发现，一般而论，情绪不稳定和社会适应性不良的人（如 B 型和 E 型的人）更易发生事故。B 型与 E 型相比较，E 型的人发生事故的危险性更大，可以说是安全生产中最不利的一种性格类型，不适宜从事危险性较大的工作。对安全工作而言，C 型是最好的一种性格类型。

不过，对于这些心理测量工具的使用应采取审慎科学的态度，因为任何心理测量都存在信度和效度的问题，要结合多种方法进行综合评定。

## 四、常用测量仪器及其应用

目前最常用的测量仪器主要有以下几种：

1. 闪光融合频率计（亮点闪烁仪）

闪光融合频率计又称亮点闪烁仪或闪烁仪，其用于测量闪光融合临界频率，确定辨别闪光能力的水平，即视觉时间的视敏度。还可以检验闪光的色调（如红、黄、绿、蓝、白等）、强度、亮黑比以及背景光的强度发生变化时对闪光融合临界频率的影响。

人眼对达到一定闪烁频率的固定亮点会发生闪光融合现象（即看成一个固定不闪的点），这一频率即闪光融合临界频率（或称为闪光融合频率）。实验证明，不同状态的人，闪光融合频率的差异较大。比如，一个人的闪光融合频率越高，可表明其大脑意识清醒水准越高。而人体发生疲劳时，其闪光融合频率就会明显降低。因此，测定人的闪光融合频率是测量人体疲劳的一种常用方法，而闪光融合频率可作为视觉疲劳及精神疲劳的一种指标。日常应用中，一般常用某个体闪光融合频率的日间和周间变化率作为疲劳指标。另外，视觉灵敏度不同的人其闪光融合频率也有差别，因此该仪器也可作为测量一个人视敏度的设备。

由此，闪光融合频率计是安全心理学实验及进行人员安全心理素质测试方面常备的仪器。

2. 反应时测定仪

反应时测定仪可进行简单反应时、选择反应时、辨别反应时的测定工作。该仪器可广泛应用于多种行业的职业能力测定和人员培训。

一个人对视听信息的反应速度是安全心理素质的重要指标，可用于安全心理素质的选拔。对某种刺激的反应时间，不仅是不同的人存在差异，一个人在不同的生理心理状态下也有较大差异。所以，该仪器对于安全心理学的实验研究十分重要，是常用仪器。

简单反应时是指对单一声或信号的反应时间；选择反应时是在多种色光（红光、黄光、绿光、蓝光随机自动呈现）中只对某种声或光做出反应；辨别反应时是辨别出某一特定刺激并用特定的反应键（红、黄、绿、蓝四个反应键中的某一键）做出反应。

可分别测试个体对单一信息的反应速度和对复杂信息的感知判断以及准确操作反应能力。

3. 注意力集中能力测定仪

注意力集中能力测定仪可测定被试的注意集中能力，并可作为视觉—动觉协调能力的测试与训练仪器。

该仪器一般由一个可换不同测试板的转盘及控制、记时、记数系统组成。转盘转动使测试板透明图案产生运动光斑，被试用测试棒追踪光斑，注意力集中能力的不同量将反映在追踪正确的时间及出错次数上。

4. 注意分配实验仪

注意分配实验仪可测量被试注意分配值的大小，即检验被试同时进行两项工作的能力，以作为安全心理素质的重要参考指标。该仪器也可用来研究动作，学习的进程和疲劳现象，广泛用于医学、体育、交通和军事等领域。

国产BD—Ⅱ—314型注意分配实验仪（北京大学仪器厂生产）由单片机及有关控制电路，主试面板、被试面板等部分组成。主试面板设有功能选择开关、数码显示器、音量调节旋钮等。被试面板设有低音、中音、高音三个反应键、八个发光管和与其对应的八个光反应键。声音刺激分高音、中音、低音三种，要求被试对仪器连续或随机发出的不同声音刺激作出判断和反应，用左手按下不同音调相应的按键，按此方法反复地操作一个单位时间，由仪器记录下正确及错误的反应次数。光刺激由八个发光管形成环状分布，要求被试对仪器连续或随机发出的不同位置的光刺激作出判断和反应，然后用右手按下与发光管相对应位置的按键，使该发光管灭掉。依此方法快速反复操作一个单位时间，由仪器记录下正确及错误的反应次数。

5. 复合器和警戒仪

复合器可进行对不同种类刺激物的复合实验。主要是测试在感知同时呈现的视、听刺激时，被试的注意分配的程度和个体特性。被试面是一个有100个刻度的圆环，每一个刻度都对应一个光刺激，该刺激能按高、中、低三种速度，顺时针逐一呈现。在呈现某一个设定的光刺激的同时发出声刺激，被试感觉声音响时的光刺激位置与实际的差异，可表示被试在应付不同种类刺激的同时，达到的注意分配的程度和个体特性。

警戒也称为警觉，通常是指对外界随机出现的某种微小变化的觉察和反应的准备状态，即对于不能预期出现事件的准备状态，警戒仪即测量人的这种警觉性。警戒作业的效绩受多种因素的影响，随持续时间延长而下降。信号出现的频率较高时较易为人们觉察，信号出现频率较低时则容易漏检，但过高的信号出现频率同样也会引起觉察效率下降。信号的某些特性，如刺激维度、强度及信噪比，预告信号的设置和信号呈现的位置安排等都影响“作业”的效绩。警戒作业效绩通常为被试对呈现的信号没

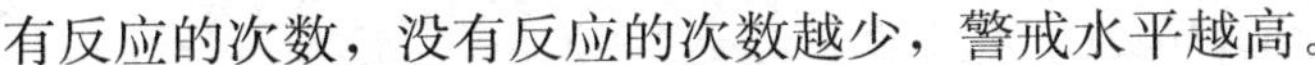
有反应的次数，没有反应的次数越少，警戒水平越高。

不同的个体其警觉性存在差异。采用警戒仪测定人持续性注意的心理学特征，可以广泛应用于以监视、检测、搜索等任务形式的职业能力测定与训练。常见的应用领域如空中交通管理、工业质量控制、中央调度控制、长途驾驶、军事监视等。

也有一种集复合器与警戒测定仪为一体的心理学实验测试仪器，称之为“复合器/警戒仪”。

6. 动作稳定器

一个人的情绪稳定性会对动作的稳定性产生影响，而一个人在情绪波动时，动作的稳定性会明显降低。动作稳定器通过测试被试保持手臂稳定的能力，间接测定情绪的稳定程度。

该仪器结构简单，易于操作。一般常见的是在一个面板上设有9个孔洞，如北京大学仪器厂产BD－Ⅱ－304A型动作稳定器9个孔洞直径分别为2.5毫米、3毫米、3.5毫米、4毫米、4.5毫米、5毫米、6毫米、8毫米、12毫米，测试时被试拿一个带绝缘棒的金属测试针（测试针直径为1.5毫米），能顺利插入一拿出且不碰边缘（碰边则蜂鸣器报警）孔洞的最小直径的倒数即其测试值。

7. 数字皮温计

人的心理放松与紧张的变化会引起皮肤温度的变化。数字皮温计可用于测定人体各部位的皮肤温度，检查人体心理的放松与紧张程度，能测定人的情绪波动及性格特征，是心理教学、实验医学研究的必备仪器。也是测量安全心理素质的重要仪器。

# 第三节　安全教育的心理策略

## 一、安全教育培训的主要内容和形式

1. 安全教育培训的主要内容和意义

安全教育的本质，从某种意义上可以说，就是力图通过对广大职工的教育、培训，使他们在工作实践中的不安全行为表现减少，或使不安全行为转化为安全行为。这一不安全行为减少或转化的过程，不仅需要掌握各种安全知识、法规，而且需要借助各种心理科学、行为科学的原理、手段，力图改变广大职工的内在心理结构、动作习惯、风险决策及回避危险的各种安全技能等。当然，这只是从个体角度来看，为了有效预防各种事故的发生，也需要群体、组织的建设，这主要考虑群体规范、组织结构、组织士气及领导作风等的优化。这方面的研究在不少国家十分盛行，且其预防事故的效

果很好。

我国传统的安全教育在预防事故方面也发挥了很大作用，它在各种预防措施中占有极为重要的地位。其主要内容一般包括思想政治教育、法制教育、劳动纪律教育、方针政策教育、安全技术训练及典型经验和事故教训的教育等。安全教育之所以非常重要，首先在于它能提高企业领导和广大职工搞好安全生产的责任感和自觉性。其次，安全技术知识的普及和提高，能使广大干部、职工掌握安全生产的客观规律，提高安全技术水平，掌握检测技术和控制技术的科学知识，学会消除工伤事故和预防职业病的技术本领，搞好安全生产，保护好自身的安全和健康，提高劳动生产率以及创造更好的劳动条件。

思想教育和纪律教育是安全教育的一项重要内容，其目的是使企业领导、管理人员和操作人员从思想上、理论上明确搞好安全生产对促进社会主义建设的道理，增强安全生产的责任感，正确处理安全与生产的辩证统一关系。应通过专门严格的培养和训练，提高广大干部和职工的思想道德素质和组织纪律性。培养他们尊重生命、安全至上的理念和对他人、对国家财产高度负责的精神，团结友爱乐于助人的精神以及认真细致的工作态度，踏实的工作作风和严守规章的观念。

安全生产需要人与人之间、班组之间以及生产一线与生产辅助和后勤服务部门之间的通力合作才能搞好。如果缺乏集体主义思想和组织纪律性，个人主义和小团体主义思想严重，就会造成互相配合不良，给别人或给其他单位造成困难或留下安全隐患，这对安全生产显然是极为不利的。另外，生产条件经常变化，职工收入也可能由于产量的不稳定而随之发生波动，出现条件好时多干、猛干，条件差时则少干或不干的现象。这些对安全生产同样是很不利的。因此，进行思想道德教育、政治教育和劳动纪律教育是非常必要的。

进行法制教育特别是劳动安全卫生法规教育也是安全教育的一项重要内容。应使职工对包括安全法规在内的国家的各种法律、法令、条例和规程等有所了解和掌握，以树立法制观念，这对安全生产是一个重要保证。

安全技术知识教育，包括一般生产技术知识、一般安全技术知识和检测控制技术知识以及专业安全生产技术知识。这一部分内容的教育应着眼于职工对各种情况下的风险认知能力的提高。

安全技术知识是生产技术知识的组成部分，是人类在生产斗争中通过惨痛教训积累起来的。安全技术知识寓于生产技术知识之中，对职工特别是对青年工人进行教育时，必须把两者结合起来。

安全意识教育应纳入安全教育的重要内容，利用活生生的事故案例的教育来强化安全意识具有很好的效果。

宣传安全生产的典型经验，从工伤事故中吸取教训也应是重要内容。坚持事故处

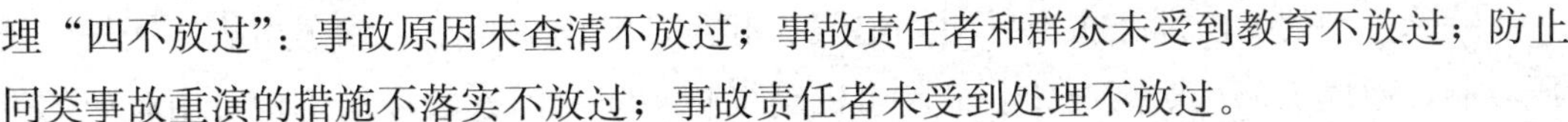

理“四不放过”：事故原因未查清不放过；事故责任者和群众未受到教育不放过；防止同类事故重演的措施不落实不放过；事故责任者未受到处理不放过。

职工安全心理素质的培养和安全心理训练是一个新的安全教育和培训的领域，也是将来的发展中必然会开展的工作。

2. 安全教育的形式

安全教育的主要形式，根据各产业部门和各地区的实践，大致有三种，即三级教育、经常性教育和特殊工种的专门教育。

(1) 三级教育

三级教育即新工人入厂教育、车间教育和岗位教育，它是厂矿企业安全生产教育制度的基本形式。

1) 入厂教育。对新入厂的工人或调动工作的工人以及到厂参加实习的学员，在分配到车间和工作地点以前，必须进行包括以下内容的初步安全教育：本单位安全生产的一般状况；企业内特殊危险地点的介绍；一般入厂安全知识和预防事故的基本知识。教育的方法采取报告、座谈、参观和看展览、挂图、幻灯、录像及安全电影等。可依一次入厂人数的多少、文化程度的不同而采取不同的方法。但必须切实有效，力戒内容空洞、枯燥无味和走过场、走形式。

2) 车间教育。这是新工人或调动工作的工人以及到厂参加实习的学员在分配到车间时所进行的第二级安全教育。教育内容包括：本车间的生产概况、安全生产情况；本车间的劳动纪律和生产规则、安全注意事项；车间的危险地区、危险机件、尘毒作业情况以及必须遵守的安全规程等。教育的方法一般包括安全人员谈话、实地参观和直观教育等，使新工人对安全生产知识有一个概括的了解。

3) 岗位班组教育。这是新工人到了岗位，在工作开始前，由班组进行的第三级安全教育。教育内容力求生动具体，包括工段、班组安全生产概况；工作性质和职责范围；岗位工种的工作性质；机具设备的安全操作方法；各种安全防护设备的性能和作用；工作地点的环境卫生及尘源、毒源、危险机件、危险区的控制方法，以及个体防护用具的使用方法。还要讲解发生事故时的安全撤退路线和紧急救灾措施。教育方法一般是以老带新、师徒合同、包教包学，把安全知识与生产操作方法紧密结合起来，经过考试合格后才能分配到岗位工作。

(2) 经常性安全教育

经常性安全教育是职工业务学习的必修内容，应贯穿于生产活动之中，这也是劳动安全管理的经常性的工作。根据实践经验，教育的形式有：安全月、安全周、安全知识竞赛、安全活动日、班前班后会、安全会议、广播、黑板报以及事故现场会、安全教育陈列室、安全教育展览会和安全教育录像、电影等。

(3) 特殊工种的专门训练

特殊工种的专门训练主要针对如电气、起重、矿山放顶工、绞车司机、锅炉、受压容器、通风工、瓦斯检查员、车辆司机等接触不安全因素较多的工种，用脱产的方式进行专门训练。对这类特殊工种，经过严格训练以后，只有经过考试合格后，才能准许独立操作。因为这些工种在生产过程中担负着特殊的任务，危险较大且易发生重大事故，所以对他们在掌握安全技术知识方面必须进行特殊训练，严格要求。

##  二、提高安全教育效果的方法

如前所述，企业进行经常性安全教育的方法，通常有安全会议与谈话，权威或教师的讲课，出版安全情况简报、安全读物、黑板报、放映幻灯、录像或电影，口头或书面的安全指导等。

一般意义的教育对工人是有限度的，即使工人受过教育、读过刊物、看过图片、电影等百次以上，也未必能很好地应用于实践中。尤其是流于形式的安全意义及安全必要性的一般性的教育，难以指出何种情况及在何处应如何去做的具体安全技术，所以教育效果是有限的。对工人具体个别的安全技术训练主要依靠基层管理、车间技术人员以及工段、区长和班组长等老工人去进行。因为他们具有权威性，又经常与工人密切接触，能将一般性的安全技术知识和日常的工作、具体的机器、工具及工艺流程相结合。把安全技术教育和监督检查结合起来，把检查安全操作情况和控制产品或工程质量结合起来，有针对性地教育工人了解工伤事故的类型、场所、原因，结合工人本岗位的工作，告知他不安全因素的所在，有何特殊危险应多加小心，应做什么事情以避免伤害，这才会取得良好的效果。生动地讲解安全操作规程，第一次能引起较大的兴趣，但若枯燥无味地重复，则会流于形式，倒不如由老工人、班组长包教包学地结合工艺过程，在提高生产技巧的同时，贯彻安全操作方法的内容为好。基层干部或班组长根据以往的事故教训，讲解一些不安全行为的最初企图（即动机），这样，工人学得快、效果好，并可使思想和安全行动并进。

“会议型”的安全教育也能收效，条件是在开会之前企业领导或安全会议主持人，应预先选出讨论的主题，请各基层干部和职能科室负责人、工人代表，按计划的程序讨论各部门工伤事故的主要原因，并鼓励与会人员踊跃参加讨论，以提高认识和明确应采取的改进措施。还可用典型事故或安全典型研究不安全行为的危害和正确行为的好处。总之，应当变演讲式的会议为“圆桌式”的讨论，并鼓励在会上提出咨询和答复安全生产问题。

有的单位为进行“安全操作规程”的教育，将规程印成袖珍本，并以浅显的语句描写一些常易违反的安全规定（也有写成“顺口溜”的以便于记忆），使工人将重要规程铭记在心，效果很好。

在具体的教育过程中，还要运用注意心理规律和记忆规律，以提高安全教育的效果。比如，运用多种生动活泼的形式，如安全知识竞赛、有奖问答、安全漫画、猜安全谜语等，以引起人们的注意，并有利于加强记忆。此外，利用安全警示标语牌来发挥其经常性的提醒作用，也是安全教育的一种好方法。

## 三、职工安全心理素质的培养

1. 安全心理学常识的教育

经验表明，重大的灾难事故在数量上很少，而单人受伤或死亡事故则占大多数。虽然职工的个人安全与和他一起工作的同伴以及其他人员的活动有关，但在很大程度上与自己的行为有关。因此，提高职工的自主保安能力（安全心理素质是这种能力的一个主要组成部分）非常重要，而提高这种能力的一个重要途径就是对职工进行劳动安全心理学知识的教育。

此项教育的主要内容有：在生产劳动中常见的一些不安全行为产生的原因和预防的方法。教育职工经常注意自己的情绪变化，让他们了解人在情绪波动的情况下容易出现行为失误，进而导致个人伤害的道理。特别应结合一些实际例子进行讲解。告诫他们在自己的情绪发生波动时，应自觉控制自己，在工作中加倍小心，以避免发生事故。还要向工人讲述在工作中精力集中的重要性，由于注意分散是导致行为失误和事故发生的最重要的心理因素之一，所以应要求工人在生产操作中严格避免思虑工作以外的事情，即千万不要“走神儿”。再者，应向工人介绍人的个性心理特点差异的知识，让他们了解各种不同类型的个性的特征及其与安全生产的关系，并对自己的个性特点有较清楚的认识，以便扬长避短，为搞好安全生产自觉地进行努力。此外，对于疲劳、生理节律、睡眠失调、节假日等对人的心理和行为的影响及其与安全生产的关系等知识，也应作重点普及。

2. 职工优良个性心理品质的培养

适应于工作的优良的个性心理品质，是职工安全心理素质的主要组成部分之一。要良好地适应生产的工作条件，作为职工个人来讲，就必须从培养优良的个性品质入手。因为个性品质在很大程度上决定着个体的行为动机和行为方式，并且也直接反映着心理健康的程度或水平。优良的个性品质有助于人有效地适应变化着的社会生活和工作环境，有利于人顺利地进行社会交往以及对人际关系的正确处理，因此它必然会促进个人工作上的成功和劳动安全，同时也有利于保持个人的身心健康。但应该指出的是，人的个性品质具有较强的稳定性，这一点决定了个性品质的培养和改造不会是轻而易举的。但科学实验和实践经验都证明，包括气质（个性中最稳定的部分）在内的个性特征都是可以改变的。通过有意识、有目的、持之以恒的培养和锻炼，是完全

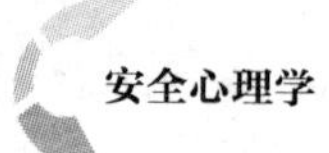


能够培养出优秀品质的。培养职工个人的优良心理品质的要求和方法应注意以下几点：

（1）要培养自己具有崇高的理想和高尚的道德情操，树立共产主义世界观和人生观，这是优良品质的重要内容，也是心理健康的重要保证。正如“心底无私天地宽”一样，只有克服一己私利，乐于奉献，才能摆脱患得患失、郁郁寡欢的桎梏，形成乐观向上的品质。要有一个远大的理想、正确的前进方向和奋斗目标，只有这样，才不至于无所事事、百无聊赖或邪念丛生。

（2）要培养热爱社会主义祖国和热爱集体的精神，积极参加各种集体活动和公益活动，培养自己爱劳动、爱科学、勇于追求真理和勤于思考、勤于实践的优良品质。

（3）与周围自己的同事、上下级或朋友能团结友爱，和睦相处，相互促进，相互帮助。每个人都应有几个相互了解较深的知心朋友。朋友间的思想和情感交流以及互相帮助、劝慰和鼓励对保持心理健康是非常重要的。另外，要能正确对待和处理与他人的矛盾，遇事多为他人着想，宽以待人。同时要锻炼自己自我批评和自我改造的胆略和勇气，以便能够不断地清除自己身上的弱点，使自己的思想和行为方式能够适应时代前进的步伐。

（4）要培养自己活泼开朗的性格，始终保持乐观的精神状态和稳定、愉快的心境。高兴时不过度兴奋，遇到不快甚至不幸的事情时也不过于忧伤和愁闷。

（5）要锻炼自己坚强的意志和顽强的毅力，做到在困难面前不低头、不退缩，能经受得住挫折的考验。在逆境时不灰心丧气、一蹶不振；在胜利面前，能及时总结经验，防止自满不前，得意忘形，或趾高气扬、忘乎所以。

（6）要培养沉着机敏、严谨细致、认真负责的良好心理品质和习惯。做事情既要深思熟虑、三思而行、防止急躁盲动，又要果断坚决、雷厉风行，而不应犹豫不决，贻误解决问题的良机。特别要培养锻炼临变不惊、临危不惧和敢于化险为夷的品质，以在发生意外情况时能控制住慌乱、恐惧的情绪，沉着果断地采取正确的行动。在工作中要认真负责，杜绝推诿扯皮的现象发生。

（7）要培养自己敢于面对现实和实事求是的精神。要用积极的态度，正确地处理生活和工作环境中出现的各种矛盾和问题，绝不回避现实。不存非现实的奢望或幻想，不勉强去做自己能力所不及的事情。凡事从实际出发，现实地考虑问题，能做得到的事情则要力求自己去完成。

（8）要培养广泛的兴趣和爱好。一方面可以使自己的生活内容更加充实和丰富，工作和事业易于取得多方面的成就，另一方面可以更顺利地适应社会环境的变化，更容易接受社会对自己提出的各种要求。

（9）要养成科学合理的生活方式。这主要包括饮食起居方面。总的原则应是勤俭节约，劳逸结合，规律有序。俭朴的生活有助于培养良好品质。生活用品上追求奢侈豪华，饮食上追求厚味佳肴，业余生活上追求狂欢极乐、漫无节制，其既危害个体的身心健康，又不利于劳动安全。

## 四、安全意识的强化

安全意识对不安全行为特别是冒险行为具有强大的抑制作用。所谓安全意识，一般是指人在生产活动中，对各种有可能造成自身及他人伤亡或其他意外事故的各种条件所保持的一种戒备和警觉的心理状态。它建立在人的安全需要的基础上，并以主体对事故致因条件的认知能力特别是风险认知能力为前提的（风险认知是指个体对存在于外界环境中的各种客观风险的感受和认识）。研究表明，影响风险认知的因素主要有：对安全的需要和期望水平；个体差异；安全信息的影响；风险特征性质；自愿性程度；教育程度。所以，要提高安全意识，激发职工的安全需要和强化安全信息是十分重要的。应通过深入细致的安全教育和训练提高风险认知能力。

人对生命安全和肢体健全具有天然的强烈需要，特别是当接受宣传、教育以及职工个人见到血的教训的实例时，更能激发这种需要。所以，通过众多的、活生生的事故案例的教育来强化安全意识具有很好的效果。例如描述由于事故所造成的后果，讲健康强壮的人与受伤害的人在工作能力和生活兴趣上的差距，以引起人们的警觉与震动。有的单位让受伤致残的工人做报告，陈述其受伤后的悲痛经历，现身说法，效果很好。有的单位还让工伤或工亡者的家属向工人们诉说其艰难的处境，更极大地增强了工人们的安全意识。

此外，利用安全警示标语牌来发挥其经常性的提醒作用，也是提高安全意识的一种好方法。在厂矿大门、车间门两旁，或上下班必经之路的适宜地点，挂安全警示标语牌，能起到很好的作用。例如现在很多厂矿企业等单位门旁常挂有“高高兴兴上班来，平平安安回家去”和“一人安危系全家，全家幸福系一人”的标语牌，就有很强的提示作用。

# 第四节　职工安全心理日常管理

## 一、基层生产单位日常的安全心理管理

在基层单位，特别是生产班组，基层干部既是指挥员，又是战斗员，他们时刻和一般职工劳动在一起，对职工的心理状况、个性特点等都十分了解。如果能运用安全心理学的原理来指导安全管理工作，防止不利于安全的心理因素对职工劳动安全的影响，必将大大减少事故的发生。根据安全心理学原理和我国安全生产的实践，针对目

前我国安全生产事故的常见心理致因，具体的安全心理管理的内容和要求应包括以下几个方面：

1. 建立良好的人际关系

应重新发扬新中国成立后长期形成的处理干群关系的优良传统，领导干部应与工人保持经常的心理接触，经常召开班组生活会，互相谈心，及时消除同事之间的误解及矛盾冲突。培养集体主义精神，形成一种互相关心、互相帮助、互敬互谅的融洽关系。如前所述，对于职工个人及家庭中随时发生的不愉快或不幸事件，基层干部和周围同事都应以关心的态度及时进行开导和帮助。在平时，可选择安排热心的同志做群众关系协调员，以便有充分的接触面，同时也能及时了解情况。领导干部还要关心职工的生活，把工人的饮食、住宿、娱乐和生活环境搞好，使工人以饱满的情绪和充沛的精力进行工作。

基层领导干部应与工人保持经常的心理接触，经常召开班组生活会，互相谈心，及时消除同事之间的误解及矛盾冲突。培养集体主义精神，形成一种互相关心、互相帮助、互敬互谅的融洽关系。

2. 及时掌握每个职工的思想状况

基层领导干部应了解每个工人的家庭、婚姻情况、经济状况及职工个人的健康状况，了解每个职工的气质、性格、兴趣爱好及思想变化的动态等。如前所述，在每个班前会上，都要细致观察每个工人的情绪状态。发现有情绪低落、忧郁不欢者，应及时了解情况，安排监护；对探亲、请假回家的职工要在离队前和归队后，提醒其注意安全、专心谨慎地工作，或者进一步安排人员配合工作。这样做既可以预防事故，又可以加强干群之间的密切关系，调动职工的工作积极性。

3. 注意个人生活事件对职工的影响

在人们的工作和生活中，有许许多多的事件会使人们的情绪发生较大的波动，如亲友亡故、家人重病、夫妻分离、工作变化等。很多事故常常发生在这些生活事件之后。区队班组如果能建立职工个人重要生活事件报告制度、情绪较大波动的预警制度并采取监护措施（必要时应让其休班），就能防止很多事故的发生。

大量事故案例表明，以下常见生活事件引发的事故很多：

（1）职工结婚、生孩子、过生日。

（2）家人重病或亡故。

（3）青年人谈恋爱、失恋。

（4）职工家庭婚姻变故或严重家庭矛盾。

（5）农村家庭农忙或盖房子等。

（6）其他情绪波动和过度疲劳等情况。

以上情况要严密观察并做出安排。要关心爱护、尊重职工，调节好单位内人际关

系，让职工心情舒畅地工作。

4. 工作任务分配

对每个工人的工作安排应遵循劳动安全心理学的原则，例如，对于工作粗心、缺乏经验、情绪不稳定或缺乏观察力、警觉性不高的职工不要让他们单独工作，要安排细心谨慎、情绪稳定、观察力强、经验丰富的同志与之配合。在遇有复杂而危险的任务时，要安排经验丰富、沉着果断、胆大心细且生理心理状态较好的人去完成。

## 二、安全监督和检查工作应遵循的心理学原则

1. 企业安全监督和检查工作的意义

安全监督和检查工作，主要是监督和检查企业管理和生产操作人员对国家安全法规、条例、指示及安全技术规程等安全规定的执行情况，发现并处理违章人员及安全隐患，防止发生事故，确保安全生产。

国内外的实践证明，除了国家安全生产监督管理（以下简称监管）机构之外，在企业建立安全监督与检查机构和制度，是安全生产的一个重要保证手段。从安全心理学的观点来讲，安全监察是控制人的不安全行为的有力手段，也是了解和掌握不安全行为表现规律的一个重要途径。职工在生产劳动过程中，能够受到训练有素的安全监察人员的监督和检查，可以防止或减少故意性不安全行为的发生，或纠正一些非故意性的不安全行为。

很多企业生产过程十分复杂且空间分布很不集中，环节多，灾害因素多，用人又多，所以只有对整个生产过程的一切活动实行强有力的监督检查，才有可能保证安全生产。

2. 监督和检查工作人员应具备的素质及工作要求

（1）安全监督和检查工作人员应具备的素质

安全察监督和检查人员工作对象和方式的多样性、复杂性与重要性，要求他们具有较高的思想品质和能力素质。

一般来说，一个安全监管人员的个性品质、思维能力都是在工作实践中形成的。在工作实践中遇到并解决着多种多样的问题，逐渐形成了他们所从事的职业的心理品质。这些心理品质表现在：首先，安全监管人员应当具有工作所必需的道德修养，由于他们要对生产过程中事故责任者进行处理、教育，所以只有受过良好教育并具有崇高的道德品质的人，才能对人的处理产生良好的影响。其次，安全监管人员必须要有良好的分析问题的能力，如对事故原因的分析和责任的处理都需要有分析和结合能力。所以，一个安全监管人员还需要有思维的敏捷与灵活性，善于综合处理问题，在分析事故时，需要设想肇事的行为，这要求安全监管人员具有空间想象的能力。另外，还

要求具有果断、有主见、耐心、沉着、自制力、纪律性和认真精神等个性品质。

总之，安全监察人员应具备的素质应有以下几个方面：

1）应有强烈的责任感和人道主义精神。

2）有良好的业务素质和丰富的现场工作经验。应具有中等或较高的文化水平，对生产的各个环节有细致了解，对安全法规、作业规程有准确的掌握。

3）具有勤劳、果断、坚毅的性格，有敏锐的观察力和较强的分析判断能力，有认真细致、坚持到底、百折不挠的工作作风。

4）善于做人的工作，能够准确地表达自己的思想。善于说服别人，让人理解和赞同自己的观点，并能根据不同性格的人采用不同的工作方法，有较好的人际关系处理艺术。

5）有较好的身体素质，较好的视力、听力和较快的反应能力。

（2）安全监督和检查人员的工作要求

为提高安全监察人员的工作艺术，使工作更有成效，根据国内外工矿安全管理及监察人员的工作经验，应有以下要求：

1）尊重工人的劳动，使工人喜欢并尊敬你。启发工人的荣誉感，取得对方合作并唤起他们的安全意识。

2）加强对工人的思想教育工作而不是驱使和强迫；注意听其诉说困难，尽量帮助解决他们工作和生活上的困难，减轻心理负担。

3）了解职工的个性特征，以避免刺激职工或产生敌对心理；了解职工的喜恶、信念、需要和动机，保存职工的个人安全或事故记录。

4）预先解释情况的变化，清楚而精确地发布指令；征求意见和建议；急工人之所急，帮助他们解决急需解决的安全问题。

5）要有耐心，处事要公平合理，言行要一致，对人要友善、谦恭。

6）为了更有效地发现和纠正违章，不要使自己出现于某工作现场的时间具有规律性，以避免作业人员早有准备。根据人的生理节律，在工作能力的低潮时间或事故多发时间、多发季节或工作阶段，要特别加强监察活动。

## 三、针对不同个性特征职工的心理管理

1. 针对不同能力职工的管理

人的能力有大有小，但类型、特长各有不同，所谓“尺有所短，寸有所长”。很多心理学家反对用测定工人操作能力的办法来估量一个人的能力。他们认为，特殊能力是能够通过教育或训练形成和发展的，对于大多数人来说，不管原来的素质和个性心理特征如何，通过教育和训练都可以获得提高。只要培训方法得当，每个人都可能达

到一定的水平。对此，心理学家劳斯认为，能力的大小确实会受到教育和训练的影响，许多事情决定于教育和训练，取决于职业培训的方法。但同时也必须认识到，培训所能达到的效果是有一定限度的，它受天赋的制约，也更受人在长时间生活过程中形成的心理特征的制约。

由此可见，在生产过程中人的能力是不同的，不同的人所适宜从事的职务和工种亦不相同。因此，在工作分析的基础上，通过心理学的方法进行心理素质的选拔，既可以选到适宜从事某种岗位的人员，有利于节省培训经费、提高工效、保证生产和安全，也有利于求职者自己选择合适的工作。

综上所述，人与人之间的能力差异体现在能力水平和能力类型方面，因此在安排和分配职工工作时，要尽量根据能力发展水平和能力类型安排适当的工作。

2. 针对不同气质类型职工的管理

不同的气质类型其心理特征差别较大，它们各有优点，也各有不足，作为管理者，就是在安全生产管理方面，用其所长，避其所短。因此，为了保证安全生产，在安全管理工作中可按照人的气质类型特点进行有针对性的管理：

（1）胆汁质

具有胆汁质气质的人工作热情高，勇于承担困难的任务，但是脾气急躁、不稳定，易冒险作业。对于胆汁质的人既要采取有说服力的严厉批评，但又不要轻易激怒他们，避其锋芒，设法使其冷静下来再进行工作，这样有助于他们纠正错误，改进工作。

（2）多血质

具有多血质气质的人理解能力强、反应快，但粗心大意、注意力不集中。对这种类型的人应从严要求，要明确指出他们工作中的缺点；对于这种人做思想工作时，要特别注意严格要求，表扬、批评要经常进行，反复提醒，通过持久的帮助，培养他们的耐力和毅力。

（3）黏液质

具有黏液质气质的人理解能力较差，反应较慢，但工作细心、注意力集中。对这种类型的人需加强督促，应对他们提出明确的进度和速度要求，逐步培养他们迅速解决问题的能力和习惯，以扬长避短。管理者应多与他们交往，在相互了解过程中取得信任，掌握他们的思想状况，交谈时为他们提供思考的时间，不要求马上表态。

（4）抑郁质

具有抑郁质气质的人对人对事比较敏感，有时自卑感强，但一般工作认真仔细，做错了事容易自责；遇到的很多都是不愉快的事，常常会产生较大心理波动，因此不宜当面批评，而适合于先冷处理，后单独做工作，要多用暗示、表扬的方法，使其看到自己的优点和能力，增强勇气和信心，切不可过多苛责。

3. 针对不同性格职工的管理

安全管理人员必须认识职工性格的差异性，除了在工作分析的基础上，根据性格特点的不同安排不同的工作岗位外，总的原则是：针对不同的性格特点采取不同的管理方法，实行帮助和教育相结合的方法。因为人与工作的匹配不可能做到完全合适，并且人与工作都是变化的，所以根据心理学的原则进行科学的安全心理管理才是最为可靠的。虽然一个人的性格具有相对稳定性，不是一朝一夕就能改变的，但它与气质不同，人的性格是可以改变的。要创造出一个生产和工作的良好环境，引导职工以不同方式进行自我修养，如自我分析、自我控制、自我努力、自我监督等，使之在生产实践和社会实践的锻炼中，逐渐形成工作认真负责和重视安全的优良性格特征。

对于外向性格的职工，由于他们性格开朗，可以当面进行批评教育，甚至争论。但一定要坚持说理，就事论事，平等待人；对性格较内向、情感不善表达、不爱多说话的职工，适合于多用事实、榜样教育或后果教育方法，让他自己进行反思从中接受教训。对于自尊心特别强的职工，更要注意工作方法，切不可构成心理伤害。

总之，在进行安全管理和教育过程中，安全管理者应该正视职工的性格差异，不可简单粗暴，不顾职工的心理感受和承受力，否则既搞不好工作，也搞不好安全，也造成人际关系的紧张。所以，要重视了解和掌握职工的不同类型的性格，在顺应性格发展规律的同时，对确有性格缺陷，责任心差、常违反规章制度的职工，更要加强思想教育，促使职工思想认识的转变，不得已时严格按制度规定采取处罚措施。尤其对具有不良性格的职工更要注意对他们进行因势利导、区别对待，原则是让不同性格的人都既做好工作，又要心情舒畅、工作顺心，使大家齐心协力、团结互助，共同把安全工作搞好，耐心、切不可急于求成。只有这样，才能在安全管理时避免职工受到心理挫折，处理好人际关系，从而调动职工的积极性，共同搞好安全生产。

## 复习思考题

1. 谈谈安全心理素质选拔与人机匹配的必要性和意义。
2. 按照人机匹配要求进行机器设计应遵循哪些原则？
3. 卡特尔人格因素测验有什么突出特点？它在安全心理素质选拔中具有什么重要地位？
4. 培养职工个人的优良品质有哪些具体要求和方法？
5. 职工哪些常见生活事件常具有引发事故的危险？
6. 常用的安全心理测试仪器主要有几种？其各有什么用途？

# 实训四　常用安全心理测量仪器的操作使用

## 一、实训目标

1. 熟悉注意力集中能力测定仪和多项反应时测试仪的功能、基本原理和主要技术指标。

2. 掌握注意力集中能力测定仪和多项反应时测试仪的操作步骤与方法。

## 二、任务描述

1. 让学生学习并理解注意力集中能力测定仪和多项反应时测试仪的功能、基本原理和主要技术指标。

2. 通过具体操作练习掌握注意力集中能力测定仪和多项反应时测试仪的操作步骤与方法。

## 三、任务准备

1. 实验室场地准备。

2. 相关设备和仪器检测与调试。

3. 将学生以 3～4 人一组进行分组，以便操作练习时互相配合与学习。

## 四、知识要点

1. 注意力集中能力测定仪

(1) 仪器的功能与原理

该仪器可测定被试的注意集中能力，并可作为视觉—动觉协调能力的测试与训练仪器（见图 5—2）。

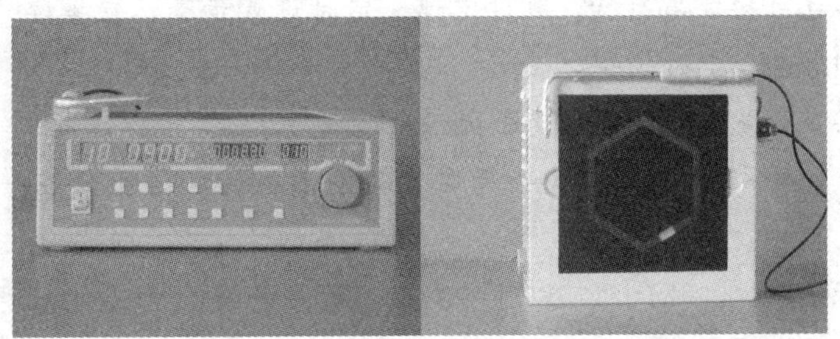

图 5—2　注意力集中能力测定仪

该仪器的原理：让被试手持光敏棒跟踪发光的转盘，必须持续地高度集中注意力才能无错误地完成这种操作，从而测试其注意集中能力。仪器还可同时实施噪声干扰以进一步测试其集中注意的能力。

(2) 仪器一般技术指标

最大定时时间：9 999 秒。

最大在靶时间：9 999.99 秒。

最大出错次数：999 次。

接收靶尺寸：10 毫米×20 毫米。

测试盘转速：10 转/分、20 转/分、30 转/分、40 转/分、50 转/分、60 转/分、70 转/分、80 转/分、90 转/分，±5%。

噪声干扰源：输出电平≥－12 分贝，（负载 32 欧姆）有效值。

外接干扰信号的输入阻抗：47 千欧。

（3）操作步骤与方法

硬件连接：将 L 形光笔插头插入主机反面“光笔输入插座”处；如果需干扰，则将耳机插头插入主机的“耳机输出”处；如果需外接干扰信号，可通过 CSX 3－3.5 型的立体声插头插入“干扰信号输入”处，最后插上电源插头。

打开电源开关，仪器自动进入上电复位状态（也可在任意时刻按红色“复位”键进行复位）。仪器面板上的转速显示“50”，定时“0 030”，在靶时间显示“0 000.00”，并且转速显示在不停闪烁。

仪器进入转速设置及定时设置，此时仪器转速显示开始闪烁，此时按定时定速键组的按钮，选择转盘速度，在每个键的左上方分别标有“10、20、30、…、90”选择相应的键，以决定转盘速度，例如按标有“30”的键，则转盘速度是每分钟转 30 圈。完成转盘速度选择后，转速显示停止闪烁。

仪器定时显示开始闪烁，按定时定速键组的按钮，选择定时时间，在每个键的右下方分别标有“1、2、3、0”，按动相应的按钮，输入定时时间数值即可，如分别输入“2”“7”“3”，即完成定时 273 秒。

此外，仪器也可按缺省运行，跳过定速、定时设置步骤，直接按“开始”键，仪器即按转速 50 转/分，定时 30 秒运行。

调节干扰噪声音量旋钮，可改变干扰强度。

被试按主试的要求将 L 形光笔头放在实验图形板的轨迹上的某一处（由主试确定）。

主试按“开始”键，被试即可以进行测试，被试手持 L 形光笔跟踪图形板下运动的红色接收靶，当光笔头第一次跟踪到红色接收靶时，仪器正式开始计时、计次。同时仪器发出“嘀嘀”两声，以示仪器开始正式测试。当定时结束后，仪器再次发出“嘀嘀”两声，以示结束。

主试记录结果。

2. 多项反应时测试仪

（1）仪器的功能与原理

从机体接受刺激到做出回答反应所需的时间即反应时间，相当于一个完整反射弧

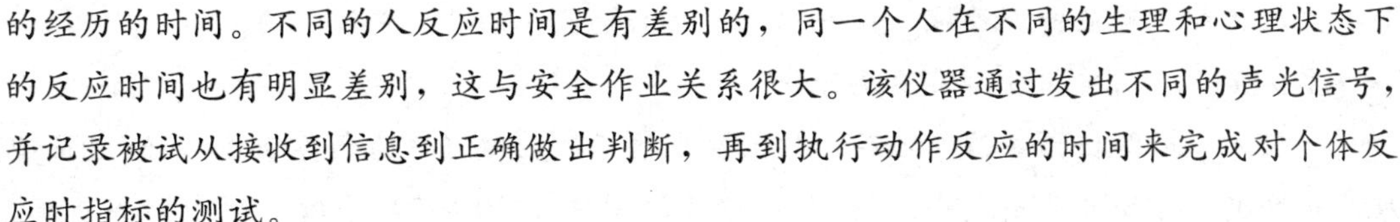

的经历的时间。不同的人反应时间是有差别的，同一个人在不同的生理和心理状态下的反应时间也有明显差别，这与安全作业关系很大。该仪器通过发出不同的声光信号，并记录被试从接收到信息到正确做出判断，再到执行动作反应的时间来完成对个体反应时指标的测试。

（2）仪器基本组成

反应时测试仪可进行选择反应时、辨别反应时、简单反应时的测定工作。该仪器主要测试人对视听信息的反应速度和准确操作能力。也能间接测试人的紧张情绪。其广泛应用于多种行业的职业能力测定和人员培训。

图 5—3 所示的一款仪器是多项职业能力测量仪，该仪器的反应时间测试是一种经典实验。它由三部分部件组成：①声、光信号发生器；②数字式（毫秒级）计时器；③被试反应键。

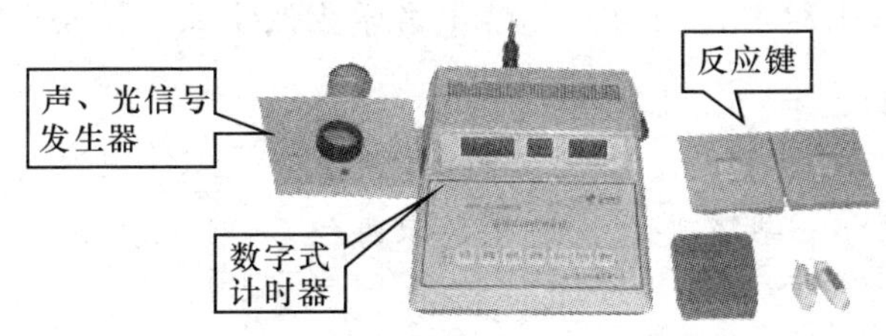


图 5—3　多项反应时测试仪

（3）仪器主要技术指标

控制主机：主试选择实验功能，显示反应时间和错误次数。

反应时间：0.000 1～9.999 9 秒，5 位数字显示。

刺激：简单反应时：声音、红光、黄光、绿光、蓝光任选一种。辨别反应时：红光、黄光、绿光任选一种。选择反应时：红光、黄光、绿光、蓝光随机自动呈现。

四种不同颜色光出自刺激光箱中央同一个孔，其直径为 35 毫米。刺激呈现时间：1 秒。反应键：红、黄、绿、蓝四个键组成被试反应键键盘，简单反应时仅用红键；反应错误或过早反应，错误警告声响，并计错误次数，最大错误次数 99 次。预备时间：预备灯亮 2 秒。反应休息间隔：选择反应时、辨别反应时：1.5 秒；简单反应时：2～7 秒随机变化。

实验次数设定：10～90 次（每挡 10 次）或者不限。最大反应次数：255 次。最大有效反应时：6.553 5 秒，超过最大反应时不再反应，并计错误次数 1 次。

（4）操作步骤与方法

其中，简单反应时的测量方法是：

红光、黄光、绿光及声音四种刺激，主试可任选一种作为呈现刺激。主试按“方式”键，选择其刺激方式，对应亮其左侧指示灯。

主试将相应反应键给被试，另一端插入背面插件孔的“反应键”内。

主试按下“简单”键，实验就开始。

反应方式为给出预备信号之后，被试要先按下反应键（作为预备动作），做出正确反应是松键（即松开手指或脚）。如果在预备时间内没有按下反应键，则出警告声响，并且计时停止，显示窗没有显示。预备信号显示持续时间为2秒，但每次预备信号间隔给出10种不同的时间，分别为：2秒、7秒、3秒、4秒、5秒、7秒、4秒、2秒、5秒、3秒。呈现时间为1秒，刺激间隔3秒。循环10次。

试验10次之后，自行停止，显示窗呈现给定光的正确总反应时间与平均反应时。

## 五、实训过程

1. 由实训教师讲解设备的基本组成、工作原理和用途。

2. 对设备的操作步骤和方法进行演示。

3. 将学生以3人1组进行分组，安排1名学生做主试，1名做被试，另一名观摩学习，然后轮换。

## 六、注意事项

1. 实训分组时每组一般不要人数过多，以每组3～4人为宜。如果设备不足，可分批进行。

2. 强调纪律很重要，心理测试仪器有些部件为易损件，要强调对仪器的爱护。

## 七、总结与思考

1. 注意力集中能力测定仪主要测试什么安全心理素质？如果测试某被试的在靶时间比大多数人时间偏低、出错次数较多说明什么问题？会形成什么不安全心理因素？

2. 多项反应时测试仪主要测试什么安全心理素质？简单反应时、选择反应时和辨别反应时都有什么区别？被试的反应时偏长一般是由什么心理因素所造成？对安全生产有什么危害？

# 第六章

## 安全心理健康管理

**本章学习目标**

1. 掌握心理健康的概念，深入理解心理健康对安全生产的影响。
2. 熟悉常见的心理疾病及其特征。
3. 掌握判断心理正常与否的三项原则。
4. 了解压力对生理心理各系统的影响和常见的心身疾病。
5. 熟悉 EAP 的一般概念及其实施类型与内容。
6. 熟悉常见的心理疗法种类及其基本特征。
7. 掌握理性情绪疗法的一般步骤与要领。

## 第一节　安全心理健康概述

### 一、心理健康及其对安全生产的影响

1. 心理健康的概念

心理健康是指人在心理和社会功能两方面的完好状态，即认知、情感、意志和社会适应等方面的正常状态。实际而言，只要“个体心理在本身及环境（社会）条件许可范围内，能达到最佳功能状态，即是心理健康，而不是指绝对的十全十美”（《简明不列颠百科全书》）。

一般来说，符合下列标准可视作心理健康：

（1）情绪稳定，没有长期持续的紧张和焦虑。

（2）乐于工作，能在工作中表现自己的能力。

（3）能与他人建立和谐的关系，且乐于和他人交往。

（4）能正确面对生活中的难题和挫折，并能积极想办法解决问题，而不逃避问题。

（5）对自己有适当的了解，能以肯定的态度对待自己；不过分夸耀自己，也不过分要求自己，具有适度的自我批评能力。

（6）自己的生活理想和生活目标切合实际。没有过度幻想，个人所做的事多是符合实际条件的、可能完成的工作。

（7）在符合集体要求的前提下，能适当地发挥个性。有个人独立的意见，有判断是非、善恶的能力，对人不作阿谀奉承，也不过分追求别人的称赞。

应该指出的是，世界上不存在绝对的心理健康，绝大多数的时间能具有一种基本良好的情绪，那么就算是心理健康的。每个人都可能遇到挫折或违背个人愿望的事件，出现短期的情绪波动，甚至悲痛欲绝、泪流满面、愤怒暴躁等，这些都很自然，只要这些负性情绪不是延续太久，都可以算作正常范围。然而，如果不良情绪不间断地持续一个月以上，或不良情绪间断地持续两个月以上仍不能自行化解，就要考虑心理健康已受到伤害，出现心理问题了。

2. 心理健康因素对安全生产的影响

心理健康是一个人生活幸福、工作顺利的保证，也是安全生产的重要条件。在焦虑、抑郁等心理问题存在的情况下，会对人的感知、记忆、思维、注意等心理功能产生损伤，其表现可能有：

（1）会降低感知觉能力，使视觉、听觉等的感受性下降，注意广度、注意集中能力、注意分配能力及注意的灵活性大大降低，这对作业现场的危险辨识十分不利，工作的稳定性、准确性、可靠性都难以保证。

（2）引起信息输入、思维过程、行动反应迟缓，记忆功能受损，这对很多生产作业活动的要求都不能适应。

（3）很多心理健康问题都伴随睡眠障碍，造成意识清醒水平下降，神志恍惚，这会大大提高发生意外差错的可能性。

（4）对事物兴趣的丢失或水平的降低，导致对周围现场条件的变化不敏感，可能对人员和信号装置、仪器、设备发出的报警信号视而不见、充耳不闻，增加事故发生的可能性。

（5）情绪低落、沉默寡言或激越型情感障碍的人动作、言语过多、易激惹等不利于工友之间沟通和协作。

（6）焦虑不安、恐惧、过度机警、强迫性动作或思维，会造成对生产现场的危险源错误反应或失去反应能力，这对安全作业十分不利。

例如某煤矿掘进工，其哥哥在一次水灾事故中遇难，此后自己上班再也安不下心来了，脑子里总是无法摆脱哥哥在灾害发生时的情景，每次走到工作面，心里就特害怕，总觉得不定哪天灾难就会降临到自己头上（这是比较明显的创伤后应激障碍症状）。某天早班，该职工在井下做信号把钩工作中，因其精神恍惚，注意力不集中，被挡车栏刮伤，造成右臂和右大腿骨折。

## 二、职工常见的心理健康问题

1．焦虑症

正常人在面对困难或有危险的任务时，可产生焦虑，出现令人不愉快的紧张状态，这种焦虑通常并不构成疾病，是一种正常的心理状态，或可有利于应对即将发生的危机，可称之为焦虑情绪。而焦虑症是一种具有持久性焦虑、恐惧、紧张情绪和植物神经活动障碍的脑机能失调。

就一般焦虑情绪而言，焦虑又有急性焦虑和慢性焦虑之分。急性焦虑表现为病人在某一急性精神创伤后突然发病，莫名其妙地惊恐、心慌、出汗、面色苍白、两手发抖等，发作过后，感到一切都恢复正常；有时则使人经常处于一种紧张不安状态，担心此病会再来。慢性焦虑表现为心悸、烦躁、忧郁、易紧张、易激惹，稍有刺激声和麻烦事甚至大发脾气，事后能有自知之明并有后悔感。

焦虑症的具体症状常见有以下四类：

（1）身体紧张。常常觉得自己不能放松下来，全身紧张。患者面部绷紧，眉头紧皱，表情紧张，唉声叹气。

（2）自主神经系统反应性过强。交感和副交感神经系统常常超负荷工作，患者出汗、晕眩、呼吸急促、心跳过快、身体发冷发热、手脚冰凉或发热、胃部难受、大小便过频、喉头有阻塞感。

（3）对未来莫名地担心。总是为未来担心，无来由地担心自己的亲人、财产、健康。

（4）过分机警。对周围环境的细微动静充满警惕，时刻处在戒备状态，因而常影响工作，影响睡眠。

焦虑症严谨分类包括多种障碍类型：恐惧症、惊恐障碍、广泛性焦虑障碍、强迫—冲动障碍、创伤后应激障碍、急性应激障碍等（见表 6—1）。

表 6—1　　各种焦虑障碍的特征表现

| 障碍 | 表现 |
| --- | --- |
| 恐惧症 | 害怕和回避没有实际威胁的物体或情境 |
| 惊恐障碍 | 反复的惊恐发作，伴随眩晕、心跳加速、颤抖等生理症状，也伴有惊骇、难逃劫数之感或伴有广场恐惧症 |
| 广泛性焦虑障碍 | 经常为小事产生持续的、不可控制的担忧 |
| 强迫—冲动障碍 | 强迫观念：出现难以控制的思维、冲动、意向；强迫行为：不断重复的行为或精神活动 |

续表

| 障碍 | 表现 |
| --- | --- |
| 创伤后应激障碍 | 经历创伤性事件后引起高唤起症状，回避和事件有关的刺激，回忆该事件则会引起焦虑 |
| 急性应激障碍 | 和创伤后应激障碍的症状相同，但其持续时间为4个星期或更短 |

需要指出的是，焦虑情绪是一种不良情绪状态，可以通过自我调整来解决；而焦虑症就不但是一种负性情绪状态，而且是一种应予专门治疗的心理障碍。

关于焦虑症的诊断，心理学界常使用焦虑自评量表（即SAS量表）。

2. 抑郁症

抑郁症是一种以抑郁情绪为突出症状的心理疾病。它并不是一种单一的疾病，而是由多种类型组成的一组疾病。其常见类型有：内源性抑郁症、反应性抑郁症、隐匿性抑郁症、产后抑郁症、更年期抑郁症、抑郁性神经症、药物引起的继发性抑郁症等。

抑郁症的临床表现有以下特点：

(1) 抑郁心境。这是抑郁症患者最主要的特征。轻者心情不佳、苦恼、忧伤，终日唉声叹气；重者情绪低沉、悲观、绝望，有自杀倾向。

(2) 兴趣缺失。对日常生活的兴趣丧失，对各种娱乐或令人高兴的事体验不到乐趣。轻者尽量回避社交活动；重者闭门独居、疏远亲友、杜绝社交。

(3) 无明显原因的持续疲劳感。感觉自己身体疲倦，力不从心，学习、生活和工作丧失积极性和主动性。

(4) 睡眠障碍。有70%～80%的抑郁症患者伴有睡眠障碍，患者通常入睡无困难，但几小时后即醒，故称为睡眠清晨失眠症、中途觉醒症及末期失眠症，醒后又处于抑郁心情之中。还有少数的抑郁症患者睡眠过多，称为多睡性抑郁。

(5) 食欲改变。表现为食欲减退、体重减轻，但也有少数患者有食欲增强的现象。

(6) 躯体不适。普遍有躯体不适的表现。患者常检查和治疗不明原因的疼痛、疲劳、睡眠障碍、喉头及胸部的紧迫感、便秘、消化不良、肠胃胀气、心悸、气短等病症，但多数对症治疗无效。

(7) 自我评价低。轻者有自卑感、无用感、无价值感；重者把自己说得一无是处，有强烈的内疚感和自责感，甚至选择自杀作为自我惩罚的途径。

(8) 常伴有焦虑、烦躁、记忆力减退、思维迟缓等症状。

关于抑郁症的诊断，心理学界较常使用的是抑郁自评量表（即SDS量表）。简要的鉴别方法可以参照世界卫生组织制定的《国际疾病分类》（ICD）或美国精神病学会制定的《精神障碍诊断和统计手册》（DSM，2000）来鉴别，见表6—2。

表 6—2　抑郁症的诊断标准

| 几乎每天的大部分时间里悲伤、心境低落、对寻常的活动丧失乐趣与缺乏兴趣达两周，并且符合下列症状中至少 4 种症状： |
| --- |
| （1）睡眠困难（失眠症） |
| （2）活动水平发生变化，嗜睡（心理运动迟钝） |
| （3）缺乏食欲，体重下降，或食欲增强，体重增加 |
| （4）缺失活力，疲劳 |
| （5）消极的自我概念，自我责备，无价值感，过度的罪恶感 |
| （6）思考能力或专注能力减退，缺乏判断能力 |
| （7）反复想到死亡或自杀 |

3. 强迫症

强迫症是以强迫观念和强迫动作为主要表现的一种神经症。强迫症是以不能为主观意志所克制，反复出现的观念、意向和行为临床特征的一组心理障碍。以有意识的自我强迫与有意识的自我反强迫同时存在为特征，患者明知强迫症状的持续存在毫无意义且不合理，却不能克制地反复出现，越是企图努力抵制，反而越感到紧张和痛苦。病程迁延者可以仪式性动作为主要表现，虽精神痛苦显著缓解，但其社会功能已严重受损。

强迫症的临床表现多种多样，一般分为强迫观念及强迫行为两类。强迫观念是指某些思想或某些想法不断重复出现，明知没有必要，但就是无法摆脱；强迫行为则是指病人为了减轻因强迫观念所引起的焦虑，不由自主采取的各种相应的行为。其中，前者又可细分为强迫回忆、强迫联想、强迫疑虑，强迫性穷思竭虑和强迫性对立思维；后者分为强迫意向、强迫性计数、强迫性检查、强迫性洗手、强迫性仪式等。

4. 恐怖症

恐怖症又称恐怖性焦虑障碍，是一种以过分和不合理地惧怕外界客体或处境为主的神经症。其对某些情境、场合产生不必要的十分恐惧的心情，不能自控地尽量回避，不但别人认为难于理解，全无必要，有时本人也知道这是不切实际、不合情理的，但却不能摆脱，并由此而苦恼。患者对恐怖对象常采取回避行为，并有焦虑症状和植物神经功能障碍。

恐怖症可分为单纯恐怖症（对一件具体的东西、动作或情境的恐惧）、广场恐惧症（害怕大片的水域、空荡荡的街道）和社交恐怖症。社交恐怖症较多见，包括与异性交往的恐怖。患有社交恐怖症的人害怕在社交场合讲话（在会场上讲演、在公共场合进餐时交谈），担心自己会因双手发抖、脸红、声音发颤、口吃而暴露自己的焦虑，觉得自己说话不自然，因而不敢抬头，不敢正视对方眼睛。

5. 酒精使用障碍

酒精使用障碍包括普通醉酒、酒精滥用、酒精依赖等。患者长期大量饮酒导致慢性中毒而引起精神活动方面的异常。临床上通常惯用酒精中毒性精神病、酒精中毒性抑郁、焦虑等来表述。表现为：焦虑、自卑、抑郁等情绪障碍，有的甚至出现妄想、幻觉、敏感多疑、嫉妒等精神病性症状，有的人格明显改变、记忆损伤、智能缺损或有较重自我伤害风险等。另外，由于饮酒而经常与家庭、单位闹矛盾，出现人际关系紧张、家庭不和及工作质量下降，造成严重的家庭、社会功能损伤，特别是对企业的安全生产也会产生很大影响，其在各种事故的发生原因中都占有相当的比例。

6. 睡眠障碍

睡眠障碍是指睡眠量不正常以及睡眠中出现异常行为的表现，也是睡眠和觉醒正常节律性交替紊乱的表现。据世界卫生组织 2012 年调查，在世界范围内约 1/3 的人有睡眠障碍。据 2009 年全国流行病调查发现，我国成年人中睡眠障碍发病率高达 35%～40%。睡眠障碍可由多种因素引起，常与心理与生理疾病有关（如焦虑、抑郁状态常伴有睡眠障碍），包括睡眠失调和异态睡眠，包括失眠、过度嗜眠症、发作性睡病、睡行症、睡眠窒息综合征等，最常见的是失眠症，类型有入睡困难和续睡困难或早醒。睡眠是维持人体生命的极其重要的生理功能，长期失眠会导致大脑功能紊乱，严重影响身心健康和安全生产。

研究表明，长期失眠、睡眠不足的状态下，人易于发生下列变化：疲乏无力；有焦虑、紧张、不安或压抑感；注意力集中困难，容易忘掉作业程序中的某些环节或出现多余动作；感知觉迟钝，甚至发生错觉，思维混乱，动作准确性降低，即使努力加以控制亦难以做到，有力不从心之感；意识清醒程度下降。这些症状会大大提高事故发生的可能性。例如美国国家高速公路交通安全管理局（NHTSA）调查显示，睡眠不足引起的严重交通事故的致死率为 15%～36%。此外，失眠人群患抑郁症的人数为正常人的 3 倍，遇有抑郁症伴严重失眠的病人，他们中的自杀率大大增加。

## 三、心理健康评估

1. 判断心理正常与否的三项原则

怎样衡量心理健康及其水平是一项重要的也是复杂的课题。企求绝对客观的划分标准是困难的。健康正常与否的界限是相对的，并没有截然绝对的分界线。一般常用以下三项原则作为判断心理健康的标准：

（1）心理与环境的同一性

心理是客观现实的反映，任何正常的心理活动和行为，无论其形式和内容都应与

客观环境（自然环境，特别是社会环境）保持一致性，人的心理或行为只要与外界失去统一性，就难以为人所理解。

（2）心理与行为的统一性

一个人的认知、体验、情感、意志行为在自身是一个完整的、协调一致的统一体。这种统一性是确保个体具有良好社会功能和有效地进行活动的心理基础。例如，遇到一件令人庆幸的事，在感知它的同时，应有愉快的情绪体验及相应的表情，并用欢快的语调和行为来表达；如果一个人用低沉不快的语气叙述一件愉快的事，或者对痛苦的事件做出欢快的行为反应，那就属于不健康的异常状态了。

（3）人格（个性）的稳定性

一个人在长期的生活经历过程中形成独特的个性心理特征，个性心理特征形成之后就具有相对的稳定性，并在一切活动中显示其区别于他人的独特性，在没有重大的变故情况下，一般是不易改变的。如果一个爽朗、乐观、外向的人，突然变得沉闷、悲观、内向，那就要考虑他是否出现异常，他的心理（或行为）是否已经偏离了正常轨道。

上述三条原则是从外显行为是否表现异常来评估个体心理健康与否，但仅此三条还是很不够的，因为虽属行为正常，但其健康水平尚有高低差别。

2. *心理健康的评估方法*

心理健康状况和心理障碍的评估和诊断，必须以严谨的态度和科学的方法进行。需要依据心理健康标准，综合运用会谈法、观察法、心理测验（量表）法、医学检查法进行。会谈法是指咨询者通过与来访者谈话来了解其心理健康状况，达到评估其心理健康状况之目的的一种方法。观察法是通过有目的、有计划地观察来访者的外部表现，如动作、姿态、表情、言语、态度和睡眠等，来评估和判断其心理健康状况。心理测验量表法就是用一些经过选择加以组织的可以反映出人们一定心理活动特点的刺激（如一些日常生活中的事件），让被试对此做出反应（如回答问题），并将这些反应情况数量化以确定一个人心理活动状况的心理学技术。心理测验量表的种类繁多，数以千计，比较常用的也有300多种。按测验的目的可分为智力测验、人格测验、能力倾向测验、神经心理测验、心理健康评定等量表。用于评定心理健康目的的称为心理健康评定量表。最常用的心理健康评定量表有90项症状自评量表（SCL－90）、抑郁自评量表（SDS）、焦虑自评量表（SAS）、社会支持评定量表、生活事件量表（LES）等。

# 第二节　职业压力与心身疾病

## 一、压力对生理心理各系统的影响

1. 压力引起的生理反应

人体的压力反应机制是在漫长的生物进化过程中形成的，它是面对外部危险时的一整套有效的内在生理活动调节的过程，当压力对个体构成威胁时，个体就会通过人类在长期进化过程中形成的紧急性压力反应机制做出相应的生理性调节，以应对压力威胁的挑战。这种生理性反应主要通过植物神经系统与人的下丘脑—垂体—肾上腺系统来进行机体的管理与协调。当人体内的压力管理系统由于长期的压力而被透支的时候，就会出现身心疲惫的症状。如果这种超负荷压力长时间地持续下去，就会造成永久性的机体伤害。

压力生理反应主要从三个方面来进行：

（1）将压力信号从大脑传输到心、肺等重要器官，提高心跳、血压、呼吸等方面的机能水平，促进血液的循环与供给，并使支气管急速扩张，以补充身体激烈运动所需要的大量能量与氧气。同时，那些暂时不需要的生理机能会受到抑制。例如，外围血管出现收缩，以保证血液能集中流入肌肉、心脏和大脑，于是导致手脚发凉。另外，需要消耗能量的肠胃运动减缓，唾液分泌减少，以集中能量使机体获得更好的运动效能。这也是压力出现时会出现口干舌燥、食欲减退、肠道功能紊乱等躯体反应的原因。

（2）将压力信号从大脑传送到肌肉和骨骼，此时，肌肉血管会迅速扩张，以使肌肉运动有充分的血液供应，并为突然的运动爆发（“战斗或是逃跑”）做好准备。例如这时会手心、脚底出汗，其原始功能是让人能更为有力地抓握武器或者奔跑。

（3）将压力信号从大脑传输到下丘脑、肾上腺、甲状腺等器官，使之分泌激素以强化机体的运动能力，加速新陈代谢，促使心率加快，血糖增高，腹腔内血管收缩，心、脑、骨骼肌的血管舒张，同样为了增加运动器官的供能。

实际上，人在面临压力时的生理反应涉及全身的各个系统（见表6—3）。

表6—3　　人在面临压力时的各个系统生理反应

| 身体不同系统 | 生理反应 |
| --- | --- |
| 感觉系统 | 各种感觉功能↑ |
| 内分泌 | 糖皮质激素↑；肾上腺素及去甲肾上腺素↑；胰高血糖素↑ |
| 呼吸系统 | 呼吸频率↑；气管扩张↑ |

续表

| 身体不同系统 | 生理反应 |
|---|---|
| 循环系统 | 心率及心输出量↑ |
| 消化系统 | 胃酸↑；其他消化液↓；平滑肌蠕动↓ |
| 血液系统 | 外周血管收缩↑；血液黏稠度↑ |
| 肌肉骨骼系统 | 肌张力↑；肌糖原分解↑；乳酸↑ |
| 泌尿系统 | 抗利尿素及醛固酮↑；尿量↑ |
| 免疫系统 | 免疫细胞（如淋巴细胞）活性↓；抗体数量↓ |

2. 压力引起的心理反应

压力（应激）同样也会给人们心理上带来影响，即压力的心理反应。压力的心理反应类型与强度取决于刺激物的性质和特点、当事人的心理特点和环境因素。不同的人对同一刺激物，同一个人对不同的刺激物或同一个人在不同时期对同一刺激物都可以有不同的心理反应。影响的程度视个体知觉到的压力水平高低而定。

压力所致的心理反应常见有：

（1）情绪反应

例如焦虑、抑郁、烦躁不安、恐惧和愤怒等。人在恐惧和愤怒时可使意识变得十分狭窄，判断力、理解力降低，甚至出现理智和自制力丧失，造成正常行为的瓦解，可能出现攻击行为，甚至自杀行为。

（2）习得性无助

这是一种在不自觉中学习到的消极态度和行为，表现为：消极、被动、无所适从、无所作为和听之任之；自卑或丧失自信；出现悲观失望和无助的心理。

（3）认知功能障碍

目前，国内外均已把应激对脑功能的影响作为一个重要研究问题。研究表明，持久或过度应激会通过对脑结构和激素的变化引起脑认知功能的改变。压力对认知功能的损伤一方面是应激造成机体内稳态的紊乱而损害人的认知功能，另一方面是应激引起的消极情绪反应降低了人的认知能力。在应激状态下，由于认知功能障碍，会有以下认知功能损害：短期和长期记忆力减退；注意力分散，注意范围缩小；忽视、误解一些明显信息；反应速度减慢；做出错误的判断，出现不适当的冲动行为；心烦意乱导致思维混乱，尤其是复杂思维任务的成绩会大大下降。

（4）自我评估能力降低

重大压力源促使人的自主感和自信心受到破坏，比如那些对人生具有较大威胁的事物，如失业、退学或晋升失败、亲人伤亡、个人重大疾病等，可能会使人感到悲观、沮丧和抑郁而导致自我价值感下降。

压力所致的心理反应是压力反应的常见环节，也是生理和行为反应的主要原因。

这些心理反应达到一定的强度和持续时间则会成为心理疾病的直接促发因素。

3. 压力的行为症状

压力会引起不适的生理、心理症状，也会导致一些行为上的应对反应，以试图减轻或消除压力的影响。压力下的一般行为反应有以下几种常见类型：

（1）逃避性行为反应

指通过消极改变来应对压力，包括以退缩或逃避行为来远离应激源，比如一个由于学习不好而受到家长和老师经常性批评或漠视的学生，可能逃学或离家出走；或改变自己的行为方式和生活习惯，比如酗酒、嗜烟、吸毒或药物滥用来暂时缓解心理反应；或自我克制、否认；或出现自伤甚至自杀行为等。还有可能表现为拖延和避免某种工作、故意缺勤等。

（2）攻击性行为反应

指针对压力源的攻击性行为反应，如寻衅、挑剔，攻击、侵犯他人，破坏财产，冒险蛮干及不讲后果的冲动行为等。

（3）主动积极应对性行为反应

指通过积极行为来应对压力，如改善工作环境、家庭环境、人际环境；主动寻求帮助与支持，主动宣泄、疏解不良情绪；转移注意，培养业余爱好等。

## 二、职业压力与心身疾病

1. 概述

心理压力引起的身心失调长久以来已经替代了流行性传染性疾病，而成为主要的医疗问题。近几十年来，在美国、西欧和日本以及许多后工业化国家，有四种病症变得越来越非常突出，它们是：心脑血管疾病、癌症、关节炎和呼吸系统疾病（包括支气管炎和肺气肿）。与压力有关的更多健康问题包括：糖尿病，过敏症，消化系统疾病或失调（胃及十二指肠溃疡、胃炎、结肠炎、习惯性腹泻或便秘，胃口不好或胃口过大，经常呕吐等），心率过速，头疼，失眠，尿频，颤抖，神经性抽搐，痛经，月经前紧张或月经失调等。另外，生活中的应激事件同伤风、流行性感冒、结核及各类过敏性疾病的发生次数、症状轻重及病程长短存在着显著联系，例如，人类在居丧期间远比平时容易生病，甚至人的衰老也与日常生活中的压力有关。

2. 压力的致病机制

如前所述，机体在压力状态下各系统都会发生一系列变化，内分泌、呼吸、循环、消化、血液、肌肉骨骼、泌尿诸系统都会做出反应，这些反应使各系统产生许多不利变化，其导致的疾病也遍及各个系统。比如压力下使循环系统负荷增加，这是压力导致心脑血管病症的主要机制。压力导致的免疫系统功能下降亦是引起健康问题的主要因素之一。免疫系统是一个复杂的系统，它通过隔离和破坏细菌、病毒以及其他外来生物体来达到保护机体的目的。当外来生物体侵入机体时，免疫系统产生大量抗体来攻击或破坏它们。澳大利亚新南威尔士大学的巴特维帕等人，曾对丧偶不久的 26 名试验对象进行了免疫功能的测定。结果发现，试验对象居丧两个月之后，体内淋巴细胞的活性明显降低。这就是说，大的压力事件会对人体免疫系统造成损害。另外，压力对免疫系统的第一道屏障——皮肤和黏膜的功能也会造成影响，其可能的机制是：压力产生时，能量大量向肌肉和大脑分散，为应对做出准备，从而使皮肤和黏膜所需的能量减少，也就压制了其免疫功能的正常工作，提高了机体被病毒、细菌感染的危险，各种感染性疾病也就容易发生了。

3. 压力与重大疾病的关系

心血管病、脑血管病和恶性肿瘤是威胁人类生命的前三位原因，是最重大的三种疾病，或称为“三大杀手”。在我国，这三大杀手已占到城乡居民死因构成的近 70%（见表 6—4）。同时，众多研究表明，这三大疾病均与压力因素密切相关。

表 6—4　　2008 年城乡居民前十位疾病死亡专率及死亡原因构成

| 顺位 | 城市 | | | 农村 | | |
|---|---|---|---|---|---|---|
| | 死亡原因（ICD-10） | 死亡专率（1/10 万） | 构成（%） | 死亡原因（ICD-10） | 死亡专率（1/10 万） | 构成（%） |
| 1 | 恶性肿瘤 | 166.97 | 27.12 | 恶性肿瘤 | 156.73 | 25.39 |
| 2 | 心脏病 | 121.00 | 19.65 | 脑血管病 | 134.16 | 21.73 |
| 3 | 脑血管病 | 120.79 | 19.62 | 呼吸系病 | 104.20 | 16.88 |
| 4 | 呼吸系病 | 73.02 | 11.86 | 心脏病 | 87.10 | 14.11 |
| 5 | 损伤及中毒 | 31.26 | 5.08 | 损伤及中毒 | 53.02 | 8.59 |
| 6 | 内分泌营养和代谢疾病 | 21.09 | 3.43 | 消化系病 | 16.33 | 2.65 |
| 7 | 消化系病 | 17.60 | 2.86 | 内分泌营养和代谢疾病 | 11.05 | 1.79 |
| 8 | 泌尿生殖系病 | 6.97 | 1.13 | 泌尿生殖系病 | 5.70 | 0.92 |
| 9 | 神经系病 | 6.34 | 1.03 | 神经系病 | 4.35 | 0.70 |
| 10 | 精神障碍 | 3.69 | 0.60 | 精神障碍 | 4.27 | 0.69 |
| | 十种死因合计 | | 92.36 | 十种死因合计 | | 93.46 |

资料来源：《2008 年我国卫生事业发展统计公报》，卫生部网站，http：//www. moh. gov. cn

4. 压力与心脑血管病

美国和瑞典学者对 96 万名员工进行的一项研究发现，高工作压力的员工患心脏病的概率比低工作压力的员工大 4 倍。2007 年欧洲心脏病医学协会（European Society of Cardiology）在荷兰召开第五十届年会，英国研究人员海明威表示，生活中的心理社会因素对心脏病的影响，其实比抽烟、饮食习惯等生活形态的影响还大，但却长期

受到忽略。

研究表明，大脑和心脏之间存在有反馈回路。大脑的学习、情绪及记忆等区域与心脏的跳动密切相关。压力大会导致大脑功能失去平衡，输出更多的信号会引起致命性心律失常而引发猝死。压力所引起的交感神经兴奋和肾上腺髓质激素分泌的增加所导致的循环系统的应激反应使高血压、高血脂、动脉硬化和心律失常的危险增加。交感神经兴奋还可诱导冠状动脉内血小板聚集和血栓形成，从而诱发急性心肌梗死。此外，长期处于高压力状态，可引发一些不利于健康的行为，如吸烟、饮酒、高脂饮食和缺乏体育锻炼等不良生活习惯可以间接增加心脏病发生的危险。

5. 压力与肿瘤

目前，不少国家的专家们认为，长期紧张会增加患癌的危险性。澳大利亚的研究人员曾报告，心理紧张的人患大肠癌的危险性更大。为了证实心理紧张与大肠癌发病之间的关系，美国加州大学考特尼等与瑞典的研究人员一起，从斯德哥尔摩地区大肠癌患者的数据库中找出了569名大肠癌男女患者，并任意选择了150名未患癌症的成年人进行对照。进行压力测试后发现，工作负荷重和工作环境不佳的人，发生大肠癌的危险性是工作压力轻、工作环境理想者的5.5倍。并且即使排除了同大肠癌有关的饮食及其他因素后，压力所致的心理紧张与癌症仍有密切的关系。另有研究表明，动物在持续紧张状态下也会导致细胞突变，最终形成恶性肿瘤。在4个月中连续地隔1天1次给予紧张刺激的老鼠，与未经受紧张刺激的老鼠同样暴露在致癌物质乌拉坦（氨基甲酸乙酯）下，前者更容易发生肺癌。研究指出，紧张使患癌概率增加是由于应激下的生理反应造成的过氧化因素导致的细胞DNA损伤所致。

6. 过劳死

过劳死的简单表述即由工作劳累过度引起的死亡。一般认为，过劳死是指劳动者的正常工作规律和生活规律遭到破坏，体内疲劳蓄积并向过劳状态转移，使血压升高、动脉硬化加剧，或突然引发身体潜在的疾病急性恶化，进而出现致命的状态。过劳死不是个纯粹的医学名词，它主要强调一个性质，即由工作过度引起的突然死亡（或残疾），并且应该得到赔偿。

从危害后果上看，源于工作的过劳死应与事故导致的死亡无异，也完全可以认为是一种特殊类型的事故。过度劳累对劳动者的身心健康造成了极大的损害。加班时间过长、劳动强度过重、心理压力过大，轻则造成劳动者健康受损，重则导致劳动者死亡。调研表明，中国已成为全球工作时间最长的国家之一，人均劳动时间已超过日本和韩国，每年有60万人过劳死，已远远超过由生产事故导致的死亡。

# 第三节 职工心理压力的组织管理

## 一、职业压力管理的意义

进入21世纪以来，影响职工心身健康和安全生产的心理压力问题已成为人们关注的焦点。近年的大量研究表明，半数以上的事故源于心理压力所致的不安全心理和行为问题，70%以上的身体疾病其发病原因与压力性心理因素密切相关，各类人群中日益严重的心理健康问题也主要由心理压力所致。国际劳工组织的调查报告认为："心理压力已经成为21世纪最严重的健康问题之一。"

职业压力管理不一定能在短期内给企业带来效益，所以很多企业并不认为职业压力管理与企业的安全发展有着密切的关系，事实上这种想法是错误的。目前，国际上已普遍认识到，心理压力使员工个人的身心健康和企业的安全和谐发展都蒙受巨大的损失。英国压力研究中心研究表明，由于工作压力造成的损失已达整个GDP的10%！据美国研究机构调查：每年因员工心理压力给美国公司造成的经济损失高达3050亿美元，超过前500家大公司税后利润的5倍。因此，搞好职工心理压力与安全心理管理已成为21世纪企业管理最为迫切的课题之一。

在我国从计划经济向市场经济转型和改革的过程中，社会的剧烈变动，竞争的不断加剧，各种利益关系在迅速调整，企业和员工都在经历着前所未有的生存与发展的考验。面临着空前的压力，更加沉重的生活负担，更多的工作量、更长的工作时间、更激烈的就业竞争，所有的这一切都会不可避免地对每一个组织和个人带来一定的影响。

员工作为企业最宝贵的资源和财富的创造者，理应得到尊重和爱护，如果企业可以真正关心压力对员工身心健康的影响，为他们解决内心的压力，那么员工势必会毫无后顾之忧地为企业发挥自己的才能，对企业的安全和谐发展竭尽全力地工作。因此，重视员工压力管理，应成为组织人力资源管理的一个重要方面，员工压力管理有利于减轻员工过重的心理压力，有效地维护、保持企业的"第一资源"——人力资源，其不但对安全生产和职工健康十分有利，而且可以进而提高整个组织的绩效。这些组织绩效可包括如下诸多方面：

（1）降低事故发生率和缺勤率。

（2）提高生产力和工作效率，降低生产成本。

（3）提升职工间的合作关系。

（4）提高员工士气和积极性。

（5）树立组织关心员工的形象。

（6）增强人才的满意度和归属感，有利于吸引人才及保留员工。

（7）优化企业文化，树立企业良好形象。

## 二、企业压力管理的内容与途径

完整的企业职工压力管理方案是指企业为增进其员工的身心健康而对内部职工进行预防和干预的系列措施，是企业职业压力的管理体系和方法。包括减少或消除职工所处的工作和管理环境造成的压力源，减轻职工由压力所致的生理、心理和行为反应，以及提高个体压力应对能力与技巧三个方面。其中第一个方面即职工的压力源管理主要靠组织层面的改进以减少或消除不适当的管理和环境因素来解决，后两个方面主要靠培训来解决。

1. 压力源管理

压力源是压力结果的直接来源，通常所讲的过高的工作压力主要就是指压力源因素是呈高压的状态。在对压力源进行全面调查测量的基础上，找出过高压力的主要诱因，进而拟订并实施针对性的压力减轻计划，从源头上消除引起消极压力结果的因素。比如不良的工作条件如果是引起消极压力结果的主要压力源因素，那么对该因素的调整就表现为：通过改善生产现场的环境（如温湿度过高、噪声、空间狭窄与杂乱）、提高设备的质量、重新布置格局、播放背景音乐等措施，使员工在工作中体验到安全舒适愉快的感觉，从而减轻压力、提高工作绩效。同时，组织必须评价这些措施的执行结果，以确保措施的有效性。

影响职工的主要工作压力源都需要组织层面的干预措施。而减轻或消除工作压力源并不是单纯地改变某个条件或调整某个部门，它涉及诸多方面，如：改善工作条件、增加安全投入、消除安全隐患；严控加班延点，给职工有较多时间休息和照顾家庭；增加组织沟通，搞好上下级及同事之间的关系；增加劳动报酬，保证组织公平；加强职业生涯规划管理，保持企业内部晋升渠道畅通；开展心理和身体健康教育活动，实施职业心理健康管理等。

（1）减轻工作负荷和时间压力，帮助职工更好地平衡工作与生活。一是适当地减轻某些群体如生产人员、基层职工等的工作负荷；二是重新评估完成任务的时间是否充分；尝试弹性工作制，帮助那些需要同时兼顾工作、家庭的职工能灵活地扮演自己的工作角色和家庭角色；三是为职工提供照顾老人、孩子的支持和帮助。

（2）科学进行人员的任用与安排，力求人与事的最佳配置，并清楚地定义在该岗位上员工的角色、职责、任务，减轻因角色模糊、角色冲突等引起的心理压力。选拔与工作要求（个性要求、能力要求等各方面）相符合的人员，并根据员工的能力及经验，分配合适的工作及工作量。力求避免上岗后因无法胜任工作而产生巨大心理压力现象。

（3）向员工提供有竞争力的薪酬，确保报酬的公平性及合理性。报酬是决定员工工作满意度的重要因素，它不仅能满足员工生活和工作的基本需求，而且还是组织对员工所做贡献的尊重，也是衡量员工业绩大小的重要指标。

（4）改善工作条件。提供安全健康的工作环境及工作设备，制定及指导员工采取安全的工作方法，为受潜在事故威胁的员工提供预防措施及进行安全技术培训。减轻劳动强度，严格控制加班延点、安排足够的休息时间，并能提供福利措施，如休息室、饮食设施、洗手间等。

（5）提供组织支持，强化组织沟通

1）加强各方面沟通。一是加强上下级沟通。不仅仅告诉职工做什么，还要告诉他们为什么这样做。如果有可能，改进组织内部的沟通渠道，让沟通更为畅通。二是领导者或管理者应向员工提供组织有关信息，及时反馈绩效评估的结果，并让员工参与与他们息息相关的一些决策等，使员工知道企业里正在发生什么事情，他们的工作完成得如何等，从而增加其控制感，减轻由于不可控、不确定性带来的压力。三是各级领导应与职工积极沟通，真正关心职工的生活，全方位了解他们在生活中遇到的困难并给予尽可能的安慰、帮助，减轻各种生活压力源给员工带来的种种不利影响和压力，并缩短与下属的心理距离。

2）提高上下级沟通的质量。单位领导可以重点加强与工作相关的信息的沟通，不仅告诉下属单位正在发生的一些事情、将来的计划、目标、政策、规定等，而且要向下属解释为什么会做这样的安排。

（6）加强职业生涯规划管理，保持企业内部晋升渠道的畅通。加强职工职业生涯规划管理，为员工或鼓励员工制订个人发展计划，保持企业内部晋升渠道的畅通，有利于为员工提供个人成长的机会、更多的责任和更高的社会地位，有利于帮助减轻或消除社会压力源给员工带来的压力。

2. 职工压力管理的培训方案

（1）培训对象、内容与目标

职工压力管理的培训对策是企业职工压力应对的核心内容和基础。培训工作应根据不同的需要分层次进行，内容要有针对性。通过管理干部与骨干培训、全员与各生产区队团体培训、职工个别重点辅导及心理危机干预培训等形式，帮助管理干部和一般员工提高压力应对能力和心理健康素质，促进企业安全生产，提高职工心理健康水平。

(2) 管理干部培训

管理干部培训主要是职业心理健康管理知识和理念的培训。培训内容应集中于使干部如何改进工作方法，怎样减少职工的心理压力和给职工提供心理支持等方面。这也可以称之为以“心”为本的管理理念的培训。这里所说的以“心”为本的管理实质上是以满足职工的心理需要和愿望为目标的管理，职工的高兴不高兴、满意不满意是衡量是否以“心”为本管理的标准，干部是否给工人心贴心是以“心”为本的主要衡量标志。以“心”为本是职工压力管理的根本措施，它能最有效地减少工作压力源，也能使职工在面临压力时提供最强有力的支持。

企业既是物质产品的生产者，又是社会生产关系的载体，也是企业职工生命价值实现的地方。实践证明，可以把企业建成职工在物质上取得生活保障，在精神上获得抚慰寄托的地方，形成一个共建共享的温暖大家庭。这样，职工的各种压力紧张反应都会自然消退，企业也会安全和谐、兴旺发达。向广大管理干部灌输这样的文化理念应作为干部培训的重点之一。

(3) 全员与团体培训

所谓全员培训即不分工种的一般化培训；团体培训即根据工作性质和工作条件所区分的不同职能团队所进行的培训。培训内容主要是日常的压力源的自我调整和管理知识及针对不同工种工作压力特点的培训。具体应包括以下几个方面的内容：

1) 培训压力管理知识，提高职工情绪管理的能力。学会情绪管理对职工非常重要，让员工善于向领导、同事、家人和朋友倾诉自己的情绪事件，宣泄与表达自己的心理困扰，学会用调整认知的方法对待不可改变的负性事件，提高职工的压力应对水平，从而消除或降低焦虑、抑郁等不良心理反应的影响。

2) 培训工作技能和解决问题的能力。有些企业生产条件千变万化，各种复杂情况时有发生，所以要提高应变能力和学会系统地、逐步地解决问题的思路和方法。要培训职工的工作技能，特别是安全技术和生产技术，掌握新的技能等，使之工作起来更得心应手，降低工作紧张反应水平，促进安全生产。

3) 培训沟通能力。让员工增强主动沟通的意识，掌握积极倾听的技术，学会与领导、同事、家人和孩子的沟通技巧，搞好工作单位人际关系和家庭关系，消除人际关系压力源与紧张反应。

(4) 个别辅导

经测试处在高度压力状态的职工，可以认为他们的心身健康已经受到较大影响，并且很可能存在特殊的难题，这时仅靠一般培训难以提供有针对性的帮助。因此，应采取个别辅导的方式来解决问题。比如，采用咨询热线、网上咨询、单独辅导、个人面询等多种形式，充分解决他们的心理困扰问题。促使他们改变个体自身的弱点，包括不合理的信念、行为模式和生活方式等。条件许可的企业可以提供更多的帮助项目，

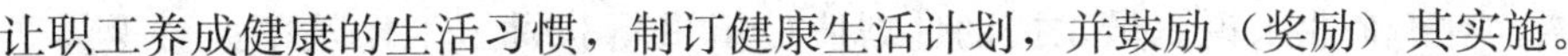

让职工养成健康的生活习惯，制订健康生活计划，并鼓励（奖励）其实施。

（5）企业重大变革时员工心理危机干预培训

在企业重大变革（如重组、并购、裁员、改制及管理制度的重大改变等）特别是发生重大灾害事故时，职工会出现急性压力状态，甚至会产生急性应激性障碍等心理危机症状，这对职工身心健康和安全生产都会带来严重影响。被裁减人员不得不接受离开企业这个残酷现实会使他们产生心理危机。同时这些危机会可能会对企业带来很大程度的创伤。众多的研究表明，在组织变革情境下，因为员工的心理原因而往往会出现如下问题：持续性的减少产量，要求增加报酬或调职；不断发生争吵或暴力的行为；罢工、无故旷职或怠工；无法正常工作，导致工作质量下降；服务品质变差；工作漫不经心以及冷漠、逃避或脱离工作等。特别是出现意外事故让人们产生心理危机后，主动干预和不干预是不一样的。所以，在企业重大组织变革等情况下可能造成员工心理危机时要及时给予疏导，最好请心理专业人员采用个体和团体咨询等形式疏导他们产生的心理问题。

## 三、职业压力管理的成套方案——EAP

EAP即员工心理帮助计划，是英文 Employee Assistance Program 的缩写，直译为“员工援助计划（或项目）”。它是组织为员工设置的一套系统的、长期的福利与支持项目。通过心理专业人员对组织的诊断、建议和对员工及其直属亲人提供的专业指导、培训和咨询，旨在帮助解决员工及其家庭成员的各种心理和行为问题，提高员工在组织中的工作绩效以及改善组织气氛和管理。

员工援助计划最早起源于20世纪初的美国。那时的企业注意到员工的酗酒、吸毒和其他一些药物滥用问题影响到员工和企业的绩效。到了20世纪六七十年代，由于美国社会的变动，工作压力、家庭暴力、离婚、法律纠纷等其他个人问题也越来越影响到企业员工的情绪和工作表现，于是有的企业建立了一些项目，聘请专家帮助员工解决这些个人问题。这就是员工援助计划的开始。

员工援助计划服务在国外发展得已经相当成熟，截至20世纪90年代末，世界财富500强中，有90%以上的企业建立了员工援助计划项目。在美国有1/4以上的企业员工常年享受着员工援助计划服务，大多数员工超过500人的企业目前已有员工援助计划，员工人数在100～490人的企业70%以上也有员工援助计划，并且这个数字正在不断增加。在国内，许多大中型企事业单位，已经表现出对员工提供员工援助计划服务的强烈需求，但是由于我国员工援助计划从业人员的严重不足，以及现有从业人员的专业性不高，极大地阻滞了我国员工援助计划服务业的发展。

员工援助计划并非一个慈善机构，它是一个企业为了提高员工工作效率而提供的

一种福利待遇。对于企业来说，员工援助计划使员工重新获得了工作效率；对于员工来说，员工援助计划找到了解决问题的方法，所以这就是员工援助计划受欢迎的地方。员工援助计划也不是我们平时所理解的“街道调解委员会”，员工援助计划的咨询人员都是具备了专业咨询素养的专家或具有国家职业资格证书的心理咨询师，他们每一个人都拥有自己独特的专长，各人有各人善于处理的问题，这对于企业的员工来说不仅更安心，因为他们都有相当严格的职业操守，而且更是一种福音。

1. 员工援助计划的实施类型与内容

根据实施时间长短，分为长期员工援助计划和短期员工援助计划。员工援助计划作为一个系统项目，应该是长期实施的，但有时企业只在某种特定状况下才实施员工帮助。根据服务提供者的不同，分为内部员工援助计划和外部员工援助计划。内部员工援助计划是在企业内部，配置专门机构或人员，为员工提供服务。比较大型和成熟的企业会建立内部员工援助计划，而且由企业内部机构和人员实施，能更贴近和了解企业及员工的情况，能更及时有效地发现和解决问题。外部员工援助计划由外部专业员工援助计划服务机构操作。企业需要与服务机构签订合同，并安排人力资源管理人员与专业员工援助计划服务机构联络和配合。

一般而言，内部员工援助计划比外部员工援助计划更节省成本，但员工由于心理敏感和保密需求，对内部员工援助计划的信任程度上可能不如外部员工援助计划。专业员工援助计划服务机构往往有广泛的服务网络，能够在全国甚至全世界提供服务，这是内部员工援助计划所难以企及的。所以，在实践中，内部和外部的员工援助计划往往结合使用。

员工援助计划内容包括压力管理、职业心理健康、裁员心理危机、灾难性事件、职业生涯发展、健康生活方式、家庭问题、情感问题、法律纠纷、理财问题、饮食习惯、减肥等各个方面，全面帮助员工解决个人问题。

2. 员工心理管理的具体技术与做法

（1）进行专业的员工职业心理健康评估

由专业人员采用专业的心理健康评估方法评估员工职业心理健康存在的问题，及其导致问题产生的原因。

（2）搞好职业心理健康宣传

利用海报、自助卡、健康知识讲座等多种形式使员工树立对心理健康的正确认识，鼓励遇到心理困扰问题时积极寻求帮助。

（3）对工作环境的设计与改善

一方面，改善工作硬环境——物理环境；另一方面，通过组织结构变革、领导力培训、团队建设、工作轮换、员工生涯规划等手段改善工作的软环境，在企业内部建立支持性的工作环境，丰富员工的工作内容，指明员工的发展方向，消除问题的诱因。

（4）开展员工和管理者培训

通过压力管理、挫折应对、保持积极情绪、咨询式的管理等一系列培训，帮助员工掌握提高心理素质的基本方法，增强对心理困扰的抵抗力。管理者掌握员工心理管理的技术，能在员工出现心理问题时，很快找到适当的解决方法。

（5）组织多种形式的员工心理咨询

对于受心理问题困扰的员工，提供咨询热线、网上咨询、团体辅导、个人面询等丰富的形式，充分解决员工心理困扰问题。

3. 员工援助计划在国外的应用效果

通过改善员工的职业心理健康状况，“职工心理帮助项目”给企业带来了巨大的经济效益。2004 年，Marsh 和 McLennon 公司对 50 家企业做过调查，在引进“职工心理帮助项目”之后，员工的缺勤率降低了 21%，工作的事故率降低了 17%，而生产率提高了 14%；在美国一家拥有 7 万名员工的信托银行引进员工援助计划之后，仅仅一年，它在病假的花费上就节约了 739 870 美元的成本；Motorola 日本公司在引进“职工心理帮助项目”之后，平均降低了 40%的病假率（2002）；据美国健康和人文服务部的资料，在美国对员工援助计划每投资 1 美元，将有 5～7 美元的回报。

# 第四节　职业压力的个人应对

## 一、压力应对的概念

关于压力的个人应对（也可以称为个人的压力管理），有几种不同的定义，如“压力应对是指所有控制、减弱和耐受内部需求的认知方面或行为方面的努力”（Folkman & Lazarus，1980）；“任何一种健康的或不健康的，有意识或无意识的努力，来预防、消除或减弱压力源或用最小的痛苦来耐受压力带来的效应”（Matheny，K. B.，1986）。

成功的或健康的压力应对的目标或标志应包括：减轻或消除压力所致的不良生理、心理及行为反应的症状，达到安全工作、健康愉快的生活。当压力出现的时候，每个人的反应可能是不同的，有人采用积极的应对方式，而有人则采用了逃避、攻击、退缩等不良的反应方式。其应对的结果可能是成功的、健康的，也可能是失败的和不健康的。

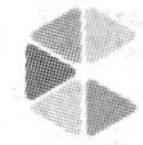

## 二、应对方式及其类型

压力应对方式又称应对策略，即人们在面对压力事件时的反应方式，是个体在应

对过程中表现出来的类型或使用方式的概括。它是人们在生活中自然习得的，代表着应对的一种倾向性。个体经常使用的应对策略代表着其应对风格。个人压力应对策略的一个重要方面就是要保持自己良好的压力应对习惯，改正自己不良的应对压力习惯。

压力应对方式可根据指向问题解决或指向心理与情绪反应分为以下几种：

1. 指向解决问题

解决问题（压力源）策略具有以下几个特征：①直接处理问题或减少压力源。比如在职业压力方面，一项棘手的工作积极主动克服困难把它完成；当个人感觉工作压力太大难以适应时，找有关管理人员要求减轻工作负荷。②在压力应对过程中，通过提高自己的能力或改变自己的目标来应对压力。③思考更好的问题解决策略，个体积极寻找解决问题的信息，这样可能有助于解决问题，从而降低压力水平或排除压力源。

2. 攻击或逃避压力源

具体为：①攻击（破坏、去除或是减弱威胁）；②逃离（使自己置身于威胁之外）。比如一个员工当对所在岗位感到职业压力过大、管理人员粗暴、工作环境恶劣时尝试换一个单位工作。

3. 消除或减轻情绪反应

这种应对方式具有以下特征：①并不针对问题的解决，而是一种情绪策略或认知策略，它改变着对压力情景的看法或直接缓解情绪。②当我们认为一件事情不能控制时，往往会采用这种应对方式。

4. 运用心理防卫机制

所谓心理防卫机制，是指自我用以避开正常生活过程中所面临的焦虑和冲突，进行自我保护的一些心理策略，包括否认、压抑、合理化、移置、迁怒、投射、反向形成、过度代偿、抵消、升华、幽默和认同等十几种形式。

防御机制有积极防御也有消极防御，防御机制可以单一地表达，也可以重叠地表达。例如，某工人在车间受到组长批评，于是说：“我才不在乎呢!”随后在工作中有意无意地摔摔打打，制造废品以消心中之愤，就是合理化与迁怒的双重作用。

## 三、压力应对方式的测定

自陈报告是压力应对研究中使用最为广泛的方法，其中，使用最为广泛的是问卷法。应对方式问卷一般有两种，一种是特质定向的问卷，一种是情景定向的问卷。前者是让被试报告他们一般是如何应对压力的，后者是让被试报告他们在最近一段时间（通常为一个月）所遇到的压力事件及自己所采取的相应的应对方式。这两种问卷都要求被试对自己的应对方式的选择进行回忆。研究表明，被试应对方式的选择回忆受当时情绪的影响极大，存在回忆误差，对应对方式问卷的批评很多就集中在此。尽管问卷法存在很多的缺点，但由于使用上的方便和成本低，现在仍是应对方式测量的主要工具。

国外较著名的是 Lazarus 和 Folkman 编制的 WOC（the Ways of Coping）问卷和 Stone 与 Neale 编制的 DCI（the Daily Coping Inventory）问卷。这些问卷极大地促进了压力与应对的研究。

目前，国内的应对方式量表一般将应对方式分为两个维度：积极应对和消极应对或成熟应对和不成熟应对。国内常用的问卷，有的是改编或修订国外有影响的应对方式评定量表，有的是根据自己的研究结果自编量表。国内除了姜乾金编制的特质应对方式问卷和解亚宁编制的简易应对方式问卷以外，最常用的是肖计划编制的多维度的应对方式问卷，该问卷共 62 个条目，6 个分量表。其包括解决问题、求助、合理化、自责、幻想和退避 6 个因子，且进行了信效度检验。

## 四、个人压力应对方案

1. 应对压力的认知反应

认知评价是压力产生过程中的一个关键成分。学会控制我们的认知评价是处理压力中的一个重要问题。可以通过以下途径改善对压力的认知评价：

（1）通过预先设想影响压力评价

在日常生活中，我们都有这样的经验：在一件可怕的事情发生前，如果事先有了思想准备，那么这件事情带来的冲击就会小得多。可以采取想象、表演和讨论的方式设想一些可能出现的重大压力情景，以及自己的应对反应。有这样的预想经历，当压力来临时本能性的评价就不会感到那么出乎预料，这时压力源引起的生理心理反应就会降低。

（2）对情景进行再评价

对已经出现的压力情景进行再评价，包括换个角度考虑问题；对事件的意义重新认识等。压力情景中人们容易产生一些消极的想法，比如认为失败表明自己无能等。这些消极想法往往是自己给自己施加压力，其主要表现有以下几种：①我应该受到所有人的赞赏，我做的所有事情都应该受到别人的好评，否则自尊心就会受到挫折；②我必须是能干的，我做的事情应该得到成功，否则我是无能的；③如果发生了出乎我意料的糟糕事情，那就是大祸临头了；④如果我想不出解决问题的办法，那是非常可怕的事情。

这些观念一般反映了这样的特点：以偏概全、想法极端、急于下结论、夸大事情的结果。这种评价往往使压力进一步升级。所以，需要检查一下自己是否有这些极端的念头，并且设法换一种角度、以现实的平常的态度评价压力情景。许多研究表明，

那些更加积极地解释压力情景的人，所引起的生理反应要微弱得多，并且从压力中复原所耗费的时间也相对较少。

（3）敏感并及时改变消极念头

通过平时的训练来使自己对消极念头敏感，并及时地加以改变。训练程序是：①想象一种消极想法；②当你开始这种消极想法的时候，就说“停”；③产生一个积极的表白，并且感觉到这正是你想要的感受方式。不过，采用这种方法要注意慢慢摸索经验，不可强制进行，否则可能适得其反。

2. 应对压力的生理反应

对许多人来说，压力就等于紧张。因为在遭遇压力的时候，肌肉会拉紧，血压会升高，心跳会加快，激素的分泌会增多等。我们可以通过一些放松技术来控制这些反应，从而达到减轻压力的效果。

放松的技术很多，以下是几种常用的放松方法：

（1）深呼吸

这种方法随时随地都可以进行：闭上双眼，深吸一口气，然后慢慢呼出来，在呼气的同时默念“放松”，这样连续进行 3～5 分钟。如果仍未完全消除紧张，可在深吸气的同时握紧双拳，呼气时慢慢松开双拳，这样持续几分钟。

（2）想象

闭上眼睛，放松地躺下或者是坐下，然后想象一处美丽的风景，将那些自己不想要或者不想考虑的问题统统丢弃等。

（3）肌肉放松

肌肉放松是比较容易主动控制的放松措施。系统地紧张和松弛各组肌肉，能够使肌肉得到放松，进而解除生理性紧张反应。肌肉放松训练的关键是，注意肌肉紧张松弛的各种感觉，依靠这种感觉逐步学会有意识地进入放松状态。

（4）体育锻炼

体育锻炼与肌肉放松训练有异曲同工之处，各种体育活动可以使肌肉在紧张之后进入松弛状态。除此之外，体育活动减少了对压力事件的注意，有利于改善精神状态。比较适合在职职工的锻炼方式有走路、骑自行车、跑步、爬楼梯、跳绳、打太极拳和练瑜伽等。

3. 应对压力的情绪反应

（1）坦然接受

应对压力的情绪反应，首先必须承认自己的情绪状态，即接受自己的害怕、焦虑等情绪。有不少人觉得产生焦虑害怕情绪是件丢脸的事情，或者觉得承认自己有紧张情绪显得不够勇敢，所以采取否认紧张情绪的态度。关键要明白，压力情景下出现某种情绪反应是正常现象，因为这是一种适应性的反应，出现焦虑、忧愁、害怕等情绪

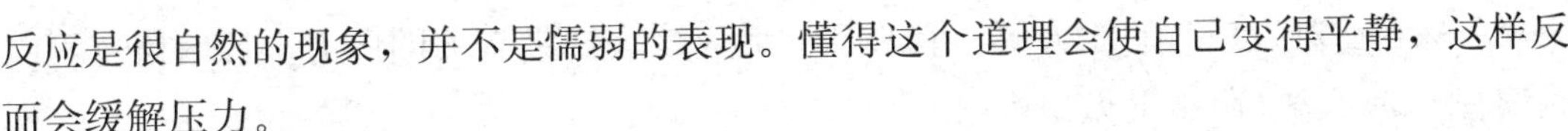

反应是很自然的现象，并不是懦弱的表现。懂得这个道理会使自己变得平静，这样反而会缓解压力。

（2）转移注意

压力引起的情绪反应也不能通过回避来摆脱。有些人认为只要拒绝谈论，不让自己去想这些事情就可以摆脱压力。这是在以压抑方式进行自我防卫。其实，压抑不可能缓解压力，反而会使被压抑的念头影响更大，使负面情绪体验更为强烈。强迫要求自己不去想某件事情是不大可能的，只有让自己去想或者去做另外的事情，才可能转移对压力的注意。也就是说，要给自己寻找一个任务，让任务占据头脑。反击压力的一种很有效的方式是摆脱无聊，无所事事更容易被烦恼所袭扰。

（3）顺其自然

人在面对应激事件或挑战时都会出现紧张不安的生理心理反应。对压力引起的各种紧张和焦虑要采取顺其自然的态度。对任何事情，在任何场合都想保持泰然自若的态度和轻松愉快的情绪，是一种近乎荒唐的想法，并且是很多人因此产生心理困扰的原因。正确的做法是对出现的情绪和症状顺其自然，着眼于自己的目的去做应该做的事情（即该干什么还干什么）。总是希望先消除症状（改善情绪），然后再恢复到健康的生活，这样做并不能达到健康愉快的生活。越是想要摆脱恐怖，恐怖心理就越发厉害。

（4）自我表露

在心里进行自我交谈或与所信任的人交谈，这是非常重要的缓解压力的方法。当情绪被压抑时会转换出生理反应，转换出潜意识的活动，而语言能够恰当地将情绪表达出来。语言表述内心的压力具有两方面的功能：一方面，语言可以对压力情景进行解释和分析，语言的解释能够帮助自己形成对压力情景的顿悟，有助于判断情绪反应是否合适，促进产生积极的应对。另一方面，通过语言进行自我表露，本身是一个排解压力的有效方法。有很多人，尤其是男性，喜欢将所有的痛苦都埋在心里，实际上这样对身体造成的危害是很大的，结果是痛苦越压抑，就越难受的。

4. 积极地解决问题

一般而言，积极地想办法去解决问题是应对压力的首要途径，在问题解决中会锻炼和提高一个人应对能力，会更容易发展出有效的应对策略。麦克纳马拉（McNamara）将问题解决应对技术分为以下阶段：判断问题、整合考虑、解决问题。

判断问题出在哪里，对问题清晰地加以辨别，这是应对过程最显然也最难以解决的部分，意识到问题的存在是成功处理问题的关键。但实际上人们在面临压力的时候，常常对问题没有一个清醒的认识，只是觉得自己很难受，而没有清楚意识到问题的存在或者问题的真正原因。所以，必须冷静下来进行思考，想一想是否由于自己的一些不恰当的念头造成了压力感。如果不是，应该充分了解压力情景的情况，是不是需要

主动去除自己难以应对的压力源，有必要的话应该去搜集有关的压力来源的信息，或阅读有关的书籍文献帮助做出判断。

要在尽可能地多角度考虑问题的基础上整合问题，把问题想清楚，然后将头脑中出现的所有解决方法都罗列出来进行比较。权衡之后找出最佳的方法去执行。但如果处于严重的压力情景中，而个人的力量不足以应对时，就必须向他人求助，向有专业技能的人士求助，或接受必要的应对干预。

5. 建立社会支持系统

社会支持系统是个体社会性发展所依托的社会关系系统，是个体选择应对策略和应对外部压力的重要外部资源。个人需求能获得他人回应和接纳的感觉，对应对压力有相当大的帮助。积极的社会支持可以帮助我们避免长期沉浸于压力情景中，从而帮助个体更好地调整情绪状态。同时，他人的情感支持和关心能够使个体承受压力的忍耐性增强。当我们将压力的原因和他人分享的时候，压力就容易忍受得多了。许多研究表明，有着广泛的社会关系的人比那些社会孤独的人寿命要长，患与压力有关的疾病的可能性也比较小。

测量个体的社会支持系统的情况，可以用领悟社会支持量表（见表 6—5）。

**表 6—5　　领悟社会支持量表**

指导语：以下有 12 个句子，每个句子均有 7 个可选答案，并代表相应的分值，请你根据自己的实际情况选择一个答案。①表示极不同意，即说明你的实际情况与这一句子的描述极不相符；⑦表示极同意，即说明你的实际情况与这一句子极相符；④表示中间状态。依次类推。

（①极不同意；②很不同意；③稍不同意；④中立；⑤稍同意；⑥很同意；⑦极同意）

1. 我能够与自己的家庭谈论我的难题
2. 在发生困难时我可以依靠我的朋友们
3. 在我遇到问题时，有些人（亲戚、邻居、老师、同学）会出现在我的身旁
4. 我的家庭能够切实具体地给我帮助
5. 我的朋友们能真正地帮助我
6. 我能够与有些人（亲戚、邻居、老师、同学）共享快乐与忧伤
7. 在需要时我能够从家庭获得情感上的帮助和支持
8. 我的朋友们能与我分享快乐和忧伤
9. 当我有困难时有些人（亲戚、邻居、老师、同学）是安慰我的真正来源
10. 我的家庭能心甘情愿协助我做出各种决定
11. 我能与朋友们讨论自己的难题
12. 在我的生活中有些人（亲戚、邻居、老师、同学）关心着我的感情

以上 12 道题包括社会支持的三个来源：家庭、朋友、其他人（亲戚、邻居、老师、同学），其各有 4 道题目反映。将每题所选分值相加，其总分分值越低，说明社会支持越缺乏；反之，分值越高，社会支持越有力。

6. 适当运用心理防卫机制

自我心理防卫机制对压力所致的焦虑和冲突能起到缓解作用，是自我压力应对的心理策略之一。所有人都可能通过自我防卫机制来减低失败的影响，缓解焦虑情绪，

维护自己的适宜性和价值感。但自我防卫机制中有些是积极的，如升华、补偿或增强努力，但也有不少是妥协性的或消极的。后者具有自我欺骗或歪曲现实的特点，而且此过程往往在潜意识中进行，不一定为个体所自知。适当产生一些防卫反应能够帮助人缓解压力，但经常使用妥协和消极的自我防卫机制会使人回避现实，不利于真正解决问题。一般而言，心理健康状况较差的人会过度依赖防卫机制，这是因为他们往往对压力比较敏感，而且应对能力较弱。

7. 时间管理

（1）时间管理概述

1）时间管理的概念。所谓时间管理是指为有效地利用时间资源，以在有限时间内取得更多绩效而采取的时间分配策略。也可以说是指在时间消耗相等的情况下，为提高时间利用率和有效性而进行的一系列活动。缺少时间常是压力的来源之一，时间管理技术通过对时间进行有效的计划和分配，可以增强个人的工作效率，以保证重要工作的顺利完成，甚至能为自己和家人提供更多的空闲时间，这对降低压力水平可起到重要作用。

2）有关时间的不恰当的信念。①“时间就是金钱。”这是一种错误价值观，人们可以反驳：金钱难道高于一切？②“浪费时间是罪恶的。”人们追问：根据什么价值？

3）时间管理中的禁忌。具体包括：①迷惑：目标是什么？如果你不知道自己要做什么，时间管理就没有什么意义。犹豫不决意味着对某一任务要花更多时间，加重惶恐和紧张。因为拖延决定是容易的，但不做决定是不容易的。②拖延：明日复明日。拖延常有三种类型：拖延不愉快的事情，拖延困难的事情，拖延需要做但难做决定的事情。③逃避：躲进幻想世界。表现为：延长休息时间，做琐碎的事。④精神和体力的超负荷：原因常常是不知道自己的局限、不知道如何说“不”。尤其是不顾自己的精力和体力所限，安排太多的事情，造成重要的事情干不好，或由于过度的身心疲劳而对安全和健康产生不利影响。

例如，某煤矿一掘进工由于过度疲劳、体力不支而坠井死亡。这一事故即是他超负荷安排自己的任务所造成。该职工 38 岁，家住农村，三个孩子上学。事故发生时正值麦收时节，他边上班边帮妻子搞麦收，同时还挤出时间准备盖房子，购置建筑材料，终致身心俱疲。这天早班下班坐罐笼升井，在罐笼将要升到地面时他提前将罐帘挂起，站在边沿准备出罐笼，结果动作不稳，身体失去重心，坠入井底身亡。

（2）有效时间管理的原则与方法

时间性压力源在很多情况下是由于缺乏对时间的有效利用导致的：由于不知道什么最重要，所以每件事情都显得重要；由于每件事情都显得重要，不得不做每件事情；做每件事情使得我们很忙，到头来又没有时间想什么事情是至关重要的。

1）进行有效时间管理的重要原则。具体如下：①为所要做的事情设定轻重缓急次序；②放弃一些次要的事情；③积极采取行动，改变拖延习惯；④创造一个有效率的工作环境。

2）运用轻重缓急矩阵进行时间管理（见表6—6）。所有的活动都可以根据重要性或紧急性来区分。重要性：你个人觉得有价值且对你的使命、价值观及首要目标有意义的活动。紧急性：你或别人认为需要立刻处理的紧急事件或活动。

表6—6 时间管理矩阵

| 紧急 | 不紧急 | 重要程度 |
| --- | --- | --- |
| 1. 紧急而重要<br>紧急状况<br>迫切的问题<br>限期完成的工作<br>计划好的会议 | 2. 不紧急但重要<br>做长远规划<br>人际关系的建立<br>准备工作<br>预防措施<br>提升自己的能力<br>抓住新机会 | 重要 |
| 3. 紧急但不重要<br>某些信件、报告<br>某些会议<br>紧急但影响较小的事 | 4. 不紧急不重要<br>忙碌琐碎的事<br>广告函件，邮件<br>某些电话<br>闲聊天 | 不重要 |

3）根据四个象限不同情况制定不同时间运用策略。①紧急而重要。优先给予时间，立即就做！②不紧急但重要。给它很多时间，计划好你将何时做（及时规划）。③紧急但不重要。现在就做，给少量的时间。或将其减少、排除，委托他人处理。④不紧急不重要。控制花在这些任务上的时间，当所有重要且紧急的事做完后有闲暇时再做。

4）艾维·利时间管理法

①写下明天要做的6件最重要的事。

②用数字标明每件事的重要性次序。

③明天早上第一件事是做第一项，直至完成或达到要求。

④然后再开始完成第二项、第三项……

⑤每天都要这样做，养成习惯。

（3）运用80/20法则进行时间管理

80/20法则又称帕累托法则、马特莱法则、二八定律、最省力法则、不平衡原则、犹太法则，是由意大利经济学家帕累托提出的。80/20法则是指少数重要的20%的因子决定着多数的80%效果。在现实中的例子是，80%的产出源自20%的投入；80%的结论源自20%的起因；80%的收获源自20%的努力。

“80/20”原理对时间管理的一个重要启示是：避免将时间花在琐碎的多数问题上，因为就算你花了80%的时间，你也只能取得20%的成效：你应该将时间花于重要的少数问题上，因为掌握了这些重要的少数问题，你只花20%的时间，即可取得80%的成效。80/20这一数据仅仅是一个比喻和实用基准，真正的比例未必正好是80%比20%。

80/20法则对时间管理另一启示是：20%的要事应当享有优先权，做重要的事情比把事情做好更重要。因此，要区分事情的价值轻重，然后根据价值大小，分配时间。

“80/20”原理用于人生规划也有一定意义。比如，人的专长可能很多，但真正发挥作用的很少。所以，要善于掌握自己的优势，寻找那些自己非常喜欢、非常擅长、竞争不太激烈的事情去做，一定会有收获。找到人生最关键的事情，才有可能获得成功的人生。在安排自己的时间上，有所不为才能有所作为。要集中自己的时间精力抓主要矛盾，抓关键的人、关键的环节和关键的项目。

8. 减少个性因素中的压力源

心理压力有一部分是由已经发生或即将发生的生活事件引起的，例如未完成的作业、即将来临的考试、必须面对的冲突等。这些压力的来源，我们知道得很清楚，所以处理起来就容易得多。这些心理压力的大小，虽然有一些客观标准来衡量，但归根到底，它们对人的影响，有着非常明显的个体差异。同样一件事，在某些人眼里，简直不足挂齿，而在另一些人看来，却是天大的事。是举重若轻，还是举轻若重，与一个人的人格大有关系。那些对自己要求过多、过严的人，就容易把小事放大，小压力也就成了大压力。

（1）改变完美主义

做人做事追求尽善尽美是值得肯定的，对于关键而重要的事情尽可能做得完善也是重要和必需的，但事无巨细总是追求完美便是一个完美主义者。现实中的事情或多或少都有瑕疵，完美主义者的最大特点是事事追求完美，所以造成事事都不满意，对很多事物总感到不满，因而就陷入了深深的矛盾之中。

研究发现，完美主义行为尽管有利于人们在工作、事业上取得更大成就，却对自身的健康十分不利。当人们的心理被“完美”的目标强迫时，身体也会随之出现一些与之对应的状况，如易疲倦、胃口不好、记忆力下降、注意力不集中、睡眠质量差等，如此一来，严重者还会诱发各种疾病。因此，从某种程度上说，完美主义是一种不利于身心健康的个性特征。

测试一个人是否是一个完美主义者，可以尝试回答以下几个问题：

1）当你在工作的时候，别人说话或打岔时你的注意力是否会被破坏，并且由此使你感到恼怒？

2）当你在计划购物时，你是否不想理睬对你促销的人，而是去找一些你需要的信

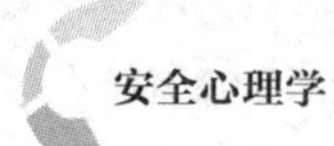


息然后再作定夺？

3）你是否对那些随随便便的人感到非常厌恶，并且暗自批评他们对自己的生活太不负责？

4）你是否不停地想，某件事如果换另一种方式，也许更加理想？

5）你是否经常对自己或他人感到不满，因而经常挑剔自己所做的任何事或他人所做的任何事？

6）你是否经常顾及别人的需求，而放弃你自己的需求和机会？

7）你是否经常认为干任何事都是全力以赴的，却又常常希望你自己能够再轻松些？

8）是否常常心里计划今天该做什么明天该做什么？

9）你是否经常对自己的服装或居室布置感到不满意而时常变动它们？

10）你是否不断地因为别人没能一次就把事情做好，而亲自去重做这项工作？

对这些问题答“是”者，便具备完美主义者特征。

（2）改变A型性格

A型性格也称冠心病性格，是个性因素中的重要压力源之一。A型性格者的特点是：①成就动机很强，喜欢竞争，好斗。爱和别人比，很在意自己的形象，怕别人嫉妒，又爱嫉妒别人，很容易产生敌意。②追求完美，对自己要求十分严格。过分追求完美就会牺牲效率，总是不满意，就会不断烦恼。③时间紧迫感突出，遇事容易急躁。做事总是往前赶，不断地看手表、看时钟以注意时间。对很多事情的进展速度感到不耐烦，总是试图同时做两件以上的事情。

A型性格应与A型行为区分开，A型行为成为日常行为方式并达到一定程度可称为A型性格。很多有成就者是A型性格者，同时也是受害者，正是有其利必有其害，但通过对自己的A型性格进行改造则可在很大程度上得其利而除其害：①调整目标，兼顾工作、生活。②培养与工作无关的兴趣爱好。③制订体育锻炼计划，提高身心抗压能力。④建立自己的支持系统。

# 第五节　心理障碍的疏导与治疗

## 一、心理咨询与心理治疗概述

1. 心理咨询

心理咨询是指由受过专门训练的咨询者运用心理学的理论与技术，通过语言及非

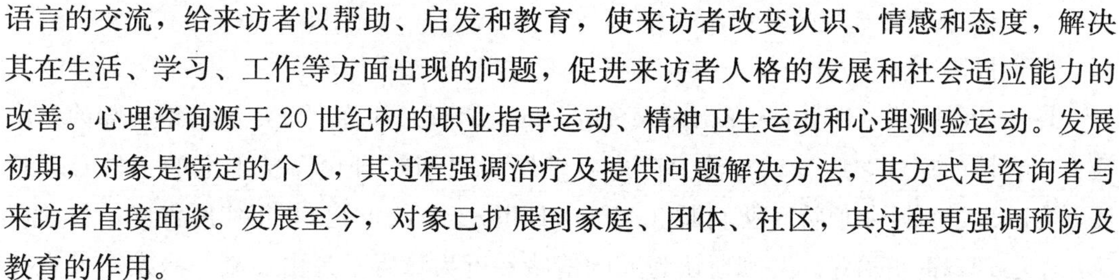

语言的交流，给来访者以帮助、启发和教育，使来访者改变认识、情感和态度，解决其在生活、学习、工作等方面出现的问题，促进来访者人格的发展和社会适应能力的改善。心理咨询源于20世纪初的职业指导运动、精神卫生运动和心理测验运动。发展初期，对象是特定的个人，其过程强调治疗及提供问题解决方法，其方式是咨询者与来访者直接面谈。发展至今，对象已扩展到家庭、团体、社区，其过程更强调预防及教育的作用。

2. 心理治疗

心理治疗是指受过专业训练的治疗者运用心理学的原则和技巧，对患者启发教育、劝告和暗示以及通过改变其周围环境和条件等，提高其感受和认识，改善其情绪，从而改善心理障碍者的心理状态、行为方式及由此引起的各种躯体症状。根据不同的理论体系，可分为认知行为疗法、精神分析疗法、行为疗法、人本主义疗法和折中主义疗法等；根据治疗形式，可分为个体心理治疗、团体心理治疗、家庭治疗和婚姻治疗等。还有人将心理治疗按治疗方法不同分为：①支持性心理治疗：运用保证、教育、劝慰、疏泄、指示、暗示和催眠等技术进行治疗；②分析性心理治疗：既包括经典的精神分析，也包括广义的分析生活史的治疗；③训练性心理治疗：如行为疗法、放松训练（典型的是渐进式肌肉放松训练，其对缓解紧张、焦虑等有较好作用）等。

## 二、常见的心理疗法

1. 贝克认知治疗

贝克认知治疗是根据认知过程影响情感和行为的理论假设，通过认知和行为技术来改变或重建不良认知为目标的一类心理疗法。贝克认知治疗形成于20世纪70年代，由A. T. Beck提出，是当前国际上影响较深、应用较广的心理疗法之一，大量研究认为该疗法对抑郁、焦虑、恐怖、进食障碍、强迫症等有较好的疗效。

贝克认知治疗的基本原理是：①认知过程是行为和情感的中介。②情绪障碍和负性认知相互影响，相互加强，这种恶性循环是情绪障碍得以延续的原因，打破恶性循环是治疗的关键。③认知曲解正是引起患者情绪障碍和心理痛苦的核心所在，其包括负性自动思维和功能失调性假设。识别和改变这些认知曲解，就会使患者情绪得以改善。

贝克认知治疗的关键：①识别和改变负性自动思维，打破负性认知和情绪障碍间的恶性循环，促进情绪和行为的改善；②识别和改变患者潜在的功能失调性假设，从而减少情绪障碍复发的危险。

2. ABC 理论与理性情绪疗法

(1) 概述

理性情绪疗法（Rational Emotive Therapy，RET）简称理情疗法，是认知治疗中最有代表性的疗法之一。该疗法是建立在情绪的“ABC 理论”基础上的一种心理疗法，为心理学家阿尔伯特·艾利斯（Albert Ellis）于 20 世纪 50 年代所创立，目前广泛用于心理咨询与治疗。艾利斯认为人的情绪和行为障碍不是由于某一激发事件直接所引起，而是由于经受这一事件的个体对它不正确的认知和评价所引起的信念（非理性信念）导致其在特定情景下的情绪和行为后果，这就称为 ABC 理论。

(2) 理情疗法的基本理论观点

理情疗法的基本理论观点为：①造成心理问题往往不是事件本身，而是个体对事件的评价与解释。个体想法和解释改变了，情绪和行为就会跟着改变。②人具有追求完美的倾向，在和别人进行比较时常产生否定性的自我评价，形成非理性（不合逻辑）思维，进而导致自我挫败的行为。

(3) 非理性信念（思维）的特征

具体包括：①绝对化。这一特征在各种不合理的信念中是最常见到的。对事物的绝对化的要求是指人们以自己的意愿为出发点对某一事物怀有认为其必定会发生或不会发生这样的信念。

②以偏概全。是一种以偏概全，以一概十的不合理思维方式的表现。有两个方面表现：一个方面是人们对其自身的不合理的评价，以自己做的某一件事或某几件事的结果来评价自己整个人，评价自己作为人的价值，其结果常常会导致自责自罪、自卑自弃心理的产生以及焦虑和抑郁的情绪。另一个方面是对他人的不合理评价，即别人稍有差错就认为他很坏，一无可取等，这会导致一味地责备他人以及产生敌意和愤怒等情绪。

③灾难化（糟糕至极，无法挽回）。其表现是，发生了某一件不好的事，就觉得非常不幸，仿佛世界末日来临了。糟糕至极是一种认为如果一件不好的事发生将是非常可怕、非常糟糕、是一场灾难的想法。这将导致个体陷入极端不良的情绪体验如耻辱、自责自罪、焦虑、悲观、抑郁的恶性循环之中而难以自拔。

上述三个特征造成了人的情绪障碍，因此本疗法是以理性思维方式帮助人改变认知为核心，用理性思维的方式来替代非理性思维的方式，通过劝导干预改变人的非理性信念，使之产生正向情绪及行为，而心理的困扰随之就会消除或减弱，从而产生愉悦充实的新感觉。理情疗法重视个人自己的意志、理性选择的作用，强调人能够“自己救自己”。例如，一个人一直“认为”自己表现得不够好，连自己的父母也不喜欢他，因此，做什么事都没有信心，很自卑，心情也很不好。认知疗法的策略在于帮助他重新构建认知结构，重新评价自己，重建对自己的信心，更改认为自己“不好”的

认知。

（4）治疗方法与步骤

治疗的基本方法是了解患者此时此刻的思想，识别出非理性的想法，直接指出患者歪曲的、不正确、不合理的想法和行为，同时充分相信患者能用正确的思维方式来组织其生活。每次治疗过程类似老师与学生的对话，治疗者让患者明了其非理性的信念，去探究新的信念和行为。该治疗中的有关因素被归纳为公式A—B—C—D—E，即诱发事件（A），患者对事件产生某些想法（B），这些想法使得患者出现某些情绪或行为后果（C），对患者的某些想法或后果进行辩论、诘难（D），从而出现疗效（E）。根据这一理论，治疗者的任务就是采用积极的说教的、指导性的言语，指出患者认知系统中的非理性成分，促使患者放弃原有的“自我说明”，达到治愈消极情绪的目标。治疗时应使患者领悟：①情绪不良不是由于外界刺激而是自己的非理性信念造成的；②目前的情绪障碍是因为自己仍在沿用过去的非理性信念；③只有改变自己的非理性信念，才能消除情绪障碍。

3. 森田心理疗法

森田心理疗法简称森田疗法，由日本森田正马于1920年创立的适用于神经质症的特殊疗法，是一种顺其自然、为所当为的心理治疗方法，具有与精神分析疗法、行为疗法相提并论的地位。森田疗法主要的适应证是所谓“神经质”，其大致包括当今分类中的焦虑症、恐怖症、强迫症、疑病症、神经症性睡眠障碍等。

森田认为发生神经质的人都有疑病素质。他们对身体和心理方面的不适极为敏感，而过敏的感觉又会促使进一步注意体验某种感觉，这样，感觉和注意就出现一种交互作用。森田称这一现象为“精神交互作用”，并认为它是神经质产生的基本机制。所谓精神交互作用，是指对某种感觉如果注意集中，则会使该感觉处于一种过敏状态，这种感觉的敏锐性又会使注意力越发集中，并使注意固定在这种感觉上，这种感觉和注意的交互作用、相互强化常是神经症形成的原因。

森田疗法有以下几个特点：

（1）不问过去，注重现在

森田疗法认为，患者发病的原因是有神经质倾向的人在现实生活中遇到某种偶然的诱因而形成的。治疗采用“现实原则”，不去追究过去的生活经历，而是引导患者把注意力放在当前，鼓励患者从现在开始，让现实生活充满活力。

（2）不问症状，重视行动

森田疗法认为，患者的症状不过是情绪变化的一种表现形式，是主观性的感受。治疗注重引导患者积极地去行动，“行动转变性格”“照健康人那样行动，就能成为健康人”。

（3）生活中指导，生活中改变

森田疗法不使用任何器具，也不需要特殊设施，主张在实际生活中像正常人一样生活，同时改变患者不良的行为模式和认知。在生活中治疗，在生活中改变。

（4）陶冶性格，扬长避短

森田疗法认为，性格不是固定不变的，也不是随着主观意志而改变的。无论什么性格都有积极面和消极面。神经质性格特征亦如此。神经质性格有许多长处，如反省强、做事认真、踏实、勤奋、责任感强；但也有许多不足，如过于细心谨慎、自卑、夸大自己的弱点，追求完美等。应该通过积极的社会生活磨炼，发挥性格中的优点，抑制性格中的缺点。

森田疗法的基本治疗原则就是“顺其自然”（其类似于我国道家思想）。顺其自然就是接受和服从事物运行的客观法则，它能最终打破神经质病人的精神交互作用。而要做到顺其自然就要求病人在这一态度的指导下正视消极体验，接受各种症状的出现，把心思放在应该去做的事情上。这样，病人心理的动机冲突就排除了，他的痛苦就减轻了。

比如白天与黑夜的轮回，天气有晴也有雨，这是大自然的规律，是不能人为控制的，人们必须遵循、接受这些规律才会过得快乐。倘若人整天都抱怨为什么会有黑夜，或者认为下雨是不应该的，那么就违背了自然规律，结果肯定是自找苦吃。人的情绪也存在一定的自然规律，它有一套从发生到消退的程序。你接受它，遵循它，它很快就会走完自己的程序而结束，反之则不然。杂念也和情绪一样，它也有自己的一套从发生到消失的过程，倘若你接受它存在，并知道它是毫无意义的“杂念”，不理会它，那么它将不会影响你，很快就消失了。反之，你去注意它，去和它辩论等，你就会被它束缚。

4. 精神分析疗法

精神分析疗法又叫心理分析疗法、分析性心理治疗。它是以精神分析理论为基础发展出的心理治疗方法，该理论有无意识理论、人格结构理论及精神病理学等理论。精神分析疗法的实施，主要由自由联想、解释、释梦和移情四部分组成。经典的精神分析疗法由于治疗时间较长，费用较高，且需要患者有较强的领悟能力，对治疗师的要求也较高，目前已较少使用。但随着分析性心理治疗，尤其是精神分析性短期焦点治疗的不断发展，这种方法正在逐渐得到更加广泛的应用。适应证一般包括各种神经症、心境障碍、心身疾病以及某些人格障碍等。

精神分析的基本原理在于由治疗者的解释来协助病人对自己的心理动态与病情有所领悟与了解，特别是压抑的欲望，隐蔽的动机，或不能解除的情结，通过自知力的获得，了解自己的内心，洞察自己适应困难的反应模式，进而改善自己的心理行为及处理困难的方式，间接地解除精神症状，并促进自己的人格成熟。心理分析治疗通常是每周会谈 3～6 次，每次平均 1 小时。其治疗疗程少则半年至 1 年，多则 2 年至4 年。

5. 行为疗法

行为治疗的理论基础是巴甫洛夫的经典条件反射和斯金纳的操作条件反射理论和强化学说。行为治疗的种类和方法已发展很多，其中最基本的有以下几种：

（1）系统脱敏法

运用这种方法首先应弄清什么刺激引起了患者的焦虑反应。然后将这种刺激按由弱到强的方式逐渐地呈现给患者，并与肌肉放松技术相结合，使其从较弱的刺激开始产生松弛反应。然后循序渐进，最终使患者能消除使他引起焦虑的最强的刺激。系统脱敏法主要适用于恐怖症和神经症症状。

（2）厌恶疗法

厌恶疗法也是采用条件反射的方法，把症状和不愉快的体验结合起来，即利用一种使患者厌恶的或惩罚性的刺激来减少或消除适应不良的行为。主要适应证为酗酒、药物瘾癖、性变态等。以治疗酗酒为例，当病人酗酒时，使用致吐剂或电击等造成对饮酒的厌恶而使之自动停止酗酒。

（3）消退训练和强化法

消退训练相当于负强化，即以操作行为来阻止厌恶性刺激的出现，如果出现不良行为即予以惩罚，只有行为良好才可以避免。强化法则相当于正强化，即奖励被治疗者的良好行为。通过消退训练和强化法的实施，最终使患者的不良行为消退，建立起良好的行为方式。

## 三、祖国医学对心理障碍的治疗

1. 情志相胜心理治疗方法

情志相胜心理治疗方法是以一种情绪、情感去克制另一种情绪、情感以达到心理平衡的疗法。我国古代中医对人的情绪分为七种（简称“七情”），即喜、怒、忧、思、悲、恐、惊。情志相胜疗法是根据五行相克的理论提出的心理疗法。《黄帝内经》将喜归心而属火，忧（悲）归肺而属金，怒归肝而属木，思归脾而属土，恐归肾而属水。《黄帝内经》指出，金克木，怒伤肝，悲胜怒；木克土，思伤脾，怒胜思；土克水，恐伤肾，思胜恐；水克火，喜伤心，恐胜喜；火克金，悲伤肺，喜胜悲。情志相胜疗法即悲胜思、恐胜喜、喜胜忧、思胜恐、怒胜思的治疗方法。

金代张从正《儒门事亲·九气感疾更相为治衍》对此疗法进行了系统的论述：“悲可以治怒，以怆恻苦楚之言感之；喜可以治悲，以谑浪亵狎之言娱之；恐可以治喜，以祸起仓卒之言怖之；怒可以治思，以污辱欺罔之言触之；思可以治恐，以虑彼志此之言夺之。”元末明初医生贾思诚治疗张某时采用的疗法亦是：“虑余怒之过也，则治之以悲；悲之过也，则治之以喜；喜之过也，则治之以恐；恐之过也，则治之以思；

思之过也，则治之以怒；左之右之，扶之掖之，又从而调柔之。”近年来，该疗法得到了进一步研究发展和应用推广，取得了切实效果。

2. 针灸疗法

中医理论体系与技术博大精深，但经络理论及其指导下的针灸等各种疗法，简便易行，易于学习，特别是其指压疗法等徒手操作方法，更便于随时随地自我治疗和互相帮助。据研究，现代针灸有较好疗效的病症达 300 余种，其中对各种生理心理失调类疾病疗效尤为突出。以创伤后应激障碍（PTSD）的治疗为例，目前所采用的心理疗法和药物治疗仅对部分患者有较好疗效，其中药物治疗存在服药时间长、不良反应多等问题。针灸疗法则具有简便有效、治疗周期短、几乎无不良反应等优势。研究证明，针灸治疗创伤后应激障碍安全有效，能较好地改善患者的症状及认知功能，并得到现代脑影像技术、生物化学和分子生物学的证实。近年发现针灸在治疗包括焦虑、抑郁、强迫症，压力与应激障碍、神经官能症、精神疾病等方面疗效显著。因此，其用于安全心理健康管理方面潜力很大。

资料表明，针灸疗法用于治疗心理失调和心理障碍主要选用的穴位有十几个，最为常用的是百会、内关、神门等穴位。其中百会位于人的头顶部，两耳尖直上连线中点（即两耳廓尖端连线与头部前后正中线的交叉点凹陷处，按之有酸痛感或酸胀感）。其对多种心理失调都有较好疗效，特别是对改善记忆障碍效果突出；内关穴位于手腕部掌心面，从腕横纹中点向肘部方向约 4 厘米按之有酸胀感处即是。该穴对改善焦虑与应激症状效果较为突出；神门穴位于手腕腕横纹外侧，定位方法是从腕横纹中点沿腕横纹向小指方向移至豌豆骨内缘（即拇指方向）即是。以上穴位使用指压疗法时可以拇指指腹在穴位按揉使之有酸沉胀痛等感觉（一次治疗一般持续 2～5 分钟）即可取效。

## 复习思考题

1. 什么是心理健康？心理健康对安全生产有哪些影响？
2. 职工常见的心理健康问题有哪些？
3. 什么是心理健康评估？判断心理正常与否有哪三项原则？
4. 简述压力对生理心理各系统的影响。
5. 简述企业压力管理的内容与途径。
6. 什么是 EAP？试述 EAP 的实施类型与内容。
7. 简述个人压力应对的主要策略。
8. 什么是心理咨询和心理治疗？常见的心理疗法有哪些？

# 实训五 理性情绪疗法的步骤与要领

## 一、实训目标

1. 深入学习和理解ABC理论和理性情绪疗法的原理。

2. 掌握理性情绪疗法的基本要领。

## 二、任务描述

1. 教师讲解情绪的“ABC理论”和理性情绪疗法的原理。

2. 运用若干理性情绪疗法的咨询案例对学生进行能力训练。

## 三、任务准备

1. 准备若干理性情绪疗法的咨询案例。

2. 准备纸张并附有关背景说明以备学生练习时使用。

## 四、知识要点和示例

1. 情绪的“ABC理论”要点

该理论认为，使人们难过和痛苦的，不是事件本身，而是对事情的不正确解释和评价（被称为非理性信念）。认为A只是C的间接原因，B即个体对A的认知和评价而产生的信念才是直接的原因。理性情绪疗法就是建立在情绪的“ABC理论”基础上的一种心理疗法。

2. 理性情绪疗法干预的五个步骤

（1）找到A：因何事件/语言引发？——明确引起心理困扰的事件。

（2）找到B：我是如何看待这件事的（不合理信念）？了解当事者对事件所持的看法（观念或信念），分析其非理性特征。由不适当的情绪及行为反应着手，找出其潜在的看法、信念等。

（3）观察C：痛苦、担忧、郁闷、紧张、焦虑、恐惧等。——了解上述看法所引起的不良情绪及行为后果。

（4）D：针对他的非理性信念或看法进行劝导干预。分清患者对事件A持有的信念哪些合理，哪些不合理，将不合理的信念作为B列出来。

讨论或辩论：可采用质疑式和夸张式。这个看法/信念合理吗？这事最严重会有什么后果？——找到合理的信念新B。

（5）E：新的感受或情绪：豁然开朗、坦然、平静、轻松……

3. 示例（ABC理论运用实例）

咨询师：举一个例子，假设有一天你带孩子去公园玩，你把你家小孩非常喜欢的一个风筝放在长椅上，这时走过来一个人，坐在椅子上，结果把风筝压坏了。此时，你会怎么样？

求助者：我一定会很气愤。他怎么可以这样随便毁坏别人的东西。

咨询师：现在我告诉你他是一个盲人，你又会怎么样?

求助者：哦——原来是个盲人，他一定是不小心才这样做的。

咨询师：你还会对他愤怒吗?

求助者：不会了。我甚至有点儿同情他了。

咨询师：你看，都是同样一件事——他压坏了你孩子的风筝，但你前后的情绪反应却截然不同。为什么会这样呢?那是因为你前后对这件事的看法不同。

求助者：的确是这样。看样子我的问题的确是因为我的一些想法在作怪。

## 五、实训过程

1. 教师讲解有关ABC理论和理性情绪疗法的要点和要领。

2. 运用具体的理性情绪疗法的咨询案例进行示范。

3. 给学生若干咨询实践中的求助者的心理困扰资料让学生尝试练习。

## 六、注意事项和有关思考

心理咨询是一项非常严肃的工作，操作不当会引起求助者轻重不同的心理后果。正规的心理咨询必须是由经过严格而充分训练的专业人员来进行，本章有关内容只能作为了解性知识。

# 第七章

## 事故心理因素调查与综合分析

**本章学习目标**

1. 重点掌握事故直接心理原因的调查内容。
2. 熟悉事故受害者心理创伤状况调查的常见项目及工具。
3. 熟悉不同行业、不同心理原因所致事故的案例分析。
4. 掌握事故心理原因调查分析技术及注意点。

## 第一节 事故心理原因的调查内容与方法

### 一、调查目的

事故调查的目的是取得事故发生的详细经过和发生原因等正确而全面的资料，分析探索事故发生的规律，以接受事故教训，制定预防措施，防止今后类似事故的再度发生，揭示所存在的新危害以及制定出适当的控制措施。

事故心理原因调查，其重点则在于弄清事故起因中人的心理和行为因素、发生人为失误或差错的过程，事故直接责任人员及受害者事故发生前的生理心理状态及其前驱因素，研究心理因素的性质、特征和发生发展规律，为消除或减少这些因素提供科学依据。

### 二、事故直接心理原因的调查内容与方法

根据对事故心理致因分析及事故预防应获取资料的需要，事故心理原因的调查内容与方法可参考表 7—1。

表 7—1　事故心理原因的调查内容与方法

| 调查项目 | 调查内容 | 调查方法 |
| --- | --- | --- |
| 1. 事故性质及伤害情况 | （1）伤害方式和致创源（起因物）<br>（2）伤害程度、部位和伤亡人数<br>（3）经济损失情况<br>（4）侥幸事故的可能后果 | 现场调查、访问当事者和其他相关人员 |
| 2. 事故发生的时间和位置 | （1）事故发生的年、月、日、星期和具体时刻<br>（2）当班工作的时间（连续劳动的时间）<br>（3）当地季节<br>（4）发生事故的具体方位、单位名称 | 调查事故当时在场者 |
| 3. 事故发生时当事者的作业任务及事故详细经过 | （1）应该了解一切能觉察和获得的与导致事故直接相关的事实情况、征兆等，表明从这些前驱因素开始直到事实发生和导致后果的详细情况<br>（2）要了解事故前和事故中人和机两方面作业活动情况和机器运转情况（包括人的不安全行为和机的故障）<br>（3）了解事故发生时的情境，包括人的活动现场和作业环境的情况<br>（4）对涉及的设备型号性能或物料材质形状、规格尺寸等也应该了解和记述<br>（5）了解当事者的作业任务、事故发生前的活动情况和作业活动过程<br>（6）了解与他人接触谈话或信息联络的情况<br>（7）了解事故发生时的反应、避险动作及所受伤害的过程及后果等 | （1）调查事故当时在场者和有关知情者，查看事故现场及有关资料<br>（2）访问直接领导、一起作业的工友等 |
| 4. 当事者个人一般资料 | （1）姓名、年龄、工龄、性别、民族、文化程度、职务、工种、职业培训情况<br>（2）婚姻和家庭情况，经济收入<br>（3）家庭住址、上下班路程等 | 调查其档案材料，访问直接领导、工友和亲属等 |
| 5. 当事者生理心理特征和业务技术素质 | （1）身体健康状况（包括视力、听力、既往病史和目前体质、体力以及是否患疾病）<br>（2）心理健康状况（包括是否有心理或行为异常、神经官能症、疾病等）<br>（3）心智能力（包括智力及能力倾向、气质类型、性格类型、心理倾向性等）和爱好<br>（4）政治面貌，人际关系，对工作、社会及他人的态度和行为方式等<br>（5）业务技术素质（包括对目前所从事工作、熟练程度、工作岗位变更情况、以往的违章记录、是否发生过事故或较大失误、情况如何等）<br>（6）工作动机和理想、人生态度和追求目标等 | 访问当事人的直接领导、同事、健康档案等；医疗记录；进行有关个性心理特征调研或测验 |

续表

| 调查项目 | 调查内容 | 调查方法 |
| --- | --- | --- |
| 6. 事故发生前当事者的生理心理状态 | （1）是否存在生理和心理疲劳及睡眠不足<br>（2）是否存在体弱有病或体力不足<br>（3）是否存在情绪低落或过于兴奋<br>（4）是否存在感知觉迟钝或感觉机能紊乱，意识清醒水平下降或较低<br>（5）是否存在注意分散，时间紧迫感或焦急状态，冒险心理，急躁心理，逞能心理，图省劲、怕麻烦心理，逆反心理<br>（6）是否存在其他不良生理和心理状态 | 主要通过访问事故受伤者和有关责任者及当时在场人员特别是与当事者一同工作的人员，还要访问其家属或其他知情者，以及根据获得的全面资料进行判断等 |
| 7. 当事者班前工余时间的活动 | （1）劳作、社交、娱乐、休息、睡眠、饮食等情况以及其他活动情况<br>（2）上班前已计划的下班后急需从事的活动 | 访问当事者本人及其家属、同事和其他知情者 |
| 8. 当事者在事故发生前所经历的生活事件 | （1）当事者事故前三个月、半年及一年内是否有重大的个人生活事件<br>（2）一周内发生的一般生活事件（包括家庭、个人生活和工作中有可能对其发生的有心理影响的生活事件） | 访问当事者本人及其家属、同事和其他知情者 |
| 9. 工作环境情况 | （1）噪声、振动、照明、气温、湿度、通风等情况<br>（2）工作空间、通道情况（如生产现场是否杂乱、通道是否狭窄、地面是否不平整、较滑等）<br>（3）设备布置是否合理<br>（4）环境中是否存在易于造成错觉的条件<br>（5）信号装置是否存在缺陷（如信号是否被噪声掩蔽，或多种信号间易混淆不易分辨）等 | 现场勘查或测量；访问技术人员和现场工作人员，必要时进行现场试验 |
| 10. 管理方面的情况 | （1）企业对安全生产的重视程度<br>（2）安全管理制度是否健全及执行情况<br>（3）工资支付及奖励制度<br>（4）生产指挥人员班前对工作任务的安排和安全注意事项的强调情况<br>（5）工间休息和班中餐的供应情况<br>（6）劳动保护用品的发放和管理情况<br>（7）当班生产指挥情况、安全监督检查情况<br>（8）当事者当班被安排所从事的工作难度和劳动强度 | 向各上级管理人员了解情况，向有关工人及当事者做调查等 |

注：当事者是指与发生事故直接有关的人，包括受害人和主要责任者。

## 三、事故受害者心理创伤状况调查

1. 事故心理创伤调查的必要性

世界卫生组织（WHO）的调查显示，自然灾害或重大突发事件之后，20%～40%的受灾人群会出现轻度的心理失调，30%～50%的人会出现中至重度的心理失调，而在灾难发生一年之内，20%的人可能出现严重的心理疾病。而及时的心理干预和事后支持会帮助症状得到缓解。这些在创伤性事件发生之后数分钟或数小时内所产生的一过性的精神障碍称为急性应激反应或急性应激障碍（Acute Stress Disorder，ASD），而延迟出现（一般指 1 个月后）的心理失调即指创伤后应激障碍（Post-Traumatic Stress Disorder，PTSD），较详细论述见第八章。

2008 年“5・12”汶川大地震灾后流行病学研究表明，急性应激障碍（ASD）发生率为 5%～50%，创伤后应激障碍发生率因时间、地域、研究工具和受灾人群的不同而存在较大的差异，从 5%到 35%不等，但总的情况是随着受灾程度不同而发病率不同，受灾程度越严重的地方或人群发生率越高。据国外统计资料，经历或目击灾难性事件后，汽车事故幸存者中 13%的人发生急性应激障碍，身体经历重大创伤后 19%的人发生急性应激障碍。火灾、大地震等发生后 25%～33%的人发生急性应激障碍。参战军人急性应激障碍发生率为 34%～65%。急性应激障碍和创伤后应激障碍都是由突发性、威胁性或灾难性生活事件所导致的个体心理障碍，其症状均伴有生理、心理和行为两方面的异常改变。而这些改变不但会导致精神上的痛苦，还会成为新的事故易感性心理因素，所以对事故受害者进行心理应激状况的调查很有必要。

2. 事故后心理创伤评估工具

目前，国内使用的灾后心理创伤评估工具主要来自西方国家，如一般健康问卷（General Health Questionnaire，GHQ），可进行大规模普通人群心理疾病及创伤后应激障碍筛查，我国学者曾对一般健康问卷进行增补修订，取得较好效果（张杨等，2008）；事件冲击量表修订版（Impact of Event Scale-Revised，IES-R），可用于成人幸存者心理创伤评估；哈佛创伤问卷（Harvard Trauma Questionnaire，HTQ）。由于中西文化差异因素造成这些评估工具很难完全适合我国的情况，所以使用中还需作进一步分析，并逐步研究适合我国民族文化的评估工具。

# 第二节　事故案例心理原因分析

## 一、以情绪波动为主因的事故

**案例 1　某煤矿冒顶致一人死亡事故心理原因分析**

（1）事故经过

某矿炮采工作面一采煤工，在放顶回柱时顶板垮落被砸遇难。事故当日夜班零时许，一名老工人和另外两名青年工人正在该矿一采煤面放顶回柱子（柱子为金属摩擦支柱）。这次共需回 8 棵，现已回掉 7 棵，余下最后一棵。由于当时该柱受压力量很大，用回柱绞车拉了几次未拉动，于是老工人提议先清理柱子的底部，然后再用回柱绞车拉。这时，该班班长过来看工作进度，在得知他们几人很长时间未能回掉这棵柱子之后，很恼火，便说："你们几个真没用，给我拿锤来！"几位工人都说："劲（顶板压力）很大，用锤打危险！"他不听劝阻，并说："你们都闪开！"于是他猛地一锤砸下去，柱子落下，但顶板随即冒落下来，该工人被砸在下面，当即遇难身亡。

（2）心理原因分析

1）个人生活事件及其对情绪的影响：一是该工人一个月前被任命为生产班长，俗话说："新官上任三把火"，他上任后也时时在想提高产量，显示自己的本事。二是该工人几天前妻子生了一男孩，由于农村普遍存在重男轻女思想，一家人都非常高兴，他也表现得情绪很高涨。上班前他已向区队领导请好假，准备上完这最后一个班，回家庆贺庆贺。"双喜临门"般的兴奋，使他笼罩在一种"被胜利冲昏头脑"的气氛之中。可以分析，情绪的过于高涨，致使其注意广度下降，思维及判断能力降低，警觉性下降。这是导致事故的主要心理因素。

2）个性心理因素。该工人年龄 24 岁，工龄 3 年，常以冒险行为炫耀自己的勇气，工作热情虽高，但时而违章作业，这是他此次不安全行为的个性心理基础。另外，该单位有重生产轻安全的倾向，生产任务压得很重，这也可能是他冒险作业的心理原因。

**案例 2　某单位一起电气烧伤事故心理原因分析**

（1）事故经过

某日下午 4 时许，电工甲、乙两人受单位领导指派，前去处理某综合办公楼意外停电故障。甲电工负责去变电所拉闸停电，乙直接去故障现场的一个小型配电室进行现场检查。当甲电工拉完闸回来后，两人便打开现场开关柜准备检修，当乙电工用工具试拆线路时，突然冒出一团火球，当场将乙右手烧伤，险些造成重大人身触电伤亡

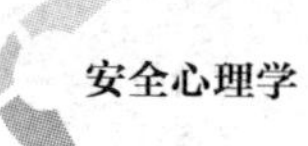


事故。

（2）心理原因分析

当事电工甲、乙两人均属于持证上岗的正式职工，并且按规定参加了安全培训，培训合格，平时工作中也很注意安全，没有明显的违章行为记录。其中甲电工32岁，高中文化，从事电工10年；乙电工40岁，大专文化，从事电工工作20年。但电工甲最近一段时间与妻子发生严重矛盾冲突，事发前一天几乎吵了一夜，其妻子甚至提出要与其离婚，导致甲电工情绪十分低落。调查结果表明，甲电工在变电所拉闸停电时，误将与维修无关的另一路电停掉，而真正需要维修的综合办公楼这一路电并未拉下，所以造成事故。由此可以分析，此次事故主要是由于甲电工情绪低落造成的感知失误及注意分散所致。

## 二、以注意分散为主因的事故

**案例1　某建筑工地高处坠落事故**

（1）事故经过

某日下午5时，在一建筑施工工地，农民临时工小赵，初中文化，在搭设脚手架时，从3米高处坠落，造成腿骨骨折。

（2）心理原因分析

在班前会上班长安排工作，并强调要注意安全，其中小赵被安排负责搭设某处脚手架。会刚开完，他急切地向班长请假说，他正在谈对象，今天搭设完脚手架后，要去见女朋友。班长批准了他的请假，可就在任务将要完毕时出现了上述事故。事故调查时，小赵说，在脚手架快干完时他分心走神了，想了和对象见面的事。

**案例2　某厂一起行车起吊物撞人事故**

（1）事故经过

某日11时30分左右临下班，某工厂车间在起吊装有设备的大木箱过程中，发生一起因木箱撞挤造成1人重伤的事故。

（2）心理原因分析

当日上午，某厂车间运来一装有上吨重设备的木箱，因距下货处有20米，需要行车起吊。行车司机在按响警铃后未看下边是否有人就以很快的速度将行车启动，将在地面推小车的某职工撞至墙边挤致重伤。调查表明，该行车司机工龄已11年，文化程度高中，持证上岗。家有一女儿上小学，事故发生时孩子正是放学时候，该司机想着抓紧干完这个活好去接孩子，注意分散加心急造成了这起事故。

## 三、以叠加性心理压力为主因的事故

### 案例1　某煤矿一起冒险空顶作业致一人遇难事故

（1）事故经过

某煤矿一回采工作面运输顺槽里端放顶线位置，一名工人在回撤支护材料从里侧后退过程中，被突然冒落的矸石击中头部，当场身亡。事故当日，遇难者上早班，属于整修班，领导安排他和另外2人掐削转载运输机和回撤巷道支架。领任务后，他对另外2名工人说："今天我们要抓紧点，干完活我得休班回家。"可是工作期间赶上变电所检修，耽误了半个小时，来电后掐削完转载刮板输送机，已接近中午12点钟，这时他有些着急，还有4架棚需要回撤。在掐削转载刮板输送机时，碰倒了一架（距老塘第三架）工字钢棚子，他在没有重新扶棚支护（对后路倒棚不做处理，不支护顶板）的情况下，空顶作业冒险进入里侧回料，在把第一架棚回掉后退时，由于顶板活动，原倒棚位置顶板冒落，击中其头部，致其当场死亡。

（2）心理原因分析

遇难者50岁，工龄30多年，家中母亲已70多岁，体弱多病卧床，两个孩子读书，一个上大学，一个上高中，一年学费就占去其年收入的大半，而且妻子患有严重慢性病，家境较困难，自己也年高体衰，为了多增加收入坚持在井下工作。可以说该同志背负着多重压力坚持工作，而这多重压力使他身心憔悴，时常精神恍惚。这次再加上急于休班回家，注意力已不在当下。

另外，事故当日，他已准备好上井后回家休班，也怕干不完再晚下班。再就是他体力不太好，一班下来体力消耗得差不多了，如果重新把碰倒的棚子扶好，一方面影响时间，二是要花费不小的力气，对他来说这两点都是不乐意干的事，这应是他空顶冒险作业的心理原因。

事故给他的家庭造成了巨大痛苦。由于他的遇难，其母亲老年丧子，悲痛欲绝，妻子因悲伤病情加重。为了支撑家庭，正上高中的孩子失学出去打工挣钱，失去了继续学习的机会。

### 案例2　一起处理拒爆不当致两人重伤事故

（1）事故经过

某煤矿两爆破工在处理拒爆时发生爆炸，致一名矿工一眼失明，另一名矿工一眼失明另一眼弱视。当日早班刚上班不久，某掘进工区进行采煤切眼掘进，有一夜班未处理完的拒爆炮眼，在进行打眼施工前放炮员甲不听乙的先点选炮眼再打的劝告，抱起煤电钻就打，结果钻头打滑，打入拒爆炮眼中，随着一声巨响两人同时倒下，经送医院治疗，最终两人均导致重伤结果。

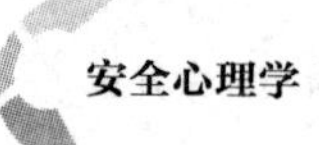


（2）心理原因分析

放炮员甲干放炮工作已有很多年，工作认真，技术过硬，从未出过差错。他家住农村，两个男孩上学，父母年迈多病，妻子一人务农并操持家务，家境贫困，借债不少。上早班之前，家中打来电话，说妻子病了，已住进医院，让他马上回家。上班前已请好假，又向同宿舍的工友借款300元，并把行李弄好，送到矿门口一商店内，准备下班后马上回家。他如此冒失地工作实际上是为了节省时间干完工作，早点升井回家，这应是他不先点眼位再打眼冒险行为的心理背景。事故发生的当班他的情绪明显低落，家境本来就十分困难，妻子又生病住院，对他来说犹如雪上加霜，多重负性压力事件使他的情绪低落忧伤，而人在情绪低落的情况下，感知、判断和思维能力都会明显下降。他打眼作业时妻子生病住院的愁事难免在心中萦绕造成分心，这也很容易导致动作失误。可以说，以上导致该事故的各心理因素均来源于他所面临的多重心理压力，特别是妻子生病住院的消息更是一急性压力源。

## 四、以侥幸心理为主因的事故案例分析

**案例1　某矿建单位一顺槽施工冒顶死亡2人事故**

（1）事故经过

某煤矿基建单位一掘进队在运输顺槽施工中发生了一起冒顶死亡2人的事故。该巷道掘进支护采用工字钢梯形支护。在发生事故的巷道，施工中遇断层，工作面基本是岩石。当日零时，安全检查员巡查时发现已空顶2米，并且巷道掘进高度之上顶板冒落高1米，要求立即支护后方可进尺。但在对顶板进行充填挂网、背板处理过程中，并未将其刹实甚至存有大的空隙，这留下随时会发生继续冒顶的危险。在这种情况下，当班又进尺两架棚，又经两个班施工共8架5米长的这种顶棚。晚8点班施工人员在放完第一茬炮后，经检查后棚并未倒，这时又怀着侥幸心理打眼放第二茬炮，晚上9：30随着第二茬炮一声脆响，8架棚梁被风化后离层的两块巨石砸倒，两名矿工当即遇难身亡。

（2）心理原因分析

该事故主要心理原因是侥幸心理。他们对过断层掘进冒顶事故多发并非不知，遇难的两位矿工工龄也有多年，但由于施工8架棚虽支护不良存有隐患但并未出现顶板冒落现象，所以侥幸心理在几个班次一再继续，长达20多个小时，变成了侥幸再侥幸最后终不幸的结局。两条年轻的生命带着两个家庭的破碎离开人世。

**案例2　一电解铝厂职工烫伤事故**

（1）事故经过

某日，一电解铝厂电解车间阳极工张某，在进行“转接阳极母线”操作时，左脚

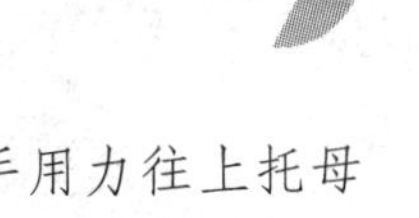

站在电解槽旁边的地面上，右脚踏在电解槽内液体电解质壳面上，双手用力往上托母线，突然，右脚皮鞋“踩”破壳面，插入滚烫的电解质液体内，壳面上的铝氧粉首先“扑”向皮鞋以及小腿，造成右脚背以及小腿部分烫伤。

(2) 心理原因分析

操作规程规定，操作者双脚都应踩在槽沿板外侧地面，或者一只脚踩地面、另一只脚踩在电解槽的槽沿板上。但是，这样不方便操作者用力。通常情况下电解槽里电解质液体表面上有一层较坚硬的结壳（按规定应打破结壳），踏上去虽违章但一般不会出事。于是，该职工怀着侥幸心理将一只脚踩在硬壳上工作，以方便省事。而这次操作，偏偏该处硬壳不够硬，导致壳破脚踩下去。

万幸的是，由于操作者按照规定穿了劳保皮鞋和劳保裤，而且心理上提防着踩破壳面，加之反应灵敏，迅速提脚，皮鞋踩破壳面的同时，壳面上的铝氧粉首先“扑”向皮鞋以及小腿，还起到了隔离缓冲“保护”作用，所以才只是“造成右脚背以及小腿部分烫伤”，否则，高温电解质液体将很快“吃”掉脚和小腿，导致终身残疾。

## 五、疲劳与睡眠不足所致事故案例分析

**案例 1 一起绞车过卷致操作者遇难事故**

(1) 事故经过

凌晨 3 时许，某煤矿一采区斜巷发生一起绞车过卷挤人事故，致一人遇难。该巷坡度大，距离长，事故当班（夜班）人员出勤少，联络巷提升只派一名绞车司机和两名信号把钩工，上下车场各一名。凌晨 3 时许，下车场信号把钩工挂上钩头后，发出开车信号，上车场把钩工将信号转发给绞车司机，绞车司机听到提升信号后开动绞车开始提升，而后该司机抑制不住困意就打起了瞌睡。当矿车提升到上车场时，该司机仍未醒来，因而未采取刹车操作。这时，上车场把钩工发现此种情况大喊“停车!”但该司机并未惊醒，致绞车过卷，最终酿成了将自己挤死的悲剧。

(2) 原因分析

事故的主要原因是绞车司机麦收上班两不误，导致过度疲劳和睡眠不足。该司机家在农村，当时正值麦收大忙时节，上个班下了夜班后，未顾得休息就帮助家里麦收，忙了一天后，晚上又连忙赶到煤矿上班。连续的劳作使他身体极度疲劳，再加上人体生理节律这时也到了一昼夜最低点，以致信号把钩工大喊都未能将其唤醒。

**案例 2 某矿一青年绞车工瞌睡致设备损坏事故**

某煤矿掘进工区一青年绞车工，早班前由于无节制的娱乐活动一夜未得睡眠，导致严重睡眠不足，上班后他在斜巷顶盘开绞车拉矸石，启动绞车后打起了瞌睡。当矿车拉至上顶盘时，他才猛然惊醒，慌乱中，竟致手足无措，未能紧急停车，以致矿车爬上滚筒，烧坏电动机，造成设备损坏事故。该事故主要原因除了瞌睡状态的意识昏沉和惊慌下的行为混乱外，青年绞车工刚上岗不久，操作不熟练也是重要原因。

## 六、冒险逞能心理所致事故案例分析

**案例 1　一铝厂设备损坏事故**

（1）事故经过

某日，铝厂铸造车间天车工丁某，刚上班没有多久，在操作天车从抬包车上吊下铝水抬包作业中，将吊钩上挂着的电子秤一起掉进了铝水抬包内，烧坏电子秤，损失 1 万多元，还影响了正常的生产秩序。

（2）心理原因分析

天车操作工小张是由别的岗位转换过来当天车工的，没有进行充分的安全教育和技术训练，处于实习期的师带徒阶段。按规定，没有师傅监护是不能操作的，但是，小张好胜逞能，这一天他的师傅没有赶上交通车，迟迟没有上班。他想利用这样的机会早些操作，表现一下自己的“本事”，就自告奋勇独立操作。现场领导为了“不耽误生产”，就默许了小张的行为。由于没有操作经验，从抬包车上吊下铝水抬包时，将吊钩上挂着的电子秤一起降落掉进了铝水抬包内。

**案例 2　某煤矿建井工程施工放炮事故**

（1）事故经过

某建井工程处一个掘进班正在进行运输大巷的掘进施工，已经打完眼，开始装药。这时有个工人对放炮员老王说：“王师傅，你放炮多年，经验丰富，今天是你退休前的最后一次上班，拿出你的绝活让我们开开眼界!”王师傅笑着说：“没问题。”炮连好后，其他人开始撤出，这时王某喊了几声“放炮了”，就躲到扒装机后面扭动了放炮器。结果他本人被崩出的石块砸成重伤并致终身残疾，而其他人由于刚撤出不到 30 米，其中的两人也被飞来的岩石砸成重伤，造成一起严重人身事故。

（2）心理原因分析

放炮员老王属典型的冒险倾向性格，平时就常有冒险行为，喜逞能，好表现自己，因事故曾多次受过轻伤。这次事故是一起典型的因冒险逞能心理导致的事故。

## 七、麻痹、好奇心理所致事故案例分析

**案例 1　某煤矿一电工触电遇难事故**

（1）事故经过

某矿一电工在维修井下绞车电气开关故障时，触电身亡。当日中班 14 时 30 分，

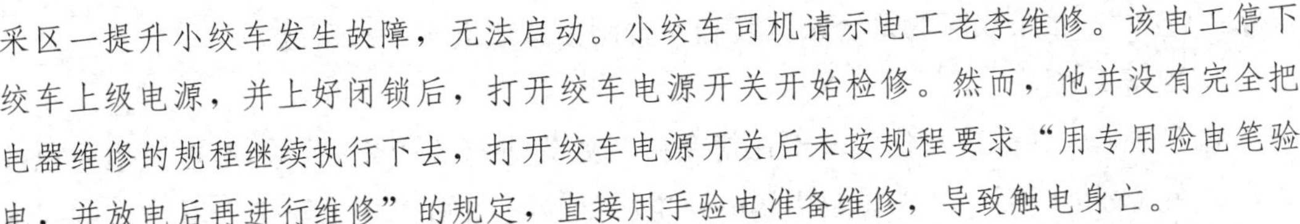

采区一提升小绞车发生故障，无法启动。小绞车司机请示电工老李维修。该电工停下绞车上级电源，并上好闭锁后，打开绞车电源开关开始检修。然而，他并没有完全把电器维修的规程继续执行下去，打开绞车电源开关后未按规程要求“用专用验电笔验电，并放电后再进行维修”的规定，直接用手验电准备维修，导致触电身亡。

(2) 心理原因分析

这起事故直接原因是该电工的违章冒险作业行为，而在行为的背后是受害者的麻痹心理。该职工受过电工安全技术培训，干电工也有十多年，自称技术高超，艺高人胆大，麻痹心理严重，常有不按规程作业的做法。从这次维修前他能作停掉上级电源并加上闭锁的做法看，说明他在执行规程上是有些自觉性的。而由于他的麻痹轻视心理，还是没有把规程严格地一丝不苟地执行下去。这是造成此悲剧的主要心理因素。

**案例2　一起因短路电弧导致重度烧伤事故**

(1) 事故经过

某煤矿回采工作面一实习电工带电操作，形成短路性电弧，造成重度烧伤事故。当日早班，该实习生与其师傅一起检修电器开关，为生产做准备，检修完毕后，设备达到完好状态。师傅为教其学习维修技术，又再次打开开关进行演示，并告知了他整定方法。同时，师傅教育他要严格按照安全规程的要求去做，严禁带电作业，不可有半点马虎。这时，师傅有其他事暂时离开，并告知他不可乱动。但师傅走后，该生好奇心切，又打开电气开关，试图学师傅样搞搞测量。然而，在设备带电的情况下用万用表测量元件时造成短路，产生电弧，将该生面部及身体裸露部位严重烧伤，酿成不幸后果。

(2) 心理原因分析

受伤者为技校刚毕业的实习电工，该生性格外向，做事粗心好冒险，好奇心强，喜表现自己。可以分析，这起事故的主要心理因素是受伤者的特殊性格和好奇心理所致。

## 八、感知、记忆与理解失误（信息输入与处理差错）所致事故案例分析

1. 视觉错误

某电业局外线检修工，因监护人不到位，登杆前看错“识别标记”和名称，误登带电线路电杆，触电身亡。

2. 听觉错误

某电工给用户张某接电源时，叫张某看住已拉开的总刀闸开关，并告知他不可离开，防止他人合闸，自己到远处安装线路，施工中发现缺“瓷插保险”，并大声喊叫张

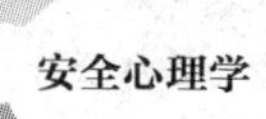


某拿“瓷插”，张某误听为要合闸，就随手合闸，造成电工触电事故。

3. 理解失误

北方某工厂冬季搞基建，由于在挖基础时要先进行冻土爆破。师傅在往炮眼里放炸药，在连好炮线后，突然想起引爆电路电源处拉下的闸刀忘了安排人看护，就对旁边参加工作不久的新工人讲：“去看闸。”这位新工人未搞懂“看闸”的意思，就忙跑到配电板处，看到闸刀开着就上前将闸刀合上。随即爆破现场“轰”的一声炸药被引爆，导致多人伤亡。这是一起理解失误引起的事故。

## 九、惊慌（过度应激）导致的几起事故案例分析

某省一大商场的仓库布匹被照明灯具烤燃，这时有三个人值班，他们及时发现了火情，于是紧急行动，一人拨火警电话，但拨了好长时间竟没拨通！原来他反复拨了四个数“8119”；另一人拿灭火器灭火，但弄了半小时打不开；第三人一看火越着越大，去开仓库门打开通风道，似乎想让风把火吹灭，结果小火迅速变成了大火，最后整个商场被烧得面目全非，经济损失数千万元。

一煤矿采煤工作面顶板即将发生大冒顶，发出巨大声响，工友们大声呼喊“快跑!”“快跑!”大家都迅速往安全方向跑去，但这时却有一名工人行为错乱，反而朝冒顶方向跑去，结果被冒落的顶板埋压，丧失了生命。

某工地一木工，因私自接电锯电源开关时不慎触电倒地，电工刘某发现后惊慌失措，忘记了必须立即切断电源和用不导电的绝缘物件救助触电者等规定，而是做出立即伸手去拉触电木工的错误动作，导致本人也触电身亡。

以上事例有一个共同特征，就是当事者遇到紧急情况时，出现了惊慌失措的现象。人在惊慌的心理状态下所致的感知、思维和行为混乱是事故发生的直接原因。

## 十、饮酒所致事故案例分析

某单位进行茶炉房建筑施工，在浇筑 3 米高圈梁时，为省事没有搭设脚手架。职工老张中午喝了不少酒，下午上班后，他站在圈梁模板上浇筑混凝土，工作中动作不稳，摇摇晃晃，结果一下子踏空模板坠落在地，摔成脊椎粉碎性骨折，后经治疗留下终身残疾，丧失劳动能力。

## 复习思考题

1. 简述事故直接心理原因调查的主要内容。

2. 事故受害者的心理创伤类型主要有哪些？

3. 试述事故当事者生理心理特征和业务技术素质调查内容和方法。

4. 试述事故发生前当事者生理心理状态的调查内容和方法。

5. 试述事故心理原因调查分析技术及注意点。

6. 试对一起事故案例进行心理原因分析。

## 实训六　事故心理原因调查分析技术及注意点

### 一、实训目标

1. 熟悉事故心理调查的一般方法与步骤。

2. 掌握调查资料分析要领与注意事项。

### 二、任务描述

1. 深入学习教材关于事故调查的内容与方法。

2. 以事故调查实例学习事故心理原因调查分析技术及注意点。

### 三、任务准备

1. 准备事故心理原因调查实例材料。

2. 准备分析讨论问题的要点、制定讨论方案。

### 四、知识要点

根据调查所获取的资料和安全心理学原理，分析出导致事故发生的人的主要心理和行为因素，以及这些因素的主要原因，资料较全者可分析不安全行为的产生机制或内在心理结构。经认真分析后得出结论，指出事故教训、应总结的经验以及管理缺陷等。最后提出采用何种管理措施、个人调节措施、心理训练或心理帮助措施，来防止类似失误或事故发生，这便完成了整个调查与分析的过程。

需要指出的是，一个事故的心理致因，有的非常简单，而有的可能相当复杂和难以判断。一起事故常见的直接触发因素主要是作业者各种各样的不良心理因素引发的不安全行为所致，但导致职工的不良心理因素的原因却多是管理因素或社会因素，比如许多企业重生产轻安全、对职工漠不关心，甚至把工人当作生产工具或机器的一部分。由于制造业特别是某些私营企业中的劳动群体大多处于极为弱势的地位，没有维护自己安全的能力，以至于即使故意性的违章冒险也常带有被迫成分。他们的经济压力重，且失业威胁大、社会保障差，所以其冒险行为的屈从心理不但多见而且占有相当大的比重。另外，当事职工的工作环境压力和个人生活压力也应成为调查分析重点。以煤炭生产为例，由于生产作业活动的环境危险因素多，且情况多变，对作业者的信息感知能力、判断反应能力、注意集中和注意分配能力要求高，而上述能力又依赖于人的心理和生理状态的稳定，所以，要重点调查除了包括有关当事者是否存在个人生活事件的不良刺激，或作业当时的工作任务压力过大以及管理者的管理行为不当等因

素的影响之外，还要调研有关个性心理特征和心理健康状况等因素的影响。

## 五、实训过程

1. 讲解关于事故案例心理原因分析的知识要点（注意点）。

2. 给学生一个事故案例，将事故发生的过程、事故当事者或肇事者的一般个人资料、事故发生前其生活事件、所处环境及其表现等资料发给学生，让他们各自独立完成事故心理原因分析。

## 六、注意事项

讲解和学习事故调查内容与方法时，应注意教材表 7—1 中所述事故心理原因的调查内容是根据事故心理分析理想化的所需材料，在实际的调查过程中，很难如此全面地了解到这些材料，特别是对于死亡事故，在事故发生后的最初时间进行调查难度更大。但只要努力去做，还是可能获得心理分析所需的必要材料的。调研对象一般选取与事故相关的生产一线的管理干部和工人，再就是事故当事者、亲历者和事故相关人员，还可以创造条件调阅生产单位的事故档案、分析报告等。

## 七、总结与思考

特别需要提醒的是，每起伤亡事故都是灾难，都会对受害者及其家属和在场亲历者造成心理刺激和伤害，而多人伤亡的重大事故精神伤害的范围更大，会涉及整个企业甚至社会面上的人。所以，心理调查者若是在事故当时调查，其首要的任务是对精神创伤者进行心理救援，调研应放在次要位置。

# 第八章

## 事故救援中的心理干预

**本章学习目标**

1. 熟悉心理救援的概念、意义和一般步骤。
2. 掌握急性应激反应及其两种表现。
3. 掌握创伤后应激障碍的概念及特征性症状。
4. 熟悉事故心理救援主要措施。
5. 掌握易致救援队员自身伤亡的不安全心理因素。
6. 了解救援人员安全心理训练的主要内容与方法。
7. 掌握遇险人员的心理干预技术要点。

## 第一节　事故心理救援概述

### 一、心理救援的概念

事故救援的心理干预也即事故发生后的心理救援。心理救援也称为危机干预，是指对处于心理危机状态的个体、家庭及群体采取的明确有效的心理救助措施。常见于对受暴力或事故伤害、事业与感情受挫者进行的专门心理咨询和心理治疗、劝导与鼓励，特别是指对经受重大灾难者给予的物质和精神上的帮助、慰问等。心理救援具有疏通思想、救人于危难的性质，也是人际关怀的必然体现，同时也是社会应有的责任。

### 二、心理救援的意义

任何一起伤亡事故对于受害者都是灾难，特别是重大伤亡事故如爆炸、火灾、透水、大面积塌方或冒顶、重特大水陆交通事故、空难等，人们在面临这种情境时不可避免地会产生十分强烈的心理恐慌及强烈的应激反应。其中，很多人会发生行为的紊乱，导致灾害的扩大、伤亡的增加，而灾后还会有相当比例的受害者和亲历者留下难以自愈的身心创伤，甚至患上心理和行为障碍，影响到其日后的工作、生活及社会和企业的安定，甚至有的人还会由于心理和行为的不稳定导致“祸不单行”，再次发生事故。所以，心理救援工作不但是人性关怀的必然需要，对事故预防和社会和谐安定也具有重要意义。

### 三、心理救援的一般步骤

心理救援的一般步骤是：在危机发生的最初阶段，提供情感支持，以缓解紧张情绪；然后指导其根据实际情况，寻求可能的援助；进而通过心理辅导帮助受害者分析危机情境，指导其学习新的认识方法和应付方法，有效地处理危机事件；最后达到提高心理适应能力、重建社会生活的目标，以最终战胜困难。

## 第二节　事故创伤后的心理和行为障碍及干预

### 一、伤亡事故所致直接身心创伤

事故创伤不仅会带给人们身体上的损伤与痛苦，加重个人、家庭和社会的经济负担，它同时是一种心理应激和精神创伤，并由此可引起一系列心理行为改变。这些变化又可以直接或间接影响受害者本人及其周围人们的身心健康，影响受害者的生理、心理以及社会康复，影响其生存质量。更对事故发生后的安全生产造成不利影响。以往人们只注重对伤害本身所致的各种生理功能和病理改变的作用机制、治疗和康复的问题，而忽视其心理行为改变及其全面康复问题。实际上，任何一种创伤都会引起人们的心理行为反应，有的还会非常严重，造成长时间甚至永久性精神损害。这些都需要我们重新加以认识。

图 8—1 是人身事故导致心身创伤的一般模式。

### 二、伤害致残者的心理行为损害

各种严重伤害的后果可能会导致受害者永久性的残疾，包括躯体功能障碍、瘫痪、畸形等都会作为长期的心理刺激因素而影响其身心健康状态。

瓦斯爆炸、火灾、严重烧伤患者创面愈合后的外貌畸形、功能障碍等残疾，常使病人产生刻骨铭心的印象，并诱发病人的心理活动异常。首先是患者对愈后自我形象的心理反应，有的人表现为悲伤，有些人则表现为焦虑或抑郁。随着肢体部分功能的

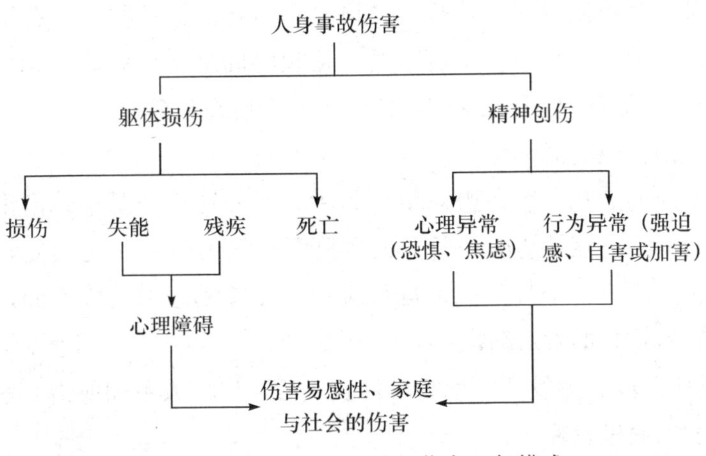


图 8—1　人身事故导致的伤害一般模式

恢复，整形手术对外貌和功能的改善，或经心理治疗，多数患者能够接受现实，主动配合功能锻炼，最终达到生活自理，有的还可以参加一定的工作。值得指出的是，亲属和社会公众的态度与反应直接影响他们的心理状态，如果亲属对病人愈后容貌及功能障碍能够接受，尽心照料，使其得到亲情的温暖则有利于促进心理康复。如果亲属或配偶对受害者严重畸形和功能障碍接受不了，如分居、分餐、离婚等对他们则会造成严重的精神打击，有的因得不到应有的心理治疗，甚至会导致患者自杀。另外，严重烧伤患者痊愈后在与社会接触时，公众的不良反应可加重心理创伤，致使他们的自尊心受到损害，使他们害怕接触人群，生活空间进一步缩小，生存质量下降。因此，对严重伤害致残者的心理康复和社会康复是长期、艰巨而复杂的工作，需要发挥社会、单位和家庭等各方面的力量共同给予帮助。

## 三、事故创伤后的心理和行为障碍类型及特征

1. 急性应激反应

（1）急性应激反应的概念

在突发性重大灾害事故发生后，遇险或受困人员会发生被称为急性应激反应的精神症状。急性应激反应也称为急性应激障碍（ASD），是指在遭受到急剧、严重的精神创伤性事件后数分钟或数小时内所产生的一过性的精神障碍。

各种原因导致的异乎寻常和来势迅猛的精神打击都可能引起这种反应，例如事故受害者家属在突然得知亲人不幸消息时容易发生类似的精神伤害。

（2）急性应激反应的表现

急性应激反应的症状一般在遭遇精神刺激若干分钟至若干小时内出现。主要有两种表现：一是伴有强烈恐惧体验的精神运动性兴奋，行为带有一定的盲目性，如言语增多，动作杂乱，激越或叫喊，情感、言语多不协调。另一种是伴有情感迟钝的精神运动性抑制，表现为缄默少语，呆若木鸡，可长时间呆坐或卧床，无情感流露，近似亚木僵状态，对痛觉刺激也少有反应，此时可有轻度意识障碍。

（3）急性应激反应的时间历程

急性应激反应的症状一般在遭遇精神刺激若干分钟至若干小时内出现。一般情况下，上述急性应激反应症状历时短暂，大多数人在几天至一周内恢复，少数人可持续数周左右，最长不超过 1 个月，然后自行缓解。在应激心理反应方面，大体上可分为三个不同而又有所重叠的发展阶段：

1）焦虑反应阶段。突发性的生活事件发生后，当事人不知所措、紧张焦虑、茫然惊恐，甚至有歇斯底里发作。

2）缓和安定阶段。当事人通过取得社会性支持和自我心理防御，使焦虑情绪趋于缓和，并且开始理性地面对现实。

3）问题解决阶段。当事人将注意力指向应激源，理智地分析导致应激的原因，寻找解决问题的办法，最终可能通过消除应激源、逃避应激源等改变环境的策略，或通过改变认知评价、培养自己耐受挫折能力的方法解决问题。该反应的强度和应激源本身的性质、当事人的人格特征及取得的社会性支持的质量密切相关。

如果在 1 个月内还未恢复，很可能会转变为创伤后应激障碍，如果不积极治疗，可能会伴随其数年甚至一生。

严重应激反应可致灾害扩大。严重应激可使遇险与受困人员产生感知、思维和行为混乱，造成灾害扩大。

2. 创伤后应激障碍

（1）创伤后应激障碍的概念

在突发性、威胁性或灾难性事件发生之后延迟出现的个体心理失调或心理障碍称为创伤后应激障碍（PTSD）。创伤后应激障碍的症状伴有情绪和行为两方面的异常改变，其不但会导致精神上的痛苦，还会成为新的事故易感性心理因素，及时的心理干预和事后支持会帮助症状得到缓解。

重大伤亡事故等人为灾难和严重的自然灾害遇难者亲属、遇险人员、伤员，抢救前线的救援工作者甚至目击者都有可能发生创伤后应激障碍。

（2）创伤后应激障碍的症状

创伤后应激障碍的症状有三个方面：①反复重现创伤性体验。尽管患者对经历事件极不愿想起，但却不自觉地反复回忆。②持续回避易使人联想到创伤的活动和情景。患者会产生一系列退缩症状，例如与旁人疏远，与亲人的感情变得淡漠，对未来失去憧憬，觉得活着没有意义等。③持续性心理敏感度和警觉性增高。常伴有神经兴奋、过度的惊跳反应、注意力集中困难、失眠或易惊醒、情绪不稳定或易怒以及焦虑、抑郁、自杀倾向等表现，这些心理症状如果不能改善，会增加再次发生伤害的可能性。

3. 恐怖性神经症

恐怖性神经症是伤害引起剧烈心理创伤后产生的严重精神障碍。以严重烧伤病人为例，烧伤发生时残酷而又令人恐惧的场景，已使患者经受难以忍受的痛苦折磨，治疗时频繁的创面换药、多次植皮手术、后期整形等又不断出现新的刺激，使他们重复体验着创伤经历，在精神上引起强烈反应，出现心理恐怖并伴有强烈的焦虑、悲伤、抑郁等，以至于出现惊恐症状。此外，还可有神经功能紊乱等症状，如颤抖、虚汗、口干、头晕、失眠、烦躁、心悸、血压升高、恐惧凝视、社交逃避甚至大小便失禁，从而形成恐怖性神经症。因此，伤后的心理护理、治疗和康复与身体创伤的医疗救治及康复同样重要，是患者战胜自我、重塑人格、再返社会、提高生存质量所必需。

## 四、事故创伤发生后的一般干预原则

根据已有的研究和实践，事故创伤发生后的干预一般应遵循以下原则：

1. 总体原则

（1）在事故发生后，首先应该做的是在身体创伤方面进行积极抢救与治疗；在心理创伤方面则首要的是提供情感支持，以缓解紧张情绪为目标，使受害者感到周围有人在帮助他们，感受到温情与关爱，不使他们产生孤独无助的感觉。对事故现场的了解应主要靠实地调查分析，要避免急忙向当事人直接询问情况，以减少当事者陷入对创伤刺激的“再体验”之中。国内不少媒体记者或干部在重大伤亡事故发生后常常在事故发生不久就采访和询问受害者，这是很不正确的做法。

（2）在干预工作中，应该让人们了解到，有些反应是正常的创伤后应激反应，并不意味着脆弱或无能，这样或许有利于减少回避症状，恢复心理平衡。另外，创伤后心理和行为障碍的症状有长期性、慢性化的特点，如果对患者的心理障碍的康复期望过高，反而会增加他们的心理负担，影响康复。所以，在干预工作中努力在患者周围营造一种包容和理解的氛围是十分重要的一项原则。

（3）心理和行为障碍患者在经受严重心理创伤后，常会变得意志消沉，对生活失去兴趣。此时，应重点帮助他们重新树立生活勇气，指导其学习新的认识方法和应付方法，明确立足现实的生活目标，重建“新的世界”。

2. 重在物质与精神支持，促进心理康复

有研究表明，心理创伤事件的强度并不是心理和行为障碍发生的决定性因素，事件发生后物质和精神支持的强度不够、生活事件和继发性不利处境等才是主要的患病因素。周围正常人群对受害者的社会心理支持会起到重要的缓冲和保护作用。创伤后实施早期干预措施，进行完善、细微的物质上的照顾和感情上的支持是减少心理和行

为障碍发生和提高预后效果的重要方法。

3. 防止因组织行为的过度反应导致“祸不单行”

在生产中也可见到这种情况：领导者在一次事故发生后，唯恐再发生事故，于是厉声厉色，大会讲，小会提，并制定更加严厉的管理措施，但是事故却偏偏接连发生，令人无法捉摸。例如，1984 年某煤矿截至 4 月初几个月内连续发生四起死亡事故。领导机关召集所属各矿召开安全事故分析会，查找事故原因，改进安全状况，就在会议结束那一天，偏偏又发生一起死亡事故。

4. 心理治疗

心理治疗是对心理和行为障碍患者的主要疗法，常用的方法有认知治疗、行为治疗（松弛疗法、暗示疗法、催眠疗法、生物反馈）、精神分析疗法和集体心理治疗等。对于遭受事故创伤而又患上创伤后应激障碍、恐怖性神经症和事故伤残者遗留的心理和行为损害都应进行心理治疗。因此，各地在建立快速反应急救系统网络时，除了建立各级政府部门、抗灾中心、执法人员、教育、新闻媒体、家庭等灾后社会支持体系外，还应建立一套包括临床医护人员、心理工作者、精神科医生、社区卫生心理保健机构在内的较为完善的灾后人群心理救援体系。

## 第三节　重大灾害事故的心理救援

### 一、重大事故心理救援的重要意义

重大事故的主要特征是伤亡者众多，受心理创伤的人涉及面广，社会影响面大，甚至影响全社会。特别是重大特大事故往往造成数十甚至上百人的伤亡，受伤者本人及伤亡者家属、救援者、目击者，都需要心理救助。

经历一场特大灾难刺激后，无论心理素质多强的人，都会留下难以愈合的心理创伤，个别人可能因无法适应而做出自杀或伤害他人等极端行为。有调查显示，在经历重大矿难刺激后，相当比例的人在三个月内会有发抖、恶心等急性反应，三个月后会出现噩梦等心理反应。若不及时治疗，甚至会伴随终生。对重大灾害事故来说，负面影响会涉及相当大的范围，可观察到社会上有忧郁、自杀倾向心理疾病的患者增多，这对全民心理健康很不利。

新中国成立以来，发生重大灾难或事故后，很快就会有领导人慰问、子弟兵救援、物质送到灾害发生地，政府和单位党、政、工、团全面行动，甚至全社会参与、各方协作，进行物质和精神支持及善后抚慰，工亡者家属及子女工作和生活的未来保障也

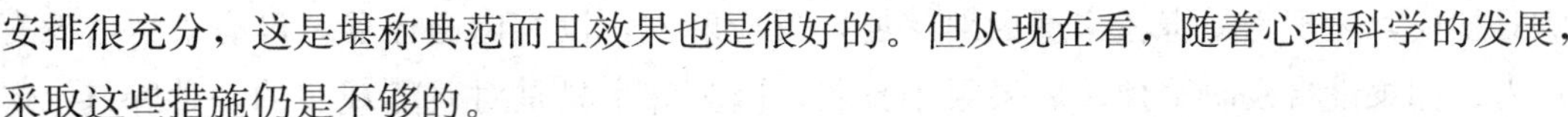


安排很充分，这是堪称典范而且效果也是很好的。但从现在看，随着心理科学的发展，采取这些措施仍是不够的。

总之，在重大灾害发生后，应在心理学专家的指导下，科学、及时地对灾害承受者进行心理救助，减轻他们的心理创伤，维护整个社会的安定和谐，意义重大。

## 二、心理救援的指导思想

第一，救援时应有心理工作者对遇难家属进行针对性的心理干预。在毫无思想准备的情况下突然失去了亲人，家属受到的心理刺激是巨大的，面对失去亲人的悲痛和将来需要直面的更加困难的未来生活，家属的心理承受能力已经处于崩溃的边缘，有的甚至陷入心理上的绝望，急需通过心理辅导进行开导和梳理。遇难者大多是青年和中年人，他们一般是“上有老下有小的人”，他们的家属将面对“老年丧子、少年丧父”的巨大人生悲剧。他们中有的是已经结婚几十年的老伴，更有刚怀孕或孩子才几个月大的妻子，很多又是家庭贫困者。我们必须首先抱着充分的同情心，对他们进行心灵的抚慰。由于家属各自面临的生活前程不一样，所以应该根据遇难者家属的实际情况，有针对性地开展善后的心理干预，使家属早日摆脱悲痛，面对未来生活。

第二，在救援善后工作中使干部得到安全教育。平时一些干部之所以把安全只挂在嘴边，漠视安全，就是因为没有突然在安全事故中失去亲人的悲痛感受；没有体验到家属撕心裂肺恸哭的感受；没有体验到为什么家属要哭得死去活来；没有看到那些怀抱婴儿或者挺着身孕恸哭的少妇的悲切之情；没有看到和聆听年迈苍苍的老父老母送黑发儿子的老泪纵横。因此，应该更多地让那些主管安全的干部参与到善后工作中，在家属对于生命的渴盼和悲痛中让麻木的安全神经被感化从而警醒。

第三，特别重大事故应动员全社会参与心理救援，使全社会受到人文关怀教育。作为心理救援的重要组成部分，为所有遇难者举行一个隆重的告别仪式，默哀遇难者，有关责任部门和人员应该深深表达对于遇难者的愧疚之情，表达对于生命的敬畏，甚至可以通过广播、电视、计算机网络等手段，让更大范围的公众对遇难者表达哀悼，让公众提高安全意识，弘扬安全文化。

## 三、心理救援的具体措施

每遇重大灾难，悲痛欲绝的莫过于遇难者家属。而接下来如何做好家属的接待、安抚和善后工作，将是妥善解决灾难遗留问题时一个不可或缺的重要环节，而重大事故的善后工作应该有心理救援工作的积极介入。

一般来说，遇难者家属的悲哀期都有情感休克、麻木、否定、接受四个阶段。对这些遇难者家属进行心理危机干预比起其他干预工作的难度要大。“情感休克”发生在灾难初期，表现为受害者家属面对惨剧，反应麻木，没有内心体验，没有表情，没有思考。如果没有及时干预，后果很难预料，因为麻木只是对残酷现实的一种躲避，但最终要醒来，如果无法面对，人就会垮掉。所谓“哀莫大于心死”，不重视心理援助，最终的结果是心理疾病和行为异常。

在危机发生的最初阶段，应把救援的重点放在提供情感支持方面，以缓解紧张情绪。要认真倾听他们的哭诉，使悲伤的情绪得以宣泄，这样对防止他们的心理病理化是很重要的。然后指导个体根据自己的实际情况寻求可能的援助；要使受害者感到周围有人在帮助他们，与他们共渡难关。另外，对于受伤人员的积极救治、心理抚慰和及时细致的冷暖关怀，也是对家属心理抚慰的重要方面。在最初阶段之后，遇难者家属会在心理上接受已经发生的事件这个现实，这时，应重点指导他们学习新的认识方法和应付方法，劝导他们承担起将来生活的责任，提高适应能力。最后，要以生活救助为重点，使他们在物质和精神两方面都能重新适应新的生活，达到最终战胜困难、重建社会生活的目标。

要防止因措施不当造成不良后果。如果不对这些受害者家属进行心理引导、抚恤，他们就会沉浸在伤感中无法自拔。巨大的伤感会表现为愤怒，他们可能会生病，情感会变得冷漠，甚至会自杀，这是内化的愤怒；有些人的愤怒会向外投射出来，尽管不是针对某一个人或机构，但他们的愤怒会泛化地向外投射，会表现出一定的攻击性，会有“报仇心理”。国内有些地方在事故发生后，对待家属的态度不是真诚抚慰，而是以维持秩序的心态防止“闹事”，这是非人性的态度，也是引起冲突事件的主要原因。比如，在某次矿难发生后，两名无关矿长被激动的矿工家属围住殴打。而在此之前在场“帮助”他们的竟是维持秩序的保安人员。

实际上，心理救援并不神秘，几句亲切真诚的问候，生活上的细微照顾，就能起到很大的作用。比如，灾难发生后，有关部门及时地“送温暖”，给那些寒夜中焦躁等候的职工家属亲手披上一件棉衣，送上一杯热水，就会让他们在痛苦中得到稍微的减轻，也会稳定他们的情绪。如果能安排专人（应首选受过专门训练的志愿者）陪伴他们，就会更好地解决他们的无助感，缓解他们紧张激动的情绪。同时，对遇难者家属进行必要的人文关怀，是治疗当前社会麻木症的一种“精神药物”，对建设和谐的社会主义社会更是十分重要的。

总之，越扎实、越细致、越人性化的救援善后工作越能安抚社会的悲痛气氛，越能够安抚家属的烦躁不安和惊恐悲恸的心情，越有利于社会情绪的稳定，所以一定要重视心理救援工作。另外值得指出的是，我们的工人一般都是一个家庭的物质和精神的双重支柱，一个人的失去无异于整个家庭的坍塌，所以及时、合理、足够的赔偿金是最基本的救援措施，物质救援和心理救援两者相辅相成都不可少。

此外，为心理援助立法，建立完善的心理救援体系也是很重要的，目前世界上大多数国家已有心理援助的立法，值得借鉴。理想的状态，是任何一次事故发生，都应进行心理援助，这也符合“以人为本”的要求。因为生活中的灾难会不断发生，需要有援助体系，立法可确保灾难发生时心理援助工作及时跟上，及时发挥作用，至于具体做法，可以总结新中国成立以来一些好的做法，同时也可以借鉴、学习援助体系较完备国家的经验。

# 第四节　易致救援队员自身伤亡的不安全心理因素

重大事故救援队伍是抢救遇险受困人员及处理各种灾害的专业队伍，其工作性质决定了救援人员必然面临恶劣、危险的工作环境，因此在处理灾害中，存在引起其自身伤亡事故发生的可能性。

造成救援人员自身伤亡的原因是多方面的，而应激性心理因素和其他不安全心理则是诱导和促成自身伤亡事故发生的重要原因。

每当重大事故发生时，救护人员不是逃出灾区而是冲向灾区，所以他们的恐慌现象值得重视和预防。救护队员的救灾行动是一种在极危险和恶劣的情况下进行的，他们的工作令人崇敬。在各种极端恶劣危险的处境下，难免会出现恐惧心理和恐慌性异常行为。特别是在缺乏严格训练和未经严格身体与心理选拔的队员那里，表现更为明显。这对救护队员的自身安全和有效救灾十分不利。

下面以矿山救护人员在救援过程中常见的不安全心理为例阐述如下。

有的队员在进入救灾现场之前就非常恐慌，进入救灾现场后，面对强烈的现场危险刺激如能见度很低的环境、顶板的坍塌、高温、浓烟，特别是见到伤亡者的惨状，有的人思维陷入停顿，失去了用理智去解决问题的能力，以致茫然不知所措，入井后便晕头转向，对井下灾害环境下的顶板、煤帮、风流等要素都感到无所适从。如果得知瓦斯浓度达到爆炸界限时或突然发现自己的呼吸器中氧气即将耗尽或不慎碰掉口具鼻夹、呼吸器发生故障、迷失方向或退路被堵等险情威胁自己的生命时，更容易产生慌乱行为，这不仅对救灾十分不利，对救护队员也是十分危险的。新中国成立以来已有很多救护队员牺牲在抢险现场，其中不少是心理恐慌造成行动失误所致。

## 一、恐惧心理

恐惧心理，是在真实或想象的危险中，个人或群体深刻感受到的一种强烈而压抑的情感状态。恐惧反应是面对应激源时一种预期将要受到伤害或极不愉快的情绪反应，通常产生回避行为。表现为：神经高度紧张，内心充满恐惧感，注意力无法集中，甚至思维陷入停顿，不能正确判断或控制自己的举止，而失去用理智解决问题的能力。

其常见的情形有：①救护队员在井下处理灾害事故时，环境极其恶劣，如果得知工作环境有害气体浓度严重超标极易引起中毒或爆炸事故，发现自己的氧气呼吸器发生故障或氧气将耗尽或鼻夹脱落，发生迷路或退路被堵等现象时，就会产生恐惧心理。②由于新队员实战经验不足，遇到多人伤亡事故惨不忍睹时，也会产生恐惧心理。此时会造成自己不能自主，失去工作能力而导致自身伤亡事故。

## 二、过度应激状态

救援人员在实施救援过程中出现应激状态是正常的，适当的应激状态是必需的。但人在过度应激状态下会使注意、知觉范围缩小，言语不规范、不连贯，行为动作紊乱，严重威胁着人们的生命安全。过度应激状态有时还会造成事故的恶性连锁反应，使灾情扩大。如果队员在救护过程中发现同事遇难，情绪冲动，可能会盲目采取行动，甚至会导致自身伤亡事故的发生。

## 三、麻痹与怠惰心理

怠惰心理是一种对救护人员构成很大威胁的不安全心理。这种心理在平时表现为贪图安逸，得过且过（比如对氧气呼吸器等救援装备不进行认真检查、维护保养等），工作中投机取巧，不按照操作规程操作，这常是导致自身伤亡事故发生的重要原因。

## 四、侥幸心理

侥幸心理是一种面对风险时的趋利性投机心理，也是对救援工作危害很大的一种不安全心理。救灾工作需要果断、勇敢和科学性相结合，不能有侥幸心理和蛮干行为。例如，有些救护队员认为过去就这么干没出问题，或经常都这样做没有出过事，明知是违章操作，但还是要坚持去做，抱着侥幸心理去工作。这是不少自身伤亡事故的心理原因。

## 五、依赖心理

依赖心理是人们在处理问题时依靠别人或事物而不能自立或自主的心理状态。比如在处理事故中，有的矿领导或现场指挥缺乏救护知识，违章指挥，而救护人员盲目服从，完全依赖他人的违章指挥进行作业不按客观规律和实际情况办事，或者遇到新情况新变化不动脑子思考，不及时报告问题，纯粹信赖上级的指示，这种无原则的信赖心理也会导致自身伤亡事故。

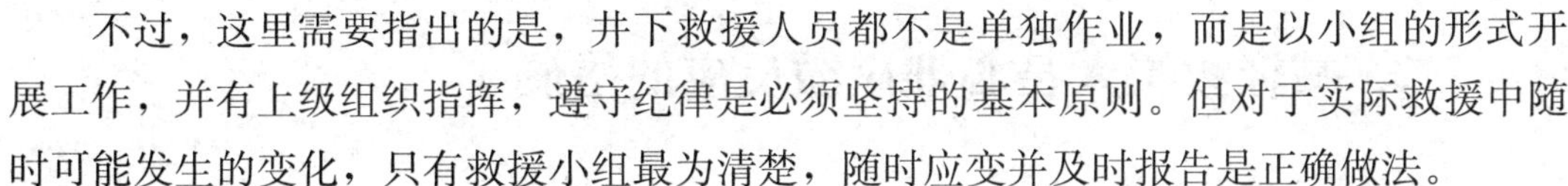

不过，这里需要指出的是，井下救援人员都不是单独作业，而是以小组的形式开展工作，并有上级组织指挥，遵守纪律是必须坚持的基本原则。但对于实际救援中随时可能发生的变化，只有救援小组最为清楚，随时应变并及时报告是正确做法。

## 六、个人重大生活事件

1. 家庭因素

家庭因素直接影响着一个人的情绪好坏，例如配偶死亡、离婚、亲人病重或去世以及家庭纠纷等，精神上的压力过重而影响工作质量造成自身伤亡事故。

2. 社会性挫折因素

现实社会中的一些事情往往不是以个人意志为转移的，所以一些不能如愿的事情也构成人的不安全心理，如事业上受挫、工作负担过重或工作不如意等，这会造成工作中注意力不集中从而导致自身伤亡事故。

## 七、疲劳因素

作业疲劳是目前国际公认的主要事故致因之一，也是导致救援人员自身伤亡的重要原因。这是因为疲劳能导致包括认知能力和动作反应能力的全面下降。其常见症状有：手或脚抖、动作不准确、嗜睡、动作反应迟钝等。注意力不集中、心情烦躁、意志下降，遗忘现象增多、做事差错增多。

# 第五节　救援人员心理调节和训练

## 一、应急救援人员的心理调节与训练的意义

应急救援人员由于经常直接面对事故灾害，紧张和危险会不可避免地会造成心理应激，产生一系列的应激反应。过度的应激反应甚至应激障碍对救援工作危害很大。

对救援人员进行心理调适技术培训，使他们掌握自我心理调适技术，可帮助队员在短期心理失衡时进行及时调适，以良好稳定的心理状态投入到救援工作中。心理应急能力训练则可使他们增强心理应急能力，对保证在恶劣危急的环境下完成救援任务，保障在救援过程中的自身安全具有重要作用。

因此，政府有关部门、救援组织及心理救援专业工作者对救援人员进行心理调适技术培训和心理应急能力训练以至在必要时对他们实施心理危机干预具有非常重要的意义。

##  二、减轻救援人员心理应激反应的措施

1. 强化社会支持系统

“社会支持”让人从社会关系中获得能减轻心理应激、提高社会适应能力的、精神上和物质上的支持和帮助。它可以作为一个缓冲因素减轻个体对威胁的主观感受程度，增强应付威胁的能力。这里所说的社会关系指来自组织、团队、同事、家庭成员、亲友等。对救援队员来说，最重要的社会支持系统是组织关心和团队凝聚力。

高水平的团队凝聚力和对领导的信任会带来乐观的情绪，提高战斗力，增加安全感。正像打仗一样，只要士兵相信他的统帅和集体会带领他战斗下去并取得胜利，他就会感到乐观、自信和安全，当这种凝聚力和信任受挫时，士兵就会焦虑、无助，甚至怨怒。国外军事心理学研究表明，社会支持系统、团队领导力和凝聚力崩溃时，会大大加重战斗应激反应，从而使士兵发生应激反应障碍的危险性加大。

2. 模拟实战训练和仿真演习

预防严重心理应激、提高心理应急能力最为有效的办法之一是模拟实战的严格艰苦训练和仿真演习。救援组织应探索这些训练工作的实施方法，这也是一项伟大事业。比如，四川一中学校长叶志平每学期组织一次逃生训练演习。2008 年“5·12”大地震发生时，全校 2 300 多名师生，从不同的教学楼和不同的教室中，全部冲到操场，并以班级为组织排队站好，用时 1 分 36 秒，未发生一人伤亡。

3. 减少心理上的不确定性

制订完备、细致的应急救援方案，任务分配清晰明确，救援计划与要求、技术要点与注意事项应交代清楚，做好充分的思想准备。做好战时动员工作，对可能遇到的各种危险应作好预案，以减少救援人员心理上的不确定性，这对预防和减少应激反应来说是非常有效的措施。

4. 对出现严重应激反应的救援人员的干预

应及时识别生理和心理反应过分强烈的救援人员，必要时让其停止工作，并对其实施进一步的心理疏导。如果遇到患有严重精神疾病的队员，必须将其送到专业精神病医院治疗，否则将会产生严重的后果。

5. 要保证队员充足睡眠

睡眠不足会加重心理应激反应的程度，尽可能让他们每天睡眠 7～8 小时。

6. 实行轮班制，及时补充营养、保障体能

##  三、救援人员安全心理训练的内容与方法

安全心理训练对每一个职工都是必要的，对救援人员来说就不仅是必要而是必需。

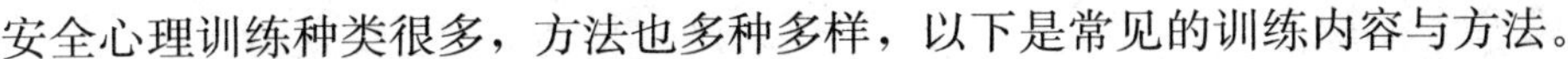

安全心理训练种类很多，方法也多种多样，以下是常见的训练内容与方法。

1. 反应能力的训练

一般认为成年以后人的反应时已固定下来，并随年龄增大而延长，因此关于提高反应速度的研究甚少。当然训练还是可以提高人的反应能力和速度。研究及经验都表明，训练可缩短反应时。在测定简单反应时实验中，初试者测得的数值往往较大，如0.2～0.3秒（听觉），但是经过几次测试后，可减少为0.2秒以内，并稳定下来。不过，这不能完全归因于反应速度的提高，其包含对测试的适应，真正的提高是多次测试所得平均反应时的缩短。对声音的反应时经过训练可减为150毫秒，有些人在大量练习后甚至能降低为100～120毫秒。

反应能力训练的具体方法包括：①场地模拟训练法。训练中模拟实际作业过程中可能遇到的异常情境，对人员进行视、听、嗅、触等感知能力和行为反应能力等方面的反应能力的训练。②实地训练法。由专门人员统一组织实施，类似于避灾防灾演习。针对某一工种具体常见的危险情境进行应急反应能力训练，这种训练针对性强、效果好。③自我训练法。让职工反复熟悉操作顺序、操作动作、缩短操作时间。还可以积极参加体育活动如球类等，以培养自己的快速反应能力。

2. 感知能力的训练

人的感知能力是其他一切心理活动的基础，人主要通过感觉器官来接收环境中的各种信息。因而，其感知能力的好坏，直接影响着作业人员的绩效和安全。比如对各种车辆驾驶员可采用以下方法进行训练：

（1）对车速感知能力的训练，可采用逐级比较法。在训练过程中，训练者采用逐级加速的方法，从低速、中速到高速，体验车辆的振动感、各种操纵装置操作轻重感，反复这样练习，就能对车速做出正确的估计。

（2）对交通信号、标志的感知能力的训练。驾驶员处于模拟情境中，在驾驶模拟器周围布置交通信号、标志，让驾驶员根据所显示的信息进行操作，对辨认或操作的结果，予以反馈，纠正不正确操作，提高正确率，并要求加快速度，以达到自动的程度。

3. 注意品质的训练

可通过注意单调变化的事物来培养注意能力。譬如，可注视手表表盘上秒针移动几分钟，每天练习几次，特别是在睡觉前，因为此时大脑比较疲劳，精神难以集中，如果能在5分钟内不间断地注视而不走神，就可说明注意的水平较高效果最佳。可专门设计模拟训练。训练员下达设备启动、变速、刹车等口令，让受训者随时做出反应或设置各种故障现象或随机变换操作任务，训练其注意的合理分配和注意的迅速转移能力。同时，可施放一定的灯光、音响进行干扰，以提高受训者在干扰条件下的注意分配和转移的能力。

4. 情绪稳定性训练

由于情绪不稳定而造成的事故屡见不鲜。被情绪困扰的人员对现场的各种信息和危险情境的辨认和反应能力都会下降，容易形成操作失误。因此，需要采取能够提高情绪状态的自我调控能力，尤其是处变不惊的心理素质，用情绪训练的方法来提高特种作业人员应付突发事件的应激能力，使其学会运用控制心理变化的方法，调节好自己的情绪，维持情绪的稳定性。其具体操作可采用如下方法：

（1）系统脱敏训练法

有系统、有步骤地摆脱敏感反应的情绪；逐步降低或消除引起紧张、急躁、恐惧与焦虑的反应。比如对引起敏感的情绪的情境，按轻重程度或高低分级，在被训者学会松弛反应技术后，带着松弛的心理状态，再由轻到重依次去接触引起敏感反应的情境，直到敏感消除。

（2）暗示训练法

训练者心中默念“我正工作，不能冲动”“情绪不稳定会有危险，我必须心平气和”等套语，同时伴随均匀的呼吸，使自己全身骨肉放松，消除紧张、焦虑情绪，以保持心理平衡。

# 第六节　遇险受困人员的心理援助

承担现代救援工作的专业人员，既要掌握物质性的救灾技术，也要掌握一定的心理救助技术，这是现代社会物质救灾与心理救灾的双重任务所决定的。

## 一、灾后心理救援应和物质救援置于同等重要的地位

灾害过后的心理救援应和物质救援置于同等重要的地位。救援人员不仅需要掌握救死扶伤的重要技能，更应全面掌握心理调适的重要方法，在帮助灾区群众恢复健康心理的同时，学会自我心理干预和心理调节方法。

应加强对相关人员的专业培训，帮助他们了解灾后自身可能产生的应激反应，帮助他们学习遇到应激事件时的应付策略和干预技巧。

## 二、事故状态下遇险受困人员的心理应激特征

一般而言，遇险受困人员的应激心理反应，大体上可分为三个不同而又有所重叠的发展阶段。

1. 急性焦虑（惊恐）反应阶段

突发性的事件发生后，遇险者不知所措、紧张焦虑、茫然惊恐，甚至有歇斯底里发作。

2. 缓和安定阶段

遇险者可以通过取得社会性支持和自我心理防御，使焦虑情绪趋于缓和，并且开始理性地面对现实。同时坚信外援必到，在一到两天之后，相当一部分人的惊恐反应会明显减轻，在多人一起遇险受困时的互相支持也会使这一阶段较早出现。所以，对于遇险受困人员及时建立通信联系以给予心理支持十分重要。

3. 问题解决阶段

遇险被困者克服突如其来的灾难产生的惊恐反应，将注意力指向应激源，理智地分析导致应激的原因，寻找避险逃生或直接消除危险源等解决问题的办法（也可以说通过消除应激源、逃避应激源等改变环境的策略来应对危机）。然而并不是所有的遇险受困人员会使自己的心理应激反应得到解决，它与危险源的强度、性质、当事者的人格特征及取得的社会性支持的质量密切相关。

以上三个阶段并非都会顺序出现，如果遇险受困人员短时难以得到救援，随着被困后时间的延长，很可能心理应激反应会再次加强，自救能力迅速下降，思维也常陷入停顿，有的人会产生绝望情绪，甚至开始想象起自己的亲人在丧失掉自己后的情形。进一步发展还会使受困人员转为精神崩溃，身体生理系统支撑能力严重下降，甚至陷入衰竭而死亡，造成伤亡扩大。

## 三、对遇险人员的心理干预

1. 及时传递救援信息，坚定遇险人员生存信心

救援人员应想尽一切办法尽早向遇险人员传去信息，这是十分重要的，因为他们如果得知正在被全力营救，就会使他们坚定信心，这样会大大地延长他们的坚持时间。事实证明，人在不绝望的情况下，只要有空气和水，支持一周甚至数周都是可能的，但若对逃生已经绝望则很快会衰竭而亡。

2. 在被困人员获救后应及时进行心理干预

对于因遇险而获救的职工除进行生理治疗外，心理危机干预也必须同步进行。可有8%～80%的人会发生应激障碍，导致短时的或长久的心理痛苦。他们在经历了恐惧、紧张、绝望等心理应激，将来可能会造成创伤后应激障碍症。所以，必须及时跟进心理辅导，时间最好在事发一周之内，通过心理专业人员用交谈、疏导、抚慰等方式，帮助患者进行调整，使当事人从危机状态中走出，尽快恢复正常心理状态。

3. 干预技术要点

（1）接触、倾听与理解

以非强迫性的、富于同情心的、助人的方式与幸存者接触，包括肢体的接触与拥抱。认真倾听他说出对整个事件的描述和说出各种感觉。

（2）鼓励宣泄

鼓励他们把自己的内心情感表达出来，支持与接受他表达的情绪，允许甚至鼓励哭泣，可以帮他说出他的心情，例如："你一定很难接受""你很遗憾没来得及……"

（3）提供情感支持

调动和发挥社会、家庭和社区等的作用，鼓励多与家人、亲友、同事接触和联系，减少孤独和隔离。

（4）增进安全感（安全确认）

增进当前的和今后的安全感，促进躯体的和情绪的放松。

（5）实际协助

给幸存者提供实际的帮助，比如询问目前实际生活中还有什么困难，协助幸存者调整和接受因灾难改变了的生活环境及状态，以处理现实的需要和关切。

（6）建立联系

帮助幸存者与主要的支持者或其他的支持来源，包括家庭成员、朋友、社区的帮助资源等建立短暂的或长期的联系。

关于灾难事件幸存者、受害者的心理干预，现在并未有一成不变的或完全正确的一套技术，总的原则应是心理支持、鼓励疏导以及帮助建立物质和精神支持的资源。

## 复习思考题

1. 事故心理救援的重要意义有哪些？
2. 伤亡事故所致的直接身心创伤有哪些？
3. 试述急性应激反应及其两种表现。
4. 什么是创伤后应激障碍？其特征性症状有哪些？
5. 心理救援有哪些具体措施？
6. 易致救援队员自身伤亡的不安全心理因素有哪些？
7. 减轻救援人员心理应激反应的措施有哪些？
8. 试述救援人员安全心理训练的主要内容与方法。
9. 试述遇险人员的心理干预技术要点。

# 实训七　渐进式肌肉放松训练

## 一、实训目标

1. 掌握渐进式放松训练的基本原理和作用。

2. 掌握渐进式放松训练的基本训练方法和指导语。

## 二、任务描述

1. 给学生讲解渐进式放松训练的基本原理和作用。

2. 进行渐进式放松技术的实际训练，通过集体讲解示范训练和分组多次重复训练相结合，使学生掌握要领和方法。

## 三、任务准备

1. 场地准备。要求环境安静，座椅舒适。

2. 准备播放背景音乐的设备和音频资料。

3. 给学生适当分组以便互相训练、巩固掌握。

## 四、知识要点

放松技术又称放松疗法。它是一种通过训练有意识地控制自身的心理生理活动水平来建立轻松的心理状态或使心理生理紊乱得以矫正的一类技术。像我国的气功、印度的瑜伽术等，都是以放松为主要目的的自我控制训练。现代放松训练的实际应用一般是指通过肌肉放松而达到心理放松的方法，“渐进性肌肉放松训练”其代表性方法。这种训练最多可涉及60组不同的肌肉，从手到头，从头到脚一组一组地使其逐渐地有序地进行放松。其训练程序基本上是使各肌肉群先紧张再放松，使学会区分肌肉紧张与放松的感受。

## 五、实训过程

1. 一般指导语

“我现在来教大家怎样使自己放松。为了做到这一点，我将让你先紧张，然后放松全身肌肉。紧张及放松的意义在于使你体验到放松的感觉，从而学会如何保持松弛的感觉。”

“下面我将使你全身肌肉逐渐紧张和放松，从手部开始，依次是上肢、肩部、头部、颈部、胸部、腹部、下肢，直到双脚，依次对各组肌群进行先紧后松的练习，最后达到全身放松的目的。”

2. 肌肉分组训练

第一步（控制呼吸练习）

①“舒服地坐在椅子上，或躺在床上，将注意力集中在吸气和呼气上，要注意节奏。”

②“慢慢将空气吸进肺里（尽可能多地使空气吸进肺里），让空气在肺里停留几秒钟，然后缓缓呼出。”

③“有节奏地吸入呼出，一边呼吸一边在心里数数。例如，吸气（一、二、三、四），停留（一、二），呼气（一、二、三、四）。”

④“如果你已经找到了合适的节奏感，你可以不再数数，而将注意力放在‘吸气’与‘呼气’上，以同一节奏默念‘吸—呼，吸—呼，吸—呼’。”

第二步（前臂）

“现在，请伸出你的前臂，握紧拳头，用力握紧，体验你手上的感觉。”（停 10 秒）

“好，请放松，尽力放松双手，体验放松后的感觉。你可能感到沉重、轻松、温暖，这些都是放松的感觉，请你体验这种感觉。”（停 5 秒）

“我们现在再做一次。”（同上）

第三步（双臂）

“现在弯曲你的双臂，用力绷紧双臂的肌肉，保持一会儿，体验双臂肌肉紧张的感觉。”（停 10 秒）

“好，现在放松，彻底放松你的双臂，体验放松后的感觉。”（停 5 秒）

“我们现在再做一次。”（同上）

第四步（双脚）

“现在，开始练习如何放松双脚。”（停 5 秒）

“好，紧张你的双脚，脚趾用力绷紧，用力绷紧，保持一会儿。”（停 10 秒）

“好，放松，彻底放松你的双脚。”

“我们现在再做一次。”（同上）

第五步（小腿）

“现在开始放松小腿部肌肉。”（停 5 秒）

“请将脚尖用劲向上翘，脚跟向下向后紧压，绷紧小腿部肌肉，保持一会儿，保持一会儿。”（停 10 秒）

“好，放松，彻底放松。”（停 5 秒）

“我们现在再做一次。”（同上）

第六步（大腿）

“现在开始放松大腿部肌肉。”

“请用脚跟向前向下紧压，绷紧大腿肌肉，保持一会儿，保持一会儿。”（停 10 秒）

“好，放松，彻底放松。”（停 5 秒）

“我们现在再做一次。”（同上）

第七步（头部）

“现在开始注意头部肌肉。”

“请皱紧额部的肌肉，皱紧，保持一会儿，保持一会儿。”（停10秒）

“好，放松，彻底放松。”（停5秒）

“现在，请紧闭双眼，用力紧闭，保持一会儿，保持一会儿。”（停10秒）

“好，放松，彻底放松。”（停5秒）

“现在，转动你的眼球，从上，到左，到下，到右，加快速度；好，现在从相反方向转动你的眼球，加快速度；好，停下来，放松，彻底放松。”（停10秒）

“现在，咬紧你的牙齿，用力咬紧，保持一会儿，保持一会儿。”（停10秒）

“好，放松，彻底放松。”（停5秒）

“现在，用舌头使劲顶住上腭，保持一会儿，保持一会儿。”（停10秒）

“好，放松，彻底放松。”（停5秒）

“现在，请用力将头向后压，用力，保持一会儿，保持一会儿。”（停10秒）

“好，放松，彻底放松。”（停5秒）

“现在，收紧你的下巴，用颈向内收紧，保持一会儿，保持一会儿。”（停10秒）

“好，放松，彻底放松。”（停5秒）

“我们现在再做一次。”（同上）

## 六、注意事项

肌肉放松训练技术虽然简单易学，但仍然要求掌握正确的要领和方法，所以一般应在专业指导老师的反复指导训练之后再让学生互相训练巩固。

## 七、总结与思考

肌肉放松训练的基本机理是通过生理过程影响心理，其最终目的是心理的放松，以缓解各种紧张焦虑及压力反应。学生可以在平时自我训练，根据时间条件可每次训练一组或几组肌肉，同样也能起到一定效果。

# 参考文献


[1] 赵国秋. 心理压力与应对策略 [M]. 杭州：浙江大学出版社，2006.

[2] 尹贻勤. 煤矿安全问题的心理学分析 [M]. 北京：煤炭工业出版社，1992.

[3] 尹贻勤. 煤矿安全心理学 [M]. 北京：煤炭工业出版社，2006.

[4] 栗继祖，尹贻勤. 安全心理学 [M]. 徐州：中国矿业大学出版社，2012.

[5] 王声湧. 伤害流行病学 [M]. 北京：人民卫生出版社，2003.

[6] 毛海峰. 安全管理心理学 [M]. 北京：化学工业出版社，2004.

[7] C. D. 威肯斯 (Wichenens)，J. G. 霍兰兹 (Hollands). 工程心理学与人的作业 [M]. 朱祖祥等，译. 上海：华东师范大学出版社，2003.

[8]〔美〕麦迪·克劳德. 微笑管理 [M]. 戴君明，译. 北京：中国纺织出版社，2003.

[9]〔美〕苏尔斯凯，史密斯. 工作压力 [M]. 马剑虹等，译. 北京：中国轻工业出版社，2007.

[10] 尹贻勤. 矿工作业意外差错心理原因分析与预防对策 [N]. 华北科技学院学报，2008 (3).

[11] 闫少校，郎俊莲. 中医“情志相胜”心理治疗的优势、弊端与改进对策探讨 [J]. 中医杂志，2012 (4)：294—296.

[12] 殷凯，黎明强，钟柳青. 饮酒与道路交通事故相关性研究进展 [J]. 中华疾病控制杂志，2007 (4)：392—394.

[13] 张平，崔永胜. 员工工作满意度影响因素的研究进展 [J]. 经济师，2005 (2)：160—161.

[14] 刘正奎，吴坎坎，王力. 我国灾害心理与行为研究 [J]. 心理科学进展，2011 (8)：1091—1098.

[15] 张杨，崔利军，栗克清等. 增补后的一般健康问卷在精神疾病流行病学调查中的应用 [J]. 中国心理卫生杂志，2008 (3)：189—192.

[16] 李永娟，蒋丽，胥遥山，王璐璐. 工作压力与社会支持对安全绩效的影响 [J]. 心理科学进展，2011 (3)：318—327.

[17] 叶一舵. 应对及应对方式研究综述 [J]. 心理科学，2002 (6)：755—756.

[18] 李超平，时勘. 分配公平与程序公平对工作倦怠的影响 [N]. 心理学报，2003 (5)：677—684.

[19] 卫生部网站. 2008 年我国卫生事业发展统计公报. http://www.moh.gov.cn.

[20] 赵高锋，杨彦春，张强等. 汶川地震极重灾区社区居民创伤后应激障碍发生率及影响因素 [J]. 应激与健康，2009 (7) (23 卷)：478—483.

[21] 沈世琴，吴娅利，张敏. 汶川地震伤员灾后心理障碍调查研究 [J]. 创伤外科杂志，2010 (3) (12 卷)：252—254.

[22] 何薇，周奇志，余曙光等. 针刺“宁心安神”抗焦虑的 A 型利钠肽受体机制探讨 [J]. 中国针灸，2015 (1) (35 卷)：101—104.

[23] 郑成强，谭凌霄，周天秀等. 电针对创伤后应激障碍患者静息态脑功能连接网络的影响 [J]. 中国针灸，2015 (5) (35 卷)：469—473.